Richter, Ringler / Lexikon deutscher Privatbahnen

Ein Beispiel für die gelungene Regionalisierung von Nahverkehrsstrecken ist die „Regio-Bahn", die seit 1999 auf den Strecken Neuss – Kaarst und Düsseldorf – Mettmann einen durchgehenden, schnellen und attraktiven S-Bahnverkehr mit „Talent"-Triebzügen anbietet. Am 13.11.1999 rollten VT 1006 und VT 1007 durch das Neandertal auf Erkrath zu

Richter / Ringler

Lexikon Deutscher Privatbahnen

Strecken, Fahrzeuge und Betrieb zwischen Küste und Alpen

GeraMond

Ein kostenloses Gesamtverzeichnis erhalten Sie beim
GeraMond Verlag
D-81664 München

www.geramond.de

Lektorat: Werner Mehlstäubel
Layout: GRAMMA GmbH, Klaus Beutel
Repro: Scanner Service
Umschlaggestaltung: Ruth Kammermeier
Herstellung: Thomas Fischer

Alle Angaben dieses Werkes wurden vom Autor sorgfätig recheriert und auf den aktuellen Stand gebracht
sowie vom Verlag geprüft. Für die Richtigkeit der Angaben kann jedoch keine Haftung übernommen wer-
den. Für Hinweise und Anregungen sind wir jederzeit dankbar. Bitte richten Sie diese an:
GeraMond Verlag
Produktmanagement
Innsbrucker Ring 15
D-81673 München
e-mail: lektorat@geranova.de

Bildautoren Privatbahnlexikon
Jörg Aichele: 115, 193u, 197, 212/213, Carl-Otto Ames: 154, Holger Beckedorf: 30/31, 34, 36u, 37, 40u, 41,
43, 44, 123o, Michael Beitelsmann: 60/61, 92u, 116o, Burkhard Beyer: 26, 92o, 112, 113, 139, 146, 156/157,
166, 183, 184/185, 186, 228, Jörg Boeisen: 66o, 78, 110/111, 119, 130, 132/133, 140, 162, Rücktitel, Robert
Brütting: 170/171, 172/173, 175, Papa Consult: 38, 145, 187, Jasmin Erkner: 53, Sammlung Hackstein: 141u,
Tobias Hackstein: 21u, 164, 165, Oliver Heckmann: 16, 54, 147, 148/149, Michael Hubrich: 28/29, 48/49, 99,
117o, 180, Joachim Hund: 117u, 135o, 142, 182, 191, 208, 215, Norman Kampmann: 129o, 188/189, 195, 196,
198, 201, 205, 209o, 210, 220/221, 223., Martin Ketelhake: 32, 47, 75o, 90, 100, 127, Gerhard Klug: 27, 126,
153, Michael Kochems: 207, Urs Kramer: 15, 124/125, Robert Krätschmer: 104u, 118u, 138, Ingo Kühl:
12/13, 14, 19, 35o, Michael Lange: 67, 74o, 224/225, Jürgen Ludwig: 24, 66u, 72, 73, 75u, 97o, 227, Torsten
Lux: 85, 88/89, 93u, 98u, 101, 114, 135u, 192u, Gunnar Meisner: 21o, 22/23, 39, 120, Bernhard Mrugalla:
158/159, 168/169, 176/177, 194, 199, 211o, Ralf Nonnast: 36o, 52o, 74u, 79, 141, Oliver Peist: 46, 76, 91,
136/137, 230, Helmut Reike: 103u, 104o, 192o, Karl Arne Richter: 45, 84uo, 116u, 144, 151, 181, 203, 209u,
211o, 216/217 Frank Seebach: 52o, 59, 69, 84u, 86o, 97u, 103o, 107, 121, 128o, 129o, Thomas Splittgerber: 56,
57, 58, 105, 202, 222, Swen Thunert: 118o, 122, Christian Wenger: 81, 106, 134, Malte Werning: 35u, 65, Ilka
Wessel: 40o, 86u, 161, Roland Wirtz: 52u, 68, 82, 226, Jürgen Wissmann: 33, 64, 80u, 83u, 93u, 94, 102, 143,
204, Rainer Wittbecker: 8/9, 74o, 80o

Die Deutsche Bibliothek – CIP Einheitsaufnahme
Ein Titeldatensatz für diese Publikation ist bei der Deutschen Bibliothek erhältlich.

© 2002 GeraMond Verlag im Hause GeraNova Verlag GmbH, München

Vorwort

Liebe Leser,

das deutsche Eisenbahnwesen präsentiert sich zur Zeit facettenreich und energiegeladen wie nie zuvor. Fast keine Woche vergeht ohne neue Verkehre, Loks oder sogar Unternehmen. Neben den schon länger am Markt agierenden traditionellen Privatbahnen hat sich eine Vielzahl an Unternehmen mit verschiedensten Hintergründen und Geschäftsfeldern gegründet.

Die Begrifflichkeit Privatbahnen ist dabei eigentlich schon fast überholt, stellen die Deutsche Bahn AG sowie ihre größtenteils auch in der Unternehmensform der Aktiengesellschaft aufgestellten Tochterunternehmen doch zumindest aus diesem Blickwinkel eine „Privat"-Bahn dar. Doch dieses Werk soll sich vorrangig mit den in mehrheitlich kommunaler und privater Hand befindlichen Unternehmen beschäftigen. Ausnahmen stellen insofern nur die DGT, MEG und UBB dar, die aber innerhalb des DB-Konzerns weitgehend unabhängig agieren.

Den Schwerpunkt dieses Lexikons bilden zudem die Eisenbahngesellschaften mit regelspurigem (1.435 mm) Fahrzeugmaterial bzw. Streckennetz. Die in Deutschland im Betrieb befindlichen Schmalspur- und Bergbahnen können aus Platzgründen leider keine Erwähnung finden.

Dieses Buch versucht einen möglichst kompletten Überblick über die mehr als 200 deutschen Privatbahnen zu geben, ohne sich im Detail zu verlieren. Sollte uns bei der sehr umfangreichen Recherche ein Unternehmen entfallen sein oder eine Lokliste Fehler aufweisen, würden wir uns über Ergänzungen und Berichtigungen freuen. Diese sind unter der Internetadresse www.privatbahnlexikon.de abrufbar.

Zuletzt sei an dieser Stelle allen Personen gedankt, die zu dem Entstehen dieses Buches beigetragen haben. Besonderer Dank gilt dabei Burkhard Beyer und Jens Merte.

Karl Arne Richter, Georg Ringler
Wiesbaden und München, im Juli 2002

Kontaktadresse:
Karl Arne Richter
Danziger Straße 35
65191 Wiesbaden
info@privatbahnlexikon.info

Erklärung zu den Loklisten

Loknummern
Finden sich hinter der Loknummer hochgestellte Striche, so zeigen diese die Besetzung der Fahrzeugnummer. 9'' ist also Lok 9 in zweiter Besetzung.

Fabrikdaten
Bei den Fabrikdaten ist folgende Reihenfolge gegeben: Hersteller Fabriknummer/Baujahr

Herkunft
Aus Platzgründen sind Angaben zur Vergangenheit des Fahrzeuges möglichst auf einen prägnanten Vorbesitzer begrenzt.

Bemerkungen
lw Fahrzeug ist von einem anderen Unternehmen geliehen
–> Fahrzeug ist an ein anderes Unternehmen verliehen
Bemerkungen in Anführungszeichen sind angeschriebene Loknamen oder Bezeichnungen.

PEG-Triebwagen auf
DB-Netz-Gleis:
T 4 „Jakobsdorf"
erreicht am 10. Juni
2000 den Bf. Karow
an der Strecke
Güstrow – Meyenburg

Inhaltsverzeichnis

Noch rauchen die Schornsteine: RAG/BuH 015 am
21.02.2002 vor dem Kraftwerk Scholven in Gelsenkirchen

NE-BAHNEN
IN DEN BUNDESLÄNDERN

Einführung

Die Bahnreform im Jahr 1994 sowie die ab 1996 umgesetzte Regionalisierung des ÖPNV haben das Geschehen auf den deutschen Schienen nachhaltig beeinflusst. Waren es bis dato größtenteils kleinere Gesellschaften, die sich auf den Gleisen tummelten, sorgten Ausschreibungen im SPNV für Bewegung in der Bahnlandschaft. Der Betrieb von SPNV wurde zum lohnenden Geschäftsfeld für Großkonzerne aus dem In- und Ausland. Doch auch die generelle Öffnung des europäischen Schienennetzes gemäß der EU-Vorgaben in den Richtlinien 91/440 und 1191/69 sorgte für Umbrüche. Staatsbahnen verloren ihr Monopol auf den Schienenstrecken, das Eisenbahnbundesamt übernimmt seitdem hoheitliche Kontrollfunktionen auf Bundesebene. Für die sogenannten nichtbundeseigenen Eisenbahnen /(NE-Bahnen) sind auf Länderebene die sogenannten Landesbevollmächtigten für Bahnaufsicht (LfB) zuständig.

Waren die Ansätze zuerst nur zaghaft erkennbar, sorgte der aufkommende Wettbewerb ab Ende der 90er Jahre für ein sprunghaftes Ansteigen von Unternehmensgründungen und Verkehrsausweitungen bei den NE. Im Jahr 2000 zählte der Verband Deutscher Verkehrsunternehmen (VDV) über 200 Eisenbahnunternehmen als Mitglieder.

Neben Bundesländern mit einer offensiven Ausschreibungsstrategie wie z. B. Rheinland-Pfalz und Schleswig-Holstein sorgten „Wettbewerbsmuffel" wie Thüringen und Sachsen-Anhalt mit umfangreichen Vergaben an DB Regio für Unmut unter den „Privaten". Einige NE monierten beim VDV aufgrund des hohen Anteils an kommunalen Betrieben die fehlende Motivation zur Forcierung des Wettbewerbes und gründeten im Oktober 2001 den Lobbyverband MehrBahnen-Vereinigung für Wettbewerb im Schienenverkehr e.V..

Doch auch im Güterverkehr sind ähnliche Tendenzen zu erkennen. Neben den traditionellen Bahnbetrieben im Montanbereich (z.B. RAG, VPS) haben sich vermehrt Güterspeditionen etabliert, deren Gesellschafter aus dem Logistik- oder Chemiebereich stammen. Neben rail4chem seien hier auch Hoyer RailServ sowie bedingt auch BASF genannt.

Aber auch in den Schienenfernverkehr ist Bewegung geraten. Neben dem bereits länger etablierten touristischem Fernverkehr verkehrt die GVG mit großem Erfolg seit September 2000 das Nachtzugpaar Berlin – Malmö. Der erste Versuch der eurobahn auf der Relation Bielefeld - Köln ab Herbst 2000 parallel zum bestehenden RE-Verkehr der DB Regio AG führte jedoch nicht zum gewünschten Erfolg und wurde im Frühjahr 2001 bereits wieder eingestellt. Weitaus erfolgsträchtiger scheint sich das InterConnex-Zugsystem der Connex-Gruppe zu entwickeln. Dieses greift Linienwege eingestellter D-Zug oder IR-Verbindungen der DB auf. Der Startschuss fiel am 01. 03. 2002 auf der Verbindung Gera – Rostock mit umgebauten Nahverkehrstriebwagen. Im weiteren Fortgang der Planungen zeichnete sich immer mehr ab, dass sich die Frage nach dem Zugmaterial zur zentralen Problematik entwickeln würde. Das Angebot von Connex, sämtliche überzählige IR-Wagen der DB AG gegen die Zahlung eines symbolischen Preises zu übernehmen, wurde vom „Quasi-Monopolisten" natürlich abgewehrt. Leider konnte die Politik auch nichts an der bekannten Verschrottungspolitik der DB ändern.

Im Jahr 2002 waren außerdem erste Schienenverkehrsunternehmen mit Sitz im europäischen Ausland mit Zugleistungen in Deutschland vertreten. Neben der ersten belgischen Privatbahn Dillen & Lejeune Cargo (DLC) war dies die Tochter der luxemburgischen Staatsbahn CFL, Euro-LuxCargo. Anders als DLC hatte ELC im September 2001 die ehemalige Vossloh-Tochter NEG erworben, um an die begehrte EVU-Zulassung zu gelangen. DLC hingegen nutzt die im September 2000 durch das belgische Verkehrsministerium

erteilte Zulassung als Eisenbahnverkehrsunternehmen. Diese wurde auf Basis der EU-Richtlinie 91/440 „über die Entwicklung der Eisenbahnunternehmen in der europäischen Union" erteilt und berechtigt DLC, in allen Mitgliedsstaaten der EU Güterverkehrsleistungen auf der Schiene anzubieten.

Während sich Deutschland im Bereich der Netzöffnung im europäischen Vergleich an vorderster Front präsentiert, entsehen in Ländern wie z. B. Österreich oder der Belgien gerade erst die ersten größeren Eisenbahnunternehmen. Weit abgeschlagen präsentiert sich Frankreich, das sich bei der Umsetzung der EU-Richtlinien sehr stark zurückhält. Ein starker Wachtumsmarkt wird sich in den kommenden Jahren auch im Bereich Osteuropa ergeben. Erste deutsche Bahngesellschaften haben sich bereits vor Ort engagiert und hoffen auf vorteilhafte Entwicklungen.

Gerade die europäische Integration mit der daraus resultierenden Neuordnung der Lastenströme vor allem im grenzüberschreitenden Verkehr werden die nächsten Jahre spannend machen. Deutschland als Transitland zwischen Skandinavien, der Nordsee und Mittelmeer sowie Osteuropa wird dabei mit Sicherheit im Eisenbahnsektor eine wichtige Rolle spielen.

Die AB 101 war mit einem Sonderzug der Tollen Müller Touren von Eckernförde in das Ruhrgebiet im Mai 2000 bei Süderbrarup unterwegs

SCHLESWIG-HOLSTEIN

AKN Eisenbahn AG (AKN), Hamburg

Eine Doppeleinheit AKN-Triebwagen legte am 07.05.2001 einen kurzen Halt in Schnelsen ein

Die heute als AKN bekannte Gesellschaft ist eine der ältesten noch bestehenden Privatbahnen Schleswig-Holsteins und wurde am 9. Juli 1883 als Altona-Kaltenkirchener-Eisenbahn-Gesellschaft AG (AKE) in das Handelsregister eingetragen. Die AKE eröffnete ihren Personenverkehr vom Bahnhof Gählersplatz in Altona bis nach Kaltenkirchen, zwei Monate später folgte auch der Güterverkehr.

Zum 15. 11. 1979 erfolgte die Umfirmierung zur Eisenbahn-Aktiengesellschaft Altona-Kaltenkirchen-Neumünster (AKN), zum 16. 05. 1994 entstand die heutige AKN Eisenbahn Aktiengesellschaft (AKN). Aktionäre der AKN sind heute die Freie Hansestadt Hamburg (50%) und das Land Schleswig-Holstein (49,89%), 0,11% der Aktien befinden sich in Streubesitz. In die AKN wurden außerdem zum 01. 01. 1981 die Alsternordbahn GmbH und die Elmshorn-Barmstedt-Oldesloer Eisenbahn AG integriert.

Im Frühjahr 2002 betreibt die AKN eine ganze Reihe von Eisenbahnlinien im Bereich Hamburg mit einer Gesamtlänge von rund 119 km:

- Hamburg-Eidelstedt – Ulzburg – Kaltenkirchen – Neumünster Süd (65 km): „Stammstrecke", hohe Bedeutung v. a. im SPNV;
- Elmshorn – Barmstedt – Ulzburg (24,3 km): Personenverkehr;
- Ulzburg – Norderstedt Mitte (8 km): starker SPNV, geringer GV, Strecke im Besitz der Verkehrsgesellschaft Norderstedt (VGN);

Nr	Fabrikdaten	Bauart	Vorgeschichte	Bemerkungen	Nr	Fabrikdaten	Bauart	Vorgeschichte	Bemerkungen
VT 2.32	LHB 02A-B/1976	VT2E	–	–	VT 2.61	LHB 61/1-2/1993	VT A	–	–
VT 2.33	LHB 03A-B/1976	VT2E	–	–	VT 2.62	LHB 62/1-2/1993	VT A	–	–
VT 2.34	LHB 04A-B/1976	VT2E	–	–	VT 2.63	LHB 63/1-2/1993	VT A	–	–
VT 2.35	LHB 05A-B/1976	VT2E	–	–	VT 2.64	LHB 64/1-2/1993	VT A	–	–
VT 2.36 A	LHB 16A/1977	VT2E	ex VT 2.46 A	–	VT 2.65	LHB 65/1-2/1993	VT A	–	–
VT 2.36 B	LHB 06B/1976	VT2E	–	–	VT 2.66	LHB 66/1-2/1993	VT A	–	–
VT 2.37	LHB 07A-B/1976	VT2E	–	–	VT 2.67	LHB 67/1-2/1993	VT A	–	–
VT 2.38	LHB 08A-B/1976	VT2E	–	–	VT 2.68	LHB 68/1-2/1993	VT A	–	Zweisystemfahrzeug
VT 2.39	LHB 09A-B/1976	VT2E	–	–	VT 2.71	Alstom			
VT 2.40	LHB 10A-B/1976	VT2E	–	–		01000574001/2001	LINT	–	–
VT 2.41	LHB 11A-B/1976	VT2E	–	–	VT 2.72	Alstom			
VT 2.42 A	LHB 01A/1976	VT2E	ex VT 2.31 A	–		01000574002/2001	LINT	–	„Dithmarschen"
VT 2.42 B	LHB 12B/1976	VT2E	–	–	VT 2.73	Alstom			
VT 2.43	LHB 13A-B/1977	VT2E	–	–		01000574003/2001	LINT	–	–
VT 2.44	LHB 14A-B/1977	VT2E	–	–	VT 3.07"	MAN 146595/1962	VT 98	ex DB 728 001,	
VT 2.45	LHB 15A-B/1977	VT2E	–	–				ex DB 798 813	Indusi-Meßwagen
VT 2.46 A	LHB 06A/1976	VT2E	ex VT 2.36 A	–	VT 3.08	Uerdingen			
VT 2.46 B	LHB 16B/1977	VT2E	–	–		68640/1961	VT 95	–	für Sonderfahrten
VT 2.51	LHB 51/1-2/1993	VT A	–	Zweisystemfahrzeug	VT 3.09	Uerdingen			
VT 2.52	LHB 52/1-2/1993	VT A	–	Zweisystemfahrzeug		72837/1967	VT 95	–	für Sonderfahrten
VT 2.53	LHB 53/1-2/1993	VT A	–	–	V 2.009	MaK 220022/1954	240B	–	–
VT 2.54	LHB 54/1-2/1993	VT A	–	–	V 2.017	MaK 800167/1970	G1100BB	–	–
VT 2.55	LHB 55/1-2/1993	VT A	–	–	V 2.018	MaK 800168/1970	G1100BB	–	–
VT 2.56	LHB 56/1-2/1993	VT A	–	–	V 2.019	MaK 800169/1970	G1100BB	–	–
VT 2.57	LHB 57/1-2/1993	VT A	–	–	V 2.021	MaK 1000830/1985	DE 1002	–	–
VT 2.58	LHB 58/1-2/1993	VT A	–	–	V 2.022	MaK 1000792/1982	DE 1002	ex TWE VE 152	–
VT 2.59	LHB 59/1-2/1993	VT A	–	–	V 2.023	MaK 1000794/1982	DE 1002	ex DE 31	–
VT 2.60	LHB 60/1-2/1993	VT A	–	–	V 2.024	MaK 1000829/1985	DE 1002	ex DE 32	–

- Tiefstack – Glinde (11,7 km): nur GV;
- Hamburg-Bergedorf – Geesthacht (21,9 km): ex Bergedorf-Geesthachter Eisenbahn, nur GV.

Zudem führt die AKN bis Dezember 2011 den SPNV auf den Strecken Neumünster - Heide (63 km, seit 24.05.1993) und Heide - Büsum (24 km, seit 05.11.2000) der DB Netz AG durch. 2002 erfolgte zusammen mit der HHA die Gründung der NBE.

Im Auftrag von DB Cargo werden seit 02.04.2001 die Gütertarifpunkte Hamburg-Eidelstedt, Tornesch und Elmshorn im Wagenladungsverkehr bedient.
Internet: www.akn.de

Angeln Bahn GmbH (AB), Flensburg

Die am 06.12.1994 gegründete AB ist in erster Linie EVU (Zulassung 07.04.1995) für den Museumsbahnbetrieb der Freunde des Schienenverkehrs e.V. zwischen Kappeln und Süderbrarup. Die vorhandenen Diesellokomotiven werden aber zusätzlich im Bau- und Güterzugverkehr eingesetzt. Ferner übernahm man zum 02.01.2002 als Subunternehmer der NVAG die Bedienung des Knotens Flensburg im Güterverkehr, wobei die Wagenübergabe zwischen NVAG und AB in Schleswig stattfindet.

Für die Fahrzeugunterhaltung ist seit 02.10.2000 das ehemalige Bw Flensburg angemietet. Internet: www.angeln-bahn.de

Nr	Fabrikdaten	Bauart	Vorgeschichte	Bemerkungen
1	Henschel 29776/1959	DH240B	Schleswig-Holsteinische Zucker AG 1	–
2	LEW 15632/1978	V 60 D	Kabelwerk Nord, Schwerin	HU
3	LEW 15373/1977	V 60 D	ex Kieswerke Langhagen 2	–
101	LTS 0161/1967	M 62	ex DB 220 027	–

Ecotrans Hanserail eK (Hanserail), Hamburg

Zum 01.01.2002 hat Ecotrans Hanserail eK die Bedienung der Gütertarifpunkte Bad Segeberg sowie Bad Oldesloe aufgenommen. Die Verkehre waren zuletzt durch die AKN im Auftrag der DB Cargo durchgeführt worden.

Seit 28.05.2002 wird der Wechselverkehr mit HRS und DB-Cargo komplett über Lübeck abgewickelt: An Di+Fr verlässt eine V60D der PBSV Lübeck-Skandinavienkai mit Ziel Bad Oldesloe und Bad Segeberg. In Bad Oldesloe werden mittags Waggons an den HRS-Zug nach Hamburg übergeben.

Wieder auf die Schiene zurückverlagert werden konnten außerdem die Stahltransporte der Anschlussbahn nach Blumendorf. Bei der insgesamt 4,5 km langen Anschlussbahn mit anschließendem Stammgleis und abzweigenden Gleisanschlüssen handelt es sich um die ehemalige AKN-Strecke nach Ulzburg Süd. Diese

Am 01.03.2002 ist Angelnbahn-Trommel 101 mit ihrem Güterzug für die NVAG bei Kappeln unterwegs

Bei Bad Schwar-
tau-Waldhalle pas-
siert eine G 1206
der HRS eine mit
Flügelsignalen aus-
gestattete Block-
stelle

wurde im Abschnitt hinter Blumendorf in einen Radweg umgewandelt.
Internet: www.hanserail.de

Hamburger Hafenbahn (HHB), Hamburg

Insgesamt durchziehen über 375 km Gleise den größten Hafen Deutschlands. Der Rangierverkehr auf dem durch die Hansestadt Hamburg betriebenen Streckennetz übernimmt DB Cargo exklusiv im Auftrag der Hafenbahn.
Für Arbeitszüge und Bereisungsfahrten stehen dennoch eigene Fahrzeuge zur Verfügung.

Nr	Fabrikdaten	Bauart	Vorgeschichte	Bemer-kungen
225	O&K 26789/1973	MB280N	–	–
226	MaK 220108/1982	G 321 B	–	–
VT4.42	MAN 142781/1956		ex Alster-nordbahn VT2	–
			–	–

Hamburger Hochbahn AG (HOCHBAHN), Hamburg

Die bereits 1911 gegründete HOCH-BAHN ist seit 1912 für den Betrieb auf dem Hamburger U-Bahn-Netz zuständig. Für die Verkehre auf dem 101 km langen Netz stehen dafür rund 800 U-Bahn-Wagen zur Verfügung. Im Stadtgebiet Hamburg betreibt die HOCHBAHN zusätzlich über 100 Buslinien. Mehrheitsaktionär war Mitte 2002 die Hamburger Gesellschaft für Vermögens- und Beteiligungsverwaltung mbH (98,21%), der Rest der Aktien befand sich in Streubesitz.
Am 13.09.2001 erhielt die HOCHBAHN von der Freien und Hansestadt Hamburg die Zulassung als EVU. Damit kann sich das Unternehmen künftig auch eigenständig um SPNV-Verkehre bewerben. Bisher hatte man sich zusammen mit regionalen Partnern in Bietergemeinschaften zusammengeschlossen.

Über gemeinsame Tochterunternehmen verfügt man seit 2002 mit der AKN (NBE) sowie der PEG (ODEG).
Internet: www.hochbahn.com

Hoyer RailServ GmbH (HRS), Hamburg

Zunächst als kurzzeitiger Notbehelf der RSE auf der Strecke von Hamburg-Billwerder nach Brunsbüttel im März 1999 angedacht wurde der positiven Entwicklung mit der Gründung der RSE Cargo GmbH mit Sitz in Bonn am 01.03.2000 Rechnung getragen. Die Zulassung als EVU für Güterverkehr erfolgte am 09.08.2000. Nach dem Einsteig der Hoyer-Gruppe im April 2000 firmierte die Gesellschaft ab 29.06.2001 als HRS mit Sitz in Hamburg, der Gesellschafteranteil der Hoyer-Gruppe beträgt heute 95 %, die RSE hält 5 %. Zwischenzeitlich umfassen die Schienenverkehrsaktivitäten ein Logistiknetzwerk zum Transport von Containern sowie Flüssiggas mit dem Stammzug Hamburg – Köln – Dormagen und Flügelzügen von Hamburg-Billwerder nach Brunsbüttel, Hamburg-Harburg Unterelbe-Seehafen (Gaskesselwagen) und Lübeck Skandinavienkai (seit 02.07.2001, Container).

Nr	Fabrikdaten	Bauart	Vorgeschichte	Bemerkungen
185-CL 004	Bombardier 33453/2001	185	–	–
185-CL 005	Bombardier 33451/2001	185	–	–
207-CL 116	VSFT 1001116/2000	G 1206	ex lw AVE	in Revision VSFT
207-CL 132	VSFT 1001133/2001	G 1206	–	lw von LS
207-CL 138	VSFT 1001138/2002	G 1206	–	–
220-CL 554	LTS 3554/1979	M 62	ex KPPM M 62-08	–

Seit 02.01.2002 führt HRS auch einzelne Güterverkehrsleistungen für Hanserail (Bedienung Bad Segeberg und Bad Oldesloe) und NVAG (Bedienung Hamburg Hgbf und Hamburg-Hohe Schaar von Hamburg-Wilhelmsburg aus) durch.

Die Fachspedition Hoyer ist darüber hinaus zu 25 Prozent an rail4chem beteiligt, mit der HRS eine strategische Partnerschaft bildet.
Internet: www.hoyer-railserv.de

Logistik Dienstleistung und Service GmbH (LDS), Eutin

Ein noch recht frisches Eisenbahnunternehmen aus Schleswig-Holstein ist die in Eutin ansässige Logistik Dienstleistung und Service GmbH (LDS). Die durch zwei Privatpersonen gehaltene Gesellschaft wurde zum 01. 01. 2002 von einer GbR in eine GmbH umgewandelt, am 28.03.2002 erfolgte die Zulassung als Eisenbahnverkehrsunternehmen (EVU). Neben der Optimierung des Materialkreislaufs von Verkehrsbaustellen übernimmt LDS die interne Baustellenlogistik und bietet Ingenieurdienstleistungen an.
Internet: www.ldsgmbh.de

Nr	Fabrikdaten	Bauart	Vorgeschichte	Bemerkungen
LDS1	Adtranz 72510/1999	293	ex WAB 12	„Grüne Rose"

nordbahn Eisenbahngesellschaft mbH (NBE), Kaltenkirchen

Am 6. Februar 2002 wurde von der HHA und der AKN (je 50%) die NBE nordbahn Eisenbahngesellschaft mbH (NBE) mit Sitz in Kaltenkirchen gegründet. Die Gesellschaft wird ab 15. 12. 2002 für neun Jahre den SPNV auf der Strecke Neumünster – Bad Oldesloe erbringen. Derzeit wird nur zwischen Bad Segeberg und Bad Oldesloe Zugverkehr von DB Regio angeboten.

Nr	Fabrikdaten	Bauart	Vorgeschichte	Bemerkungen
VT 2.74	Alstom 01000574004/2001	LINT	–	„Segeberg"
VT 2.75	Alstom 01000574005/2001	LINT	–	–

Von den durch die AKN (VT 2.71 – 2.74) sowie die HHA (VT 2.75) beschafften LINT 41 H wird je ein Fahrzeug durch die beiden Gesellschafter in die NBE eingebracht. Die drei restlichen LINT der AKN werden zwischen Neumünster und Heide bzw. Büsum eingesetzt.

Norddeutsche Eisenbahn-Gesellschaft mbH (NEG), Uetersen

Die Strecke Uetersen-Stadt – Tornesch (4,5 km) der heute als NEG firmierenden Bahngesellschaft wurde bereits am 02.09.1873 als Pferdebahn in Betrieb genommen und zählt damit heute zu den ältesten Bahngesellschaften Schleswig-Holsteins. Nach 25 Jahren erfolgte am 20.05.1908 die Umstellung auf Dampfbetrieb. Die spätere Uetersener Eisenbahn AG (UeE) wurde zum Jahreswechsel 1997/98 durch Vossloh Verkehrsservice GmbH übernommen und in Nordeutsche Eisenbahn-Gesellschaft mbH (NEG) umbenannt.

Zeitweilig gefahrene Baustofftransporte wurden zusammen mit den eingesetzten Loks wieder abgegeben, nachdem Vossloh nicht sowohl über die VSFT Fahrzeuge an alle interessierten EVU verkaufen und gleichzeitige Konkurrenzverkehre aufbauen konnte. Zum 01.09.2001 verkaufte Vossloh die NEG schließlich an „EuroLux-Cargo" (ELC), ein Tochterunternehmen der luxemburgischen Staatsbahn CFL.

Nr	Fabrikdaten	Bauart	Vorgeschichte	Bemerkungen
01	MaK		ex-MaK-Werk	
	220061/1960	240B	Kiel 153	–
04	MaK		ex-Hydro Agri	
	500045/1967	G500C	Brunsbüttel 1	–

Nord-Ostsee Bahn GmbH (NOB), Kiel

Die im Juni 1998 gegründete Tochtergesellschaft von Connex Regiobahn betreibt seit 05.11.2000 für zehn Jahre den SPNV auf den DB-Strecken Kiel – Rendsburg – Husum (102 km), Husum – Bad St.Peter Ording (44 km) sowie Neumünster – Kiel

(31 km, in Kooperation mit DB Regio) Wartungsarbeiten an den Fahrzeugen werden in der Werkstatt der EuroTrac auf dem Gelände der VKP in Kiel Süd ausgeführt.

Seit 19.04.2002 besitzt die NOB zudem die Zulassung als EVU für Güterverkehr, als EVU für Personenverkehr ist die NOB bereits seit März 1999 konzessioniert. Seit diesem Datum werden in Kooperation mit weiteren Connex-Töchtern Holz-Güterzüge von Lübeck Richtung Simbach/Österreich sowie von Simbach nach Bremen mit Loks aus dem Pool der CCL durchgeführt.

Internet: www.nord-ostsee-bahn.de

Nr	Fabrikdaten	Bauart	Vorgeschichte	Bemerkungen
VT 301	LHB 0001000114001/2000	LINT 41	–	–
VT 302	LHB 0001000114002/2000	LINT 41	–	–
VT 303	LHB 0001000114003/2000	LINT 41	–	–
VT 304	LHB 0001000114004/2000	LINT 41	–	–
VT 305	LHB 0001000114005/2000	LINT 41	–	–
VT 306	LHB 0001000114006/2000	LINT 41	–	–
VT 307	LHB 0001000114007/2000	LINT 41	–	–
VT 308	LHB 0001000114008/2000	LINT 41	–	–
VT 309	LHB 0001000114009/2000	LINT 41	–	–

Nordfriesische Verkehrsbetriebe AG (NVAG), Niebüll

Stammstrecke der NVAG ist die 13,78 km lange Strecke Niebüll – Dagebüll Hafen, die am 13.07.1895 als Meterspurbahn der Kleinbahn Niebüll-Dagebüll oHG eröffnet wurde. 1926 erfolgte die Umspurung der Strecke auf Normalspur, die am 26.06.1926 beendet war. Die Kleinbahn wurde zwei Jahre später, zum 01.01.1928, zu einer AG und erhielt am 21.12.1964 ihren heutigen Namen. Mehrheitsgesellschafter der NVAG ist seit Januar 2001 die Norddeutsche Nahverkehrsgesellschaft mbH (NNVG, 51%). Schmidt Reisen GmbH (36%), Kreis Nordfriesland (5%), Stadt Niebüll (5%) sowie Stadt Wyck/Insel Föhr (3%) sind weitere Gesellschafter. Die nunmehr 13,6 km lange Strecke nach Dagebüll dient heute vor allem dem Zubringerverkehr zu dem Schiffen, die in Dagebüll zu den Nordseeinseln Wyk und Amrum starten. Hierfür verkehren in den Sommermonaten auch IC-Kurswagen auf der Strecke. Der Güterverkehr ist hingegen gering. Ende der 90er Jahre begann

die NVAG, Güterverkehr auf der grenzüberschreitenden Strecke Niebüll – Tondern (DK) zu betreiben. Am 15. 08. 1999 übernahm sie die Infrastruktur dieser Strecke von Niebüll bis zur deutsch-dänischen Grenze. In den Jahren 2000 und 2001 wurden in den Sommermonaten die von Esbjerg kommenden DSB-Nahverkehrzüge über Tondern bis Niebüll ver-

Nr	Fabrik-daten	Bauart	Vorge-schichte	Bemer-kungen
DL 2	Krupp 43437/1961	V 100 mod	ex DB 211 233	–
203.003	LEW 14433/1974	V 100.4	ex DB 202 732	–
203.004	LEW 12854/1971	V 100.4	ex DB 202 345	in HU LSX
203.005	LEW 13500/1972	V 100.4	ex DB 202 461	in HU LSX
V60.006	LEW 12233/1969	V 60 D	ex RAW Halle 5	HU Haldensleben
T4	Jenbacher 3894-103/1995	5047	–	–
G1206	VSFT 1001127/2001	G1206	–	lw von LS
212 097-0	MaK 1000233/1964	V 100	ex DB 212 097	lw von SFZ
212 261-2	MaK 1000308/1965	V 100	ex DB 212 261	lw von SFZ
212 270-3	MaK 1000317/1965	V 100	ex DB 212 270	lw von SFZ

Am 06.05.2001 passierte der NOB-VT 309 von Husum kommend das Stellwerk Hn in Kiel-Hassee

längert. Künftig soll es hier durch die dänische Privatbahn Arriva, die die Ausschreibung der SPNV-Leistungen zwischen Esbjerg und Tondern gewann, ganzjährigen SPNV auf dieser Verbindung geben.

Am 02.01.2002 übernahm die NVAG die Bedienung von 18 Güterverkehrsstellen – und damit den größten Teil des regionalen Schienengüterverkehrs – im Norden von Schleswig-Holstein. DB Cargo wollte diese Verkehre im Rahmen des Mora C-Konzepts stilllegen. Die NVAG realisiert nun in Kooperation mit der Angeln Bahn sowie HRS die Verkehrsleistungen, wobei die NVAG im Gegensatz zu anderen Kooperationen zwischen Privatbahnen und DB Cargo über eine größere Eigenverantwortung verfügt. Werktäglich kommen für diese Leistungen drei Loks der NVAG und eine Lok der Angeln Bahn zum Einsatz. Die NVAG kommt dabei bis Maschen Rbf.

Nicht zuletzt durch die neu hinzugekommenen Verkehrsleistungen entsteht in Niebüll seit Sommer 2002 ein neuer Betriebshof für die NVAG. Der bisherige Standort am NVAG-Bahnhof Niebüll wird nach Fertigstellung der neuen Anlagen aufgegeben.

Internet: www.nvag.com

Nr	Fabrikdaten	Bauart	Vorgeschichte	Bemerkungen
1	MaK 400037/1961	450C	–	–
3	MaK 220059/1960	240C	–	–
4	MaK 1000853/1991	G1203BB	–	–
5	Deutz 57288/1959	Köf II	ex DB 323 143, ex Lok 16	–
6	VSFT 1001137/2001	G1206	–	–

Seehafen Kiel GmbH & Co. KG (SKi), Kiel

Die SKi wurde zum 01.01.1996 aus den Hafen- und Verkehrsbetrieben der Landeshauptstadt Kiel ausgegliedert und betreibt vier Güterbahnen in und um Kiel, die hauptsächlich der Erschließung des Hafens dienen. Die Strecken sind:

- Kieler Ostuferbahn: Kiel Hgbf – Kiel Seefischmarkt (5 km; Bedienung durch DB Cargo);
- Eisenbahn Neuwittenbeck – Voßbrook: Neuwittenbeck – Kiel Schusterkrug (11 km; Anschluss zu VSFT/MaK)
- Kleinbahn Suchsdorf – Kiel-Wik: Suchsdorf – Kiel-Wik – Kiel-Nordhafen – Kiel-Scheerhafen (6,5 km)
- Anschlussbahn Böllhornkai (außer Betrieb)

Vormittags bedient die SKi auch den an der Strecke Kiel – Lübeck gelegenen Bahnhof Raisdorf. Eine der Loks führt zudem im Auftrag der DB Rangierdienste im Kieler Hbf durch.

Internet:
www.port-of-kiel.de/Deutsch/G_BAHN.HTM

Verkehrsbetriebe Kreis Plön GmbH (VKP), Kiel

Die VKP betreiben neben einer Vielzahl von Buslinien auch die Strecke Kiel Süd - Schönberg (20,5 km) mit dem Abzweig Oppendorf – Kiel Ostuferhafen, der bis 1981 eigenständig als Kiel-Schönberger Eisenbahn (KSE) firmierte. Die Gesellschaftsanteile befinden sich zu 40,08% in Streubesitz, Mehrheitsgesellschafter ist mit 59,92% der Kreis Plön.

Bereits seit 1981 wird nur noch Güterverkehr durchgeführt, der vor allem aus Kohleganzzügen zum Kraftwerk Dietrichsdorf im Kieler Ostuferhafen besteht.

Nr	Fabrikdaten	Bauart	Vorgeschichte	Bemerkungen
V155	MaK 1000875/1992	G1205BB	–	–

Hier wird Importkohle verfeuert, die im Hamburger Hansaport auf die Bahn verladen wird und von DB Cargo als Ganzzug bis Kiel-Meimersdorf Rbf gebracht wird. Dort übernimmt die VKP den Zug und bringt ihn in mehreren Teilen zum Kraftwerk. Planungen, die Kohle per Schiff nach Dietrichsdorf zu bringen, wurden wieder verworfen, so dass die

Den Verschub für DB Regio in Kiel Hbf versieht seit einigen Jahren bereits die SK. Im Gleisvorfeld konnte am 12.05.01 Lok 4 beim Rangieren beobachtet werden

Am 11.04.01 rangiert VKP-Lok V156 im Kieler Hafen mit einigen Wagen

Zukunft der VKP als gesichert anzusehen ist.

In Zusammenarbeit mit der NOB ist im Jahr 2000 eine neue Triebwagenwerkstatt auf einem VKP-Gelände in Kiel Süd entstanden, in der die LINTs der NOB gewartet werden.

Verkehrsbetriebe des Kreises Schleswig-Flensburg (VKSF), Schleswig

Die 1904 eröffnete 14,6 km lange VKSF-Strecke Kappeln – Süderbrarup ist der verbliebene Teil des einst 115 km langen Streckennetzes des Schleswiger Kreisbahn. SPNV findet hier seit 27.05.1972 nicht mehr statt, der Güterverkehr in Eigenregie endete 1981. Anschließend übernahmen DB-Loks die Bespannung der Güterzüge, bevor diese Aufgabe zum 01.01.2002 an die Angeln Bahn überging.

Die Angeln Bahn bzw. der dahinter stehende Verein „Freunde des Schienenver-

kehrs e.V." führen bereits seit 1979 regelmäßig Museumsverkehr auf der Strecke durch.

Ein nostalgischer Fuhrpark bildet den Reisezug auf der Klützer Ostseeeisenbahn: zwei ex-DB-Schienenbus-Beiwagen und die EBG 5 von LKM bilden den Touristenzug, der abfahrbereit am Hausbahnsteig in Grevesmühlen auf Fahrgäste wartet

MECKLENBURG-VORPOMMERN

Weit herum kommen die Loks der D&D während ihrer Bauzugeinsätze. Hier ist D&D 2402 am 24.03.02 bei Grevenbroich unterwegs

D&D Eisenbahngesellschaft mbH (D&D), Hagenow

Das Unternehmen geht auf die am 01.06.1996 gegründete D&D Eisenbahn - Transportlogistik GmbH aus Niebüll zurück, die per Gesellschafterbeschluss am 15.11.1999 in die D&D Eisenbahngesellschaft mbH mit Sitz in Hagenow-Land überführt wurde. Die beiden D´s

Nr	Fabrikdaten	Bauart	Vorgeschichte	Bemerkungen
121	Gmeinder 5138/1959	Köf II	ex Spedition Kruse, ex DB 323 686	–
651	LKM 270154/1963	V 60 D	ex Kaltwalzwerk Bad Salzungen 2	Brandschaden 05.2001
1401	LEW 12828/1970	V 100	ex DB 202 319	–
2401	LKM 280105/1968	V 180	ex DB 228 705	Esp Hagenow Land
2402	LKM 280166/1969	V 180	ex DB 228 757	–
2403	LKM 280167/1969	V 180	ex DB 228 758	–

stammen dabei vom Geschäftsführer- und Inhaberehepaar Dipl.-Ing. Christian Dehns und Dörte Dehns. Angeboten werden von der D&D bundesweite Güterverkehre, Überführungen, Arbeitszug- und Personaldienstleistungen. Seit 10.02.2000 ist man als EVU zugelassen, am 11.07.2000 folgte die Genehmigung zur Betriebsaufnahme.

Als Unternehmenssitz dient das ehemalige Bw Hagenow-Land, das auch für Dritte zur Verfügung steht.

Klützer-Ostsee-Eisenbahn GmbH (KOE), Klütz

Im September 1996 wurde die KOE vom Amt Klützer Winkel, dem Verein Historische Eisenbahn Klütz und der EBG gegründet, um die 15,3 km lange, von der DB stillgelegte Strecke Grevesmühlen – Klütz zu übernehmen und zu betreiben.

Dieses Ziel konnte am 01.05.1997 erreicht werden, als die KOE Eigentümer der Strecke wurde. Seit September 1997 ist die EBG nach heftigen Differenzen zwischen den Gründungsgesellschaftern alleiniger Anteilseigner der KOE.

Auf der Strecke nach Klütz findet in den Sommermonaten touristisch orientierter SPNV statt, über die Wintermonate herrscht in der Regel kein Verkehr.

Außerdem sind die Garnituren ex DB 475 007/875 007 sowie zusätzlich ex DB 475 052/875 052 vorhanden, die als Wagen genutzt werden.

Nr	Fabrikdaten	Bauart	Vorge-schichte	Bemer-kungen
10	Krupp 3313/1953	Knappsack	ex Kandertal-bahn 10	–
EBG 5	LKM 262369/1972	V 22	ex Bundeswehr, Depot Seltz	–
EBG VB 1	Rathg. 20.302-01/1961	VB 98	ex DB 996 286	–
EBG VB 4	Uerdingen 66949/1961	VB 98	ex DB 996 248	–

MecklenburgBahn GmbH (MEBA), Schwerin

Die MEBA wurde am 11.07.2000 als Tochterunternehmen der Stadtwerke Schwerin GmbH (SWS) gegründet und ist seit 30.11.2000 als EVU zugelassen. Mit der Ausgründung der Verkehrssparte der Stadtwerke in die Nahverkehr Schwerin GmbH zum 01.01.2001 wurde die MEBA zu einer 100 % -Tochter dieser Gesellschaft. Am 10.06.2001 übernahm die MEBA den SPNV auf der 80 km langen Verbindung Parchim – Schwerin – Gadebusch – Rhena von DB Regio. In Schwerin Haselholz verfügt man einen Betriebshof

Nr	Fabrikdaten	Bauart	Vorge-schichte	Bemer-kungen
VT 701	LHB 01000361001/2001	LINT 41	–	–
VT 702	LHB 01000361002/2001	LINT 41	–	–
VT 703	LHB 01000361003/2001	LINT 41	–	–
VT 704	LHB 01000361004/2001	LINT 41	–	–
VT 705	LHB 01000361005/2001	LINT 41	–	–
VT 706	LHB 01000361006/2001	LINT 41	–	–
eingestellt ist auch ein LINT-Vorführfahrzeug des Herstellers Alstom				
VT 707	LHB 0001000557001/2001	LINT 41	–	–

auf einem SWS-Gelände, der über ein Anschlussgleis mit der Strecke Schwerin – Parchim verbunden ist.

Die SWS betreibt selbst Anschlussbahnen in Schwerin-Sacktannen, – Görries und Wüstmark, die in der Regel mit Zweiwegefahrzeugen bedient werden. Eines dieser Fahrzeuge ist auch dafür ausgerüstet, im Bedarfsfall Züge der MecklenburgBahn abzuschleppen.

Internet: www.mecklenburgbahn.de

Ostmecklenburgische Eisenbahngesellschaft mbH (OME), Neubrandenburg

Seit September 1961 existierte im Norden der Stadt Neubrandenburg eine Anschlussbahn zur Erschließung eines Industriegebietes. 1990 wurde diese Anschlussbahn privatisiert und firmierte

Nr	Fabrikdaten	Bauart	Vorge-schichte	Bemerkungen
2	LKM 262471/1972	V 22	ex IAB 2	–
3	LEW 18103/1983	V 60 D	ex IAB 3	–
4	LEW 15623/1977	V 60 D	ex IAB 4	–
5	LEW 16683/1978	V 60 D	ex IAB 5	–
0001	Talbot 190633-35/1998	Talent	–	–
0002	Talbot 190636-38/1998	Talent	–	–
0003	Talbot 190639-41/1998	Talent	–	InterConnex
0004	Talbot 190642-44/1998	Talent	–	–
0005	Talbot 190645-47/1998	Talent	–	–
0006	Talbot 190648-50/1998	Talent	–	–
0007	Talbot 190651-53/1998	Talent	–	InterConnex
0008	Talbot 190654-56/1998	Talent	–	–
0009	Talbot 190657-59/1998	Talent	–	–
0010	Talbot 191342-44/2000	Talent	–	–

fortan als Industrieanschlußbahn Neubrandenburg GmbH (IAB), die zu 100% von der Neubrandenburger Verkehrs-AG gehalten wurde. Anfang 1997 erfolgte eine Umfirmierung der IAB in die heutige OME. 1997 stieg auch die damalige DEG – heute Connex – bei der OME ein, am 01.01.2001 übernahm Connex schließlich alle Anteile der OME.

Schon seit 1996 plante man in Neubrandenburg den Einstieg in den SPNV. Am 26.03.1997 schloss das Land Mecklenburg-Vorpommern mit der OME einen Verkehrsvertrag über die Erbringung von

SPNV-Leistungen auf den Verbindungen (Schwerin –) Bützow – Güstrow – Neubrandenburg – Pasewalk (zweistündlich im Wechsel mit DB Regio), Güstrow – Laage – Rostock sowie Neustrelitz – Feldberg, die zum Fahrplanwechsel am 24.05.1998 aufgenommen wurden. Die Strecke nach Feldberg wurde zwei Jahre später stillgelegt, ersatzweise ist die OME seit 28.05.2000 auch zwischen Pasewalk und Ueckermünde tätig.

Im Güterverkehr ist die OME weiterhin als Betreiber der Industrieanschlussbahn Neubrandenburg tätig. Dort kommt werktäglich eine V 60 D zum Einsatz, die auch die Bedienung des Flugplatzes Trollenhagen an der DB-Strecke Neubrandenburg – Friedland übernimmt. Diese Strecke ist seit 1991 ohnehin nur noch über die Industrieanschlussbahn mit dem übrigen DB-Netz verbunden.

Die OME-V 22 ist im Gewerbepark Weitin stationiert.

Anfang 2002 startete Connex sein Engagement im Fernverkehr und bedient sich dabei Fahrzeuge und Personal der OME. Als „InterConnex" verkehrt seit 01.03.2002 täglich ein Fernzugpaar zwischen Gera und Rostock über Leipzig und Berlin, wofür zwei Fahrzeuge umgebaut wurden. Eine Ausweitung dieser Aktivitäten ist vorgesehen.

Internet: www.omebahn.de, www.interconnex.info

Röbel/Müritz Eisenbahn GmbH (RME), Röbel (Meckl)

Die Röbel/Müritz Eisenbahn GmbH (RME) wurde 1997 durch den Eisenbahnverein „HeiNaGanzlin" e.V. (HNG) und Privatpersonen mit dem Ziel gegründet,

die Strecke Ganzlin – Röbel (Meckl) zu erhalten und betrieblich wieder zu beleben. DB Cargo hatte zu diesem Zeitpunkt bereits angekündigt, den Güterverkehr auf der seit 1966 nicht mehr im SPNV befahrenen Nebenbahn zum 31.12.1997 einzustellen.

Vornehmliche Aufgaben der RME waren nach der EVU-Zulassung im März 1999 zunächst die Bestellung der Trassen für historische Dampfzüge bei der DB Netz AG für den HNG und andere Vereine sowie die Erhaltung des Güterverkehrs nach Röbel (Meckl). Die RME bediente sich bei der Bespannung der Güterzüge der Loks des HNG sowie von DB Cargo.

Die RME konnte in Plau am See und Röbel Neuverkehre akquirieren, die da-

vor durch Cargo eingestellt worden waren. DB Cargo übernimmt bei Bedarf nun die Traktion der Züge bis Karow, die RME die weitere Zustellung. Seit Anfang

Nr	Fabrikdaten	Bauart	Vorge-schichte	Bemer-kungen
1	LKM 262291/1973	V 22	ex VEB Mineralwolle Lübz	–
–	LKM 262071/1968	V 22	ex DR 102 037	in HU
–	LKM 262095/1968	V 22	ex DR 102 046	in HU

2002 wird etwas weiter südlich ein ähnliches Konzept praktiziert. Hier übernimmt die RME die für die von DB Cargo im Rahmen von Mora C aufgegebene Güterverkehrsstelle Werder (b. Neuruppin) bestimmten Wagen in Gransee von DB

Die GTW der UBB haben zwischenzeitlich die alten Ferkeltaxen komplett abgelöst

Cargo. Zudem bedient die RME seit Ende 2001 einen Anschließer im Bahnhof Löwenberg (Mark).

Usedomer Bäderbahn GmbH (UBB), Heringsdorf

Am 01.05.1995 übernahm die neu gegründete UBB, eine 100%ige Tochter der DB Regio AG, den SPNV auf den stilllegungsbedrohten Strecken Ahlbeck – Zinnowitz – Wolgaster Fähre und Zinnowitz – Peenemünde (54 km). Nach einer umfangreichen Modernisierung der Strecke und der Ausrüstung mit zeitgemäßem Fahrzeugmaterial gilt die UBB heute als ein Vorzeigeprojekt für erfolgreichen Zugverkehr in dieser Region. 1997 wurde das Netz mit der Wiederinbetriebnahme der Strecke Ahlbeck – Ahlbeck Grenze vergrößert, 1999 folgte Züssow – Wolgast Hafen. Im Sommer 2000 erfolgte der Anschluss an das Festlandnetz über die neue Brücke in Wolgast.

Ab 22.09.2002 wird über diese Verbindung Leistungen im Rahmen der „Vorpommernbahn" bis nach Stralsund erbracht, ab 15.12.2002 sogar bis Barth.

Die UBB verfügt über einen Fahrzeugbestand von insgesamt 14 GTW 2/6, die als 646 101 ff in der Reihung 946 1xx / 646 1xx / 946 6xx bezeichnet sind. Für die Verkehrsausweitungen werden insgesamt acht neue Fahrzeuge beschafft.

Internet: www.ubb-online.de

BREMEN und
NIEDERSACHSEN

Mit einem eisigen Bart versehen eilt eine Desiro-Doppelgarnitur der NWB am 31.12.01 bei Oldenburg Krusenbusch Richtung Osnabrück

Ankum – Bersenbrücker Eisenbahn GmbH (ABE), Ankum

Die ABE betrieb zunächst ab 1915 Güterverkehr auf der 5,3 km langen Strecke zwischen den beiden namensgebenden Orten Ankum und Bersenbrück, 1917 folgte auch der SPNV. Seit 1963 setzt die ABE keine eigenen Fahrzeuge mehr ein, der SPNV endete 1962. Heute unterliegt die Betriebsführung den VLO, Güterzüge werden von DB Cargo gefahren.

Bentheimer Eisenbahn AG (BE), Bad Bentheim

Schon seit über 100 Jahren – der erste Zug zwischen Bentheim und Nordhorn verkehrte bereits am 07.12.1895 – existiert die BE im Dreiländereck zwischen Niedersachsen, Nordrhein-Westfalen und den Niederlanden. Eigentümer der am 01.01.1935 zur AG umgewandelten Gesellschaft sind der Landkreis Grafschaft Bentheim (93,99%), die Stadt Nordhorn (6%) sowie die Stadt Neuenhaus (0,01%). Die eigene 72,5 km lange Strecke führt von Ochtrup-Brechte über Bad Bentheim, Nordhorn, Emlichheim und Laarwald ins niederländische Coevorden. Der SPNV endete 1974, der Güterverkehr ist hinge-

gen weiterhin beachtlich. Werktäglich werden auf den eigenen Gleisen zwei Streckenloks eingesetzt, zudem ist in Bad Bentheim, Nordhorn und Laarwald je eine Rangierlok stationiert.

In den vergangenen Jahren konnte die BE auch Leistungen auf DB-Gleisen aufnehmen. Bereits seit den 90er Jahren fährt die BE Zementganzzüge von Münster (WLE) nach Laarwald. Zum Jahreswechsel 2001/2002 kamen entsprechende Transporte aus Lengerich und Misburg (b. Hannover) hinzu, seit März 2002 befördert die BE etwa einmal monatlich einen Ganzzug mit Kartoffelstärke von Emlichheim nach Leer. Der BE-eigene Umschlagbahnhof in Coevorden-Heege ist seit 27.06.2002 Ausgangspunkt eines

Nr	Fabrikdaten	Bauart	Vorge-schichte	Bemerkungen
D 1	O&K 26421/1966	Köf III	ex DB 332 306	–
D 2	O&K 26341/1964	Köf III	ex DB 332 106	–
D 3	Jung 13747/1964	Köf III	ex DB 332 161	–
D 16	Gmeinder 48771955	Köf III	ex DB 323 555	–
D 17	Jung 13188/1960	Köf II	ex DB 323 820	–
D 20	MaK 1000092/1962	V 100	ex DB 211 074	–
D 21	Deutz 57362/1962	V 100	ex DB 211 125	–
D 22	MaK 8001801972	G1100BB	–	–
D 23	MaK 1000790/1980	G1202BB		»Landkreis-Grafschaft Bentheim«
D 24	MaK 1000795/1983	DE1002	–	»Neuenhaus-Veldhausen«
D 25	Jung 13472/1962	V 100	ex DB 211 345	–

Der Zementzug der BE nach Misburg war am 01.03.02 mit D21 bespannt, hier bei Vennebeck

Containerzuges Coevorden – Rotterdam, der von der niederländischen Privatbahn ACTS betrieben wird.

Bremische Hafeneisenbahn (BH), Bremen

Die Bremische Hafeneisenbahn dient als Eisenbahn des öffentlichen Verkehrs der Anbindung der Häfen Bremen und Bremerhaven an das Schienennetz. Die eigene Betriebsführung der Hafeneisenbahn wurde in Bremen bereits 1930 beendet und an die damalige DRG übergeben. In Bremerhaven war von Anfang an die Staatsbahn für die Betriebsführung zuständig. Heute führt DB Cargo den Betrieb durch, jedoch kommen auch andere Bahnen, beispielsweise NetLog und die EVB auf die Gleise der Hafeneisenbahn. In Bremen verfügt die Hafeneisenbahn über Strecken mit einer Länge von 17,6 km und einer gesamten Gleisausdehnung von knapp 290 km. Die Streckengleise sind dabei seit 1965 vollständig elektrifiziert. In Bremerhaven beträgt die Streckenlänge 11,5 km, die Gleislänge ca. 145 km.

Bremen-Thedinghauser Eisenbahn GmbH (BTE), Bremen

Traditionell wurde die 26,2 km lange und seit 1955 nur noch im Güterverkehr genutzte Strecke zwischen Bremen-Huchting und Thedinghausen von der Bremisch-Hannoverschen Eisenbahn AG (BHE) als Eisenbahn Bremen – Thedinghausen (BTh) betrieben. Die Hauptanteile dieser Gesellschaft hielt ab 1996 die WCM Beteiligung- und Grundbesitz-Aktiengesellschaft, die sich weniger für den Bahnbetrieb als für den attraktiven, nicht betriebsnotwendigen Bestand an Grundstücken und Wohnungen interessierte. Als sich im Jahr 2000 abzeichnete, daß die WCM den Bahnbetrieb aufgrund des erwirtschafteten Defizits einstellen wollte, gründeten die Gemeinden Stuhr, Thedinghausen und Weyhe sowie die Bremer Vorortbahnen GmbH (BVG) im Dezember 2000 gemeinsam die heutige BTE, welche zum 01.03.2001 die betriebsnotwendigen Grundstücke und Gebäude, die bahntechnischen Anlagen sowie ein Schienenfahrzeug übernahmen. Die Gemeinden halten je 30% Gesellschafteranteile, die mittlerweile als WeserBahn GmbH bezeichnete BVG 10%. Die Betriebsführung, die zu BTh-Zeiten der DEG unterlag, übernahm die WeserBahn. Da dieser auch die Betriebsführung der VGH unterliegt, arbeiten BTE und VGH auf betrieblicher Ebene eng zusammen. Die Güterverkehrsaktivitäten beschränken sich seit 10.06.2001 nicht mehr nur auf die eigene Strecke, da die BTE seitdem in Kooperation mit DB Cargo auch die Güterverkehrsstellen Delmenhorst,

BE D23 mit Ölganzzug bei Emlichheim-Kleinringe am 8.8.1997

Kirchwehye und Bremen-Hemelingen anfährt. Die Einsatzlok absolviert dabei werktäglich eine „Ringfahrt" Bremen Rbf – Delmenhorst – Bremen-Huchting – Leeste (Pause, bedarfsweise Bedienung Richtung Thedinghausen) – Kirchwehye – Bremen-Hemelingen – Bremen Rbf. Mittelfristig ist vorgesehen, Teile der BTE-Strecke auch wieder für den SPNV zu nutzen. Es ist angedacht, dass die BSAG-Stadtbahnlinien 5 und 8 Teile der BTE-Strecke mit nutzen.

Nr	Fabrikdaten	Bauart	Vorge-schichte	Bemer-kungen
1001	LEW 16672/1981	V 100.4	ex Laubag 110-01	–

Delmenhorst-Harpstedter Eisenbahn GmbH (DHE), Harpstedt

Seit 06.06.1912 verbindet die DHE die beiden namensgebenden Orte Delmenhorst und Harpstedt über eine 22,6 km lange Strecke. Die Betriebsführung übernahm man erst 1956, zuvor unterlag sie dem Landeskleinbahnamt Hannover. Seit der Einstellung des SPNV im Jahr 1967 dient die Strecke ausschließlich dem Güterverkehr sowie regelmäßigen Sonderfahrten des lokalen Vereins DHEF. Güterverkehr

findet vor allem im Nordabschnitt der Strecke sowie auf dem in Annenheide abzweigenden Anschlussgleis nach Adelheide statt.

Im Jahr 2000 übernahm die DHE auch den Güterverkehr der in Kommunalbesitz übergegangenen ehemaligen DB-Strecke Delmenhorst – Lemwerder. Heute sind neben der Stadt Delmenhorst (35%) der Landkreis Oldenburg (27%) sowie die Gemeinden Harpstedt (20%) und Stuhr (12%) an der DHE beteiligt, 6% der Anteile befinden sich in Streubesitz. Internet: www.dhe-reisen.de

Eisenbahngesellschaft Ostfriesland-Oldenburg mbH (EGOO), Aurich

Die EGOO wurde 1994 zum Erhalt von Schienenstrecken und zur Verbesserung des Schienenverkehrs in der ostfriesischen Region ins Leben gerufen worden und 1996 in eine GmbH umgewandelt. Vorrangig ist die Reaktivierung der Strecke Aurich – Abelitz in Planung. Internet: www.egoo.de

Eisenbahnen und Verkehrsbetriebe Elbe-Weser GmbH (EVB), Zeven

Die EVB entstand am 01.01.1981 durch die Fusion der Bremervörde – Osterholzer Eisenbahn GmbH (BOE) und der Wilstedt – Zeven – Tostedter Eisenbahn GmbH (WZTE). Gesellschafter der EVB waren Mitte 2002 neben dem Land Niedersachsen (58%), die Landkreise Rotenburg (14,17%), Stade (10,68%), Osterholz (6,16%) sowie Cuxhaven (5%). Die EVB ist zudem an den Eisenbahnunternehmen NeCoSS (25,1 %), NB (40%) und NTT 2000 (30%) beteiligt.

Die Strecken Bremervörde – Osterholz-Scharmbeck (47,6 km) sowie Wilstedt – Zeven Süd – Tostedt (63,6 km) der beiden Gesellschaften dienten schon zu diesem Zeitpunkt ausschließlich dem Güterverkehr. Nach längeren Verhandlungen gelang es der EVB am 05.11.1991, die Strecken Bremerhaven-Wulsdorf – Bremervörde – Hesedorf – Stade, Bremervörde –

Die kleine 170-PS-Lok 8 der DHE stand am 22.10.99 in Harpstedt abgestellt

Nr	Fabrikdaten	Bauart	Vorgeschichte	Bemerkungen
8	O&K 25624/1956	MV6b	ex Kali & Salz, Marienglück	Reserve
9	Schöma 5173/1991	CFL-250DVR	–	–

Zeven – Rotenburg – Brockel und Hesedorf – Harsefeld – Hollenstedt mit einer
Gesamtlänge von 158 km von der DB zu
übernehmen. Mit Ausnahme der Verbindung Bremerhaven – Stade wiesen diese
zum Übernahmezeitpunkt nur Güterverkehr auf. Am 02.07.1993 vergrößerte sich
das Streckennetz der EVB abermals, als
sie mit der Buxtehude – Harsefelder Eisenbahn (BHE) fusionierte, die auf ihrer 14,8
km langen Strecke zwischen Buxtehude
und Harsefeld Güterverkehr betrieb. Das
Netz der EVB hat eine Länge von 286 km.
Zum 25.09.1993 nahm die EVB den SPNV
zwischen Hesedorf und Buxtehude wieder auf und richtete darüber eine Verbindung zwischen Bremerhaven und
Hamburg-Neugraben ein. Gleichzeitig
wurde der Reiseverkehr zwischen Hesedorf und Stade eingestellt. Dieser wurde
im Jahr 2001 mit den regelmäßigen
„Moorexpress"-Ausflugszügen zwischen
Osterholz-Scharmbeck und Stade teilweise wieder aufgenommen. Der Einzel-
wagen- Güterverkehr auf dem eigenen
Streckennetz ist relativ schwach, werktäglich sind hierfür ein bis zwei Loks eingesetzt. Seit 02.01.2002 holt die EVB die für
ihr Netz bestimmten Einzelwagen selbst
in Maschen Rbf ab und bedient auf dem
Rückweg nach Rotenburg bei Bedarf auch
den bisherigen DB-Tarifpunkt Scheeßel.
Zum gleichen Zeitpunkt übernahm man
auch die Bedienung des Fischereihafens in
Bremerhaven.
Seit 20.06.1995 fährt die EVB Containerzüge zwischen Bremerhaven, Bremen
und dem Hamburger Hafen, die teilweise
auf EVB-eigenen Gleisen, teilweise auf

Nr	Fabrikdaten	Bau-art	Vorgeschichte	Bemer-kungen
281	MaK 600414/1965	650D	ex BHE 281	abgestellt
304 51	MaK 500041/1966	G500C	ex Krupp Rheinhausen	ex 282
306 51	MaK 500068/1975	G700C	ex BOE 283	ex 283
410 01	KM 18919/1962	V 100	ex DB 211 323	ex 285
410 02	Jung 13457/1962	V 100	ex DB 211 330	ex 286
410 03	Jung 13451/1962	V 100	ex DB 211 324	ex 287
410 04	MaK 1000042/1961	V 100	ex DB 211 024	–
410 05	MaK 1000079/1962	V 100	ex DB 211 061	–
410 51	Krupp 4362/1962	V 100	ex DB 211 252 ex 284	nicht doppel-traktions-fähig, FFS
417 01	KM 18297/1957	V 200	ex DB 220 053	ex 288
420 01	KHD 57846/1965	V 169	ex DB 219 001, ex BGW DH 280.01	
622 01	LTS 0325/1974	232	ex DB 232 103 ex BG W DE 300.01	
VT 150	Duewag 90321/1993	628	–	–
VS 150	Duewag 90322/1993	928	–	–
VT 151	Duewag 90323/1993	628	–	–
VS 151	Duewag 90324/1993	928	–	–
VT 152	Duewag 90325/1993	628	–	–
VS 152	Duewag 90326/1993	928	–	–
VT 153	Duewag 90327/1993	628	–	–
VS 153	Duewag 90328/1993	928	–	–
VT 154	LHB 135-1/1993	628	–	–
VS 154	LHB 135-2/1993	928	–	–
VT 164	Talbot 97213/1955	VT 4	ex BOE T 164	für Sonder-fahrten
VT 166	WMD 1307/1955	VT 98	ex DB 796 767	abgestellt
VT 168	MAN 146608/1962	VT 98	ex DB 796 826	–
VT 170	LHW 1959/1935	B2	ex DB VT 137 116, ex BOE VT 170	–
VS 116	MAN 145097/1960	VS 98	ex DB 996 777	–

**Am 30.09.2000
war EVB VT153
als Moorexpress
bei Worpswede
unterwegs**

**Große Lokparade
bei den EVB am
Ostermontag 2002
mit insgesamt vier
V100 und der ex-
Gasturbinen-Lok
219 001**

Vor den Kohle- zügen setzen die mkb zeitweise G2000 ein, hier am 20.10.01 zwischen Veltheim und Vlotho im Bild festgehalten

DB-Strecken unterwegs sind. Mittlerweile ist aus der Kooperation mit der ACOS Allround Container Service Helmut Frank GmbH und Eurogate Intermodal GmbH der sogenannte „Neutral Triangle Train NTT 2000" entstanden, der täglich zwei Zugpaare beinhaltet. Seit 01.04.2002 befördert die EVB zudem ein dreimal wöchentlich verkehrendes, mit Splitt beladenes Ganzzugpaar zwischen Bad Harzburg und Rotenburg/Wümme. Beim Rangierdienst im Bahnhof Rotenburg/Wümme kooperiert man dabei mit der VWE, die einen Rangierer stellt.
Internet: www.evb-elbe-weser.de

Emsländische Eisenbahn GmbH (EEB), Meppen

Eigentümer der EEB ist der Landkreis Emsland, der zum 01.08.1977 aus den Kreisen Aschendorf-Hümmling, Meppen und Lingen entstand. In den beiden erstgenannten Kreisen existierte mit der Hümmlinger Kreisbahn (HKB) bzw. der Meppen-Haselünner Eisenbahn (MHE) je eine kreiseigene Bahn, die fortan den selben Eigentümer hatten. Zum 01.03.1993 erfolgte schließlich die Fusion beider Bahnen zur EEB. Am 01.01.1997 wurde diese in eine GmbH umgewandelt, an der Landkreis Emsland nach wie vor den Hauptanteil hält.
Die EEB verfügt über ein Streckennetz mit einer Gesamtlänge von 107,2 km das ausschließlich dem Güterverkehr dient.

Große Parade mit den EEB-Loks Emsland, L2 und Hümmling in Vormerz am 23.11.01

Nr	Fabrikdaten	Bauart	Vorge- schichte	Bemer- kungen
L 2"	Deutz 57504/1962	KG275B	–	–
D 10	Krupp 1373/1934	Köf II	ex DB 322 642	–
Hümmling	Deutz 56459/1957	MS800D	ex Klöckner Hagen-Haspe 1	–
Emsland	KM 18904/1962	V 100	ex DB 211 308	–
Emsland II	Jung 13670/1964	V 100	ex DB 212 194	–
Emsland III	MaK 1000029/1961	V 100	ex DB 211 011	Oldenburg
Emsland IV	MaK 1000030/1961	V 100	ex DB 211 012	in HU
T 1"	Talbot 95135/1957	–	–	für Sonderfahrten

Die 25 km lange Strecke Lathen – Werlte stammt von der HKB, während die 52,2 km lange Strecke Meppen – Haselünne – Essen (Oldb.) zusammen mit dem 2,2 km langen Streckengleis Meppen – Meppen Hafen das Netz der ehemaligen MKB darstellen. Zur Verbindung dieser beiden Streckenteile befährt die EEB auch regelmäßig die Emslandstrecke der DB zwischen Meppen und Lathen, wobei auch die Güterverkehrsstellen Haren/ Ems angefahren wird. Seit 01.05.2001 ist die EEB auch Eigentümer der 28 km langen, früheren DB-Strecke Ocholt – Sedelsberg, die werktäglich von Oldenburg aus bedient wird.
Internet: www.eeb-online.de

Farge-Vegesacker Eisenbahn GmbH (FVE), Bremen

Die FVE betreibt die Strecke Bremen-Farge – Bremen-Vegesack (10,4 km), auf der bescheidener Güterverkehr herrscht, nachdem der bisherige Hauptkunde – ein Kohlekraftwerk in Farge – seit Ende 2000 auf dem Wasserweg beliefert wird.

Anpassungs-
arbeiten verschlu-
gen die V 162 der
FVE in das Depot
der NWB/NWC im
Osnabrücker
Hafen, die Auf-
nahme stammt
vom 26.08.2001

Gesellschafter des Unternehmens sind neben der Connex Cargo Logistics (98%) auch die Hansestadt Bremen (2%).
Lichtblick ist ein Neukunde in Form einer Neuwagenspedition, die sich auf dem Gelände des ehemaligen Bremer Vulkan (Werft) angesiedelt hat. Die Arbeiten für ein Anschlussgleis, welches von dem der Bremer Wollkämmerei abzweigt, hatten im Januar 2002 begonnen. Nach Aufnahme des Neuverkehrs werden dann Autozüge den FVE-Abschnitt Bremen-Blumenthal – Bremen-Vegesack beleben.

Nr	Fabrikdaten	Bauart	Vorgeschichte	Bemerkungen
2	Deutz 57802/1965	MG530C	–	–
5	Deutz 57805/1965	MG530C	–	–
6	Deutz 57806/1965	MG530C	–	–
7	Deutz 57807/1965	MG530C	–	–
8	Deutz 57808/1965	MG530C	–	–

Nr	Fabrikdaten	Bauart	Vorgeschichte	Bemerkungen
V 51	MaK 500071/1974	G500C	ex Krupp, Rheinhausen	Reserve
V 161	MaK 1000513/1971	G1600BB	–	–
V 162	MaK 1000514/1971	G1600BB	–	–

Georgsmarienhütten – Eisenbahn und Transport GmbH (GET), Georgsmarienhütte

Die GET, deren Haupteigner die Klöckner Stahl GmbH ist, ging 1996 aus der Georgsmarienhütten-Eisenbahn (GME) hervor und ist Besitzer der 7,3 km langen Strecke Hasbergen – Georgsmarienhütte. Der bedingt durch Industriebetriebe am Streckenendpunkt rege Güterverkehr wird seit 1998 von DB Cargo durchgeführt, der SPNV wurde bereits 1978 eingestellt. Die von GET selbst erbrachten Verkehrsleistungen beschränken sich damit auf die umfangreichen Rangerdienste in Georgsmarienhütte. Ein Teil des einstigen Lokparks der GET wurde daher 1998/99 an die KEG verkauft.
Es wird derzeit überlegt, den Güterverkehr aus Georgsmarienhütte künftig über den Bahnhof Oesede und die Strecke Dissen-Bad Rothenfelde – Osnabrück abzuwickeln, was die GET-eigene Strecke überflüssig machen würde.

GVG Gleis- und Verkehrslogistik GmbH (GVG), Delmenhorst

Die in Delmenhorst ansässige GVG ist seit Mai 2000 als EVU gelassen und derzeit in den Geschäftsbereichen Gleisbaustellenlogistik und Personalleasing aktiv. Eigene Fahrzeuge sind nicht vorhanden, die benötigten Loks werden von anderen

Unternehmen, beispielsweise der LWB angemietet. Als Personaldienstleister stellt man anderen EVU Fahrpersonal zur Verfügung. Internet: www.gvggmbh.de

Ilmebahn GmbH (Ilm), Einbeck

Die Ilmebahn eröffnete bereits am 20.12.1883 ihre 13,1 km lange Strecke Einbeck – Dassel. Der SPNV wurde dort 1975 eingestellt, allerdings betrieb die Ilmebahn bis 1982 noch SPNV auf der anschließenden DB-Strecke Einbeck-Salzderhelden – Einbeck. Diese 4,2 km lange Strecke wurde zum 01.08.1999 dauerhaft von DB Netz gepachtet. Hier findet heute noch Güterverkehr statt, während die Strecke Einbeck – Dassel außer Betrieb ist. Verkehrsleistungen erbringt die Ilmebahn vor allem außerhalb ihrer eigenen Gleise. Schon seit 1995 bedient man in Kooperation mit der DB zahlreiche Güterverkehrsstellen im Raum Kreiensen. Derzeit übernimmt die Ilmebahn im Auftrag von DB Cargo Güterverkehrsleistungen auf den Strecken Einbeck – Kreiensen, Kreiensen – Kalefeld und Kreiensen – Holzminden – Höxter, wofür wochentags eine der beiden Loks eingesetzt wird. Internet: www.ilmebahn.de

ILM V100.01 erreicht am 28.03.2002 mit CB 55539 den Endbahnhof Stadtoldendorf

Nr	Fabrikdaten	Bauart	Vorgeschichte	Bemerkungen
V 100 01	MaK 1000315/1965	V 100	ex DB 212 268	–
V 100 02	LEW 12766/1970	V 100.4	ex DB 202 302	–

Landes Eisenbahn Braunschweig GmbH (LBE)

Die LBE wurde 1998 als gemeinsame EVU des Verein Braunschweiger Verkehrsfreunde e.V. (VBV) und der Eisenbahnfreunde Einbeck e.V. (VEE) gegründet.

MetroRail GmbH (MetroRail), Uelzen

Im September 2001 vergab das Niedersächsische Verkehrsministerium die schnellen SPNV-Leistungen zwischen Hamburg und Bremen (114 km) sowie Hamburg und Uelzen (83 km) ohne vorherige Ausschreibungen an ein Konsortium aus OHE, Bremer Straßenbahn AG (BSAG), EVB und HOCHBAHN. Diese Gesellschaften gründeten gemeinsam die MetroRail, an der die Gemeinschaftsunternehmung von EVB und OHE, die NB, 69,9% der Anteile hält, 25,1% entfallen auf die HOCHBAHN und 5% auf die BSAG.

MetroRail soll die genannten Verkehre (2,6 Mio. Zug-km pro Jahr) ab Dezember 2003 für vorerst sieben Jahre erbringen. Die jeweils im Stundentakt verkehrenden, 160 km/h schnellen Züge werden aus je einer Lok der Baureihe 146 sowie Doppelstockwaggons bestehen. Die zehn Zuggarnituren werden – ähnlich wie die LINT der NWB – vom Land Niedersachsen beschafft und dem Betreiber MetroRail zur Verfügung gestellt. Die Wartung der Zuggarnituren wird in einem neuen Betriebshof in Uelzen erfolgen, der unter Regie der OHE gebaut und betrieben wird.

Mittelweserbahn GmbH (MWB), Bruchhausen-Vilsen

Die Mittelweserbahn, eine am 26.11.1998 von vier DEV-Aktiven gegründete GmbH (Konzessionserteilung am 18.10.1999), setzt ihre Fahrzeuge vor allem im Bauzugdienst ein. Angeboten werden jedoch auch bundesweite Zug- bzw. Logistikleistungen sowie die Vermietung von Lokomotiven und Personal.

Als Personaldienstleister existiert seit März 2000 die Mittelweserbahn Bahnlogistik GmbH, eine Tochtergesellschaft der MWB. Die MWB Bahnlogistik stellt Personal für alle Bereiche des Eisenbahnbetriebes vom Logistiker über Arbeitszugführer hin bis zum Stellwerkspersonal. Zusammen verfügen MWB und MWB Bahnlogistik über rund 50 Mitarbeiter.

Nr	Fabrikdaten	Bau-art	Vorge-schichte	Bemerkungen
V 121	Gmeinder 4887/1956	Köf II	ex DB 323 575–	
V 241	Gmeinder 5121/1960	Köf III	ex DB 332 002–	
V 242"	Jung 13778/1964	Köf III	ex DB 332 165–	
V 243	O&K 26404/1965	Köf III	ex DB 332 289–	
V 244	O&K 26303/1962	Köf III	ex DB 332 008–	
V 245	Gmeinder 5266/1963	Köf III	ex DB 332 028–	
V 246	Jung 13572/1963	Köf III	ex DB 332 030–	
V 247	O&K 263353/1964	Köf III	ex DB 332 115–	
V 248	Gmeinder 5291/1963	Köf III	ex DB 332 050–> RAR	
V 249	O&K 263328/1963	Köf III	ex DB 332 090–> RAR	
V 250	Jung 13782/1964	Köf III	ex DB 332 169	HU bis 07.2002
V 641	LEW 18002/1982	V 60 D	ex Skoda, Werk Ejpovice –	
V 642	LEW 17421/1981	V 60 D	ex Viamont	RailCenter Nürnberg
V 661	Henschel 30038/1959	V 60	ex ETRA, ex DB 260 749–	
V 662	Krupp 3978/1960	V 60	ex DB 360 555–	
V 1201	LEW 14454/1974	V 100.4	ex DB 202 753–	
V 1202	LEW 13948/1973	V 100.4	ex DB 202 630–	
V 1203	LEW 14426/1974	V 100.4	ex DB 202 725–	
V 1204	LEW 15094/1975	V 100.4	ex DB 202 822–	
V 1351	MaK 1000386/1966	V 100	ex DB 213 339–	
V 1352	MaK 1000381/1966	V 100	ex DB 213 334–	
V 1701	VSFT 1001117/2000	G1206	–	„V 1001-117", lw von VSFT
V 2101	VSFT 1001141/2002	G1206	–	–

Das Engagement der MWB beschränkt sich nicht nur auf die Bundesrepublik. So ist sie mit 45% an der am 22.08.2001 gegründeten Salzburger Eisenbahn Transport Logistik GmbH (SETG) mit Sitz in Salzburg beteiligt. Diese Gesellschaft, deren restliche Anteile von der Harald Kühne Treuhand GmbH (45%) sowie dem SETG-Geschäftsführer Gunther Pitterka (10%) gehalten werden, ist ein Bahnlogistikunternehmen speziell für die Organisation von Privatbahn-Güterverkehren in Österreich und auch Deutschland. Zudem plant die SETG, Hackschnitzel- und Rindetransporte im Raum Salzburg mit Hilfe des patentierten Multiboxsystems – ein Containersystem, das die Entladung nach unten ermöglicht – auf die Schiene

zu verlagern. Über eigene Loks verfügt die SETG nicht, im Bedarfsfall nutzt man Fahrzeuge der MWB.
Internet: www.mittelweserbahn.de

NiedersachsenBahn GmbH (NB), Celle

Das am 05.02.2001 gegründete Gemeinschaftsunternehmen von OHE (60%) sowie EVB (40%) hat sich bisher unter anderem um die RE-Leistungen von Hamburg nach Uelzen bzw. Bremen beworben und diese auch gewinnen können. Für diese Verkehre wurde zwischenzeitlich zusammen mit BSAG und HOCHBAHN die Gesellschaft MetroRail gegründet.

NeCoSS GmbH (NeCoSS), Bremen

Am 28.02.2002 nahm CCL zusammen mit der EVB und der ACOS (Allround Container Service) Transport Helmut Frank GmbH ein als „Neutral Container Shuttle System" (NeCoSS) bezeichnetes Containerzugsystem zwischen Nordseehäfen und Zielen in Südwestdeutschland auf. Kernstück des Systems ist ein über Nacht verkehrendes Zugpaar von Bremen nach Friedberg, das von einer der Connex 185-CL bespannt wird. In Bremen besteht über das NTT 2000-Containerzugsystem Anschluss von Bremerhaven und Hamburg. In Friedberg startet ein von der BCB betriebener Shuttlezug nach Schweinfurt und ein von der WEG betriebenes Zupaar nach Kornwestheim. Letzteres tauscht in

Eine der schönsten G1206, die MWB V 2101, stand fabrikneu am 22.03.2002 in Kiel Friedrichsort

Mannheim-Friedrichsfeld Wagen mit der BASF, welche ein Zugpaar zwischen Mannheim und Germersheim befördert.

Zum 04.06.02 erhielt das System in Kooperation mit der RBB einen Ostast von Bremen-Roland nach Bitterfeld und ab 11.06.02 weiter zum BASF-Standort Schwarzheide. Zunächst verkehrt der Zug drei Mal wöchentlich.

Als Betreibergesellschaft gründete die CCL (50,1 %) am 28.02.2002 zusammen mit EVB (25,1 %) und ACOS Transport (24,8 %) die NeCoSS GmbH. Für Personal- und Lokomotivgestellung werden die CCL-Schwesterunternehmen sowie die integrierten Partnerunternehmen genutzt. Internet: www.necoss.de

Vor dem Start des NeCoSS wurden in Bremervörde Schulungen für die 185-CL durchgeführt. 185-CL 002 stand am 17.02.02 in Bremervörde

NTT 2000 - Neutral Triangle Train GmbH (NTT), Bremen

NTT wurde Anfang 2000 als Betreibergesellschaft für einen seit 03.04.2000 verkehrenden Containerzug im sogenannten „Nassen Dreieck" zwischen Bremerhaven-Eurogate, dem Güterverkehrszentrum Bremen-Roland und dem Hamburger Hafen. Bereits 1999 hatte ein Praxis-Test auf der Relation Bremen - Bremerhaven begonnen. Gesellschafter sind neben der ACOS (Allround Container Service) Transport Hans Frank GmbH (44%) die EVB (30%) sowie Eurogate Intermodal GmbH (26%). Als Zugloks werden Dieselloks der EVB eingesetzt, in Bremen besteht zudem seit Februar 2002 eine Verknüpfung zum NeCoSS.

Nordwestbahn GmbH (NWB), Osnabrück

Seit 05.11.2000 ist die NWB Betreiber der SPNV-Leistungen der zusammen ca. 300 km langen Strecken Osnabrück – Oldenburg – Wilhelmshaven, Wilhelmshaven – Esens und Osnabrück – Delmenhorst (- Bremen). Hier werden jährlich etwa 3,5 Mio. Zugkilometer erbracht. Eigentümer der am 29.12.1999 in das Handelsregister eingetragenen NWB sind Connex, Regiobahn (64%), Stadtwerke Osnabrück AG (26%) sowie die Oldenburger Verkehr und Wasser GmbH (10%). Die eingesetzten Fahrzeuge des Typs LINT sind Eigentum

Nr	Fabrikdaten	Bauart	Vorge-schichte	Bemer-kungen
VT 501	LHB 001/1999	LINT 41	—	—
VT 502	LHB 002/1999	LINT 41	—	—
VT 503	LHB 003/1999	LINT 41	—	—
VT 504	LHB 004/1999	LINT 41	—	—
VT 505	LHB 005/1999	LINT 41	—	—
VT 506	LHB 006/1999	LINT 41	—	—
VT 507	LHB 007/1999	LINT 41	—	—
VT 508	LHB 008/1999	LINT 41	—	—
VT 509	LHB 009/2000	LINT 41	—	—
VT 510	LHB 010/2000	LINT 41	—	—
VT 511	LHB 011/2000	LINT 41	—	—
VT 512	LHB 012/2000	LINT 41	—	—
VT 513	LHB 013/2000	LINT 41	—	—
VT 514	LHB 014/2000	LINT 41	—	—
VT 515	LHB 015/2000	LINT 41	—	—
VT 516	LHB 016/2000	LINT 41	—	—
VT 517	LHB 017/2000	LINT 41	—	—
VT 518	LHB 018/2000	LINT 41	—	—
VT 519	LHB 019/2000	LINT 41	—	—
VT 520	LHB 020/2000	LINT 41	—	—
VT 521	LHB 021/2000	LINT 41	—	—
VT 522	LHB 022/2000	LINT 41	—	—
VT 523	LHB 023/2000	LINT 41	—	—
VT 561	Duewag 92843-844/2001	Desiro	—	—
VT 562	Duewag 92845-846/2001	Desiro	—	—
VT 563	Duewag 92847-848/2001	Desiro	—	—
VT 564	Duewag 92849-850/2001	Desiro	—	—
VT 565	Duewag 92851-852/2001	Desiro	—	—
VT 566	Duewag 92853-854/2001	Desiro	—	—

des Landes Niedersachsen und werden in einer modernen Werkstatt im Osnabrücker Hafen unterhalten. Die Zulassung als EVU erhielt die NWB am 10.12.1999.

Im Dezember 2001 erhielt eine Bietergemeinschaft von NWB und TWE den Zuschlag für den ab Dezember 2003 durchzuführenden Betrieb der SPNV-Leistungen auf den zusammen 250 km langen Strecken Bielefeld – Münster, Bielefeld – Altenbeken, Bielefeld – Paderborn und Paderborn – Holzminden in der Region Ostwestfalen-Lippe.

Internet: www.nordwestbahn.de

Nordwestcargo GmbH (NWC), Osnabrück

Die NWC wurde im Herbst 2001 von Connex Cargo Logistics (51%) und den Stadtwerken Osnabrück AG (49%) für die Durchführung von Schienengüterverkehren gegründet und am 03.06.2002 in das Handelsregister eingetragen. Betrieb und Verwaltung werden in enger Kooperation mit der ebenfalls in Osnabrück ansässigen NWB durchgeführt.

Im November 2001 nahm die NWC mit einer von der TWE gemieteten Lok den regelmäßigen Güterverkehr zwischen dem Hafen Brake und einem Futtermittelwerk in Rechterfeld auf, dessen Bedienung durch DB Cargo gekündigt worden war. Die zum 14.01.2002 aufgenommene Bedienung der Güterverkehrsstelle Velpe wurde bereits am 20.03.2002 das letzte Mal angefahren. Seit 14.01.2002 bedient die NWC zudem die Güterverkehrsstelle Velpe westlich von Osnabrück. Die Zulassung als EVU für Güterverkehr erfolgte am 08.05.2002.

Internet: www.nordwestcargo.de

Nr	Fabrikdaten	Bauart	Vorge-schichte	Bemerkungen
132	MaK 1000256/1968	V 100 PA	—	lw von TWE

Osthannoversche Eisenbahnen AG (OHE), Celle

Die 1944 durch Zusammenschluss mehrerer Kleinbahnen entstandene OHE gehört heute zu 40,245% dem Land Niedersachsen, zu 33,815% der Bundesrepublik Deutschland, zu 8,902% DB Regio und zu kleineren Anteilen den lokalen Landkreisen und Gemeinden. Auf dem insgesamt 320,5 km langen Streckennetz findet heute ausschließlich Güterverkehr statt, nachdem der SPNV abschnittsweise bis 1977 eingestellt worden war. Am Güterverkehr haben Militärtransporte von und zu den Truppenübungsplätzen in der Lüneburger Heide einen großen Anteil.

Betrieben werden die Strecken:
- Celle – Beedenbostel – Wittingen,
- Wittingen – Rühen,
- Beedenbostel – Mariaglück,
- Celle – Beckedorf – Bergen – Soltau – Hützel – Winsen (Luhe),
- Beckedorf – Munster (Oertze),
- Hützel – Lüneburg,
- Winsen – Niedermarschacht und
- Celle – Wietzenbruch.

Zum 01.03.2000 übernahm die OHE zudem den Betrieb der vormals selbständigen StMB und deren Strecke Wunstorf

Links:
Am sonnigen
20.06.01 ist NWB
VT 519 gerade in
den Bahnhof Loh-
ne eingefahren

Links:
Die auf dem Rah-
men einer V100
aufgebaute V144
der TWE bespann-
te am 21.02.02
außerplanmäßig
den Güterzug der
NWC nach Velpe

– Mesmerode. Zwei Jahre später, am 01.03.2002, ging der Bahnbetrieb der Werkbahn der Wolff Walsrode AG (Strecke Walsrode – Bomlitz) ebenfalls auf die OHE über. Um Celle, Wittingen und Soltau/Walsrode bedient die OHE auch mehrere Gütertarifpunkte an DB-Strecken. Die OHE ist außerdem an den Eisenbahnunternehmen NB (60%) und RStV (74%) beteiligt.
Internet: www.ohe-celle.de

Nr	Fabrikdaten	Bauart	Vorge- schichte	Bemer- kungen
DKL 0606	Deutz 56747/1957	KK130 B	–	–
DKL 0607	Gmeinder 21208/1938		HF130C	–
23 041	Deutz 57200/1961	KS230B	–	–
23 042	Deutz 57201/1961	KS230B	–	–
23 043	Deutz 57202/1961	KS230B	–	–
60 022	MaK 600157/1959	650D	–	–
60 023	MaK 600158/1959	650D	–	–
120 051	MaK 1000016/1959	1200D	–	–
120 054	MaK 1000156/1963	1200D	–	–
120 068	Deutz 57465/1962	DG1000DDM	–	–
120 069	Deutz 57250/1961	DG1000DDM	–	–
120 071	Deutz 57100/1960	DG1200DDM	–	–
120 072	Deutz 57101/1960	DG1200DDM	–	–
140 001	MaK 1000786/1979	G1202BB	–	–
140 002	MaK 1000788/1979	G1202BB	–	–
150 003	MaK 1000814/1984	G1204BB	–	–
150 004	MaK 1000822/1984	G1204BB	–	–
150 073	Deutz 58250/1969	DG1500BBM	–	„Soltau", abgestellt
160 073	MaK 1000517/1972	G1600BB	ex WHE 36	–
160 074	MaK 1000518/1972	G1600BB	–	„Winsen"
160 075	MaK 100597/1975	G1600BB	–	„Wit- tingen"
200 091	Deutz 57649/1963	DG2000CCM	–	„Celle", abgestellt
200 092	Deutz 57650/1964	DG2000CCM	–	„Lüne- burg"
200 096	OR DH1504/5/2000	DH 1504	ex DB 216 158	–
200 097	OR DH1504/2/1999	DH 1504	ex DB 216 123	–
VT 0508	Wismar 20299/1937	–	.	für Sonder- fahrten
DT 0511	Wismar 20235/1934	–	.	für Sonder- fahrten

Rinteln-Stadthagener Verkehrs GmbH (RStV), Rinteln

Die RStV entstand in ihrer heutigen Form am 01.01.1995 als Nachfolgegesellschaft der Rinteln-Stadthagener Eisenbahn (RStE), welche heute noch als Immobilienverwaltungsgesellschaft existiert. Eigentümer der RStV sind das Land

Nr	Fabrikdaten	Bauart	Vorge- schichte	Bemerkungen
150 005	SFT 1000897/1995	G1205	–	–

Niedersachsen und die an der RStV-eigenen Strecke Rinteln Nord – Stadthagen West (20,4 km) liegenden Kommunen. Die Strecke dient seit 1965 ausschließlich dem Güterverkehr, die Betriebsführung unterliegt der OHE.

Schneider & Schneider GmbH (S&S), Winsen-Rottorf

Bereits zum 01.06.1998 gegründet, verfügt die Schneider&Schneider GmbH seit März 2001 über eine erste Lok. Die zunächst von Bombardier geliehene 293 701 „Nobby" (Adtranz 70120/2001, V 100) wurde Mitte März 2002 auch käuflich erworben und ist bei der LWB eingestellt. Eingesetzt wird diese als Bauzug- und Überführungslok. Seit Ende April 2002 verstärken zwei weitere Loks den Park: Von den Lugauer Eisenbahnfreunden konnte eine V 60 D sowie eine V 22 erworben werden. Die in Winsen-Rottorf ansässige Firma beschäftigte im April 2002 insgesamt 20 Arbeitnehmer in den Geschäftsfeldern Rottengestellung, Bauleitung, Az-Führer-Dienste sowie weiteren Bereichen des Gleisbaus.

Nr	Fabrikdaten	Bau- art	Vorge- schichte	Bemer- kungen
293 701-9	Adtranz 70120/2001	293	ex DB 202 ?	»Nobby«
106 963-2	LEW 15621/1977	V 60 D	ex Edelstahlwerk Freital 3	in HU
?	LOB 261438/1965	V 22	ex Betonwerk Gersdorf	in HU

Vorwohle – Emmerthaler Verkehrsbetriebe GmbH (VEV), Bodenwerder

Die VEV wurden am 18.05.1967 als Nachfolgegesellschaft der im Jahr 1900 gegründeten Vorwohle-Emmerthaler Eisenbahn (VEE) gegründet und sind Eigentümer und Betreiber der 31,8 km langen Strecke Vorwohle – Bodenwerder – Emmerthal. In den letzten 20 Jahren hat die Strecke jedoch fast ihren gesamten Verkehr verloren, der SPNV endete bereits 1982. Vier Jahre später beauftragte man die damalige DB mit der Durchführung des Güterverkehrs und gab die eigenen Fahrzeuge ab. Die 1991 erworbene Köf wird nur für Bauzug- und Rangierdienste genutzt.

In den letzten Jahren ging der Güterverkehr gegen Null. Dies führte dazu, dass die Strecke östlich von Bodenwerden schrittweise gesperrt wurde. Heute ist lediglich der Abschnitt Emmerthal – Bodenwerder befahrbar, an dem auch der letzte regelmäßige Güterkunde, das AKW Grohnde, liegt. Der Abschnitt Bodenwerder – Vorwohle soll zukünftig teilweise für Draisinenfahrten genutzt werden.

Nr	Fabrikdaten	Bauart	Vorge-schichte	Bemer-kungen
V 2-01	Gmeinder 4886/1956	Köf II	ex DB 323 546	–

Verkehrsbetriebe Grafschaft Hoya GmbH (VGH), Hoya

Die VGH entstanden am 20.06.1963 durch die Fusion der Hoyaer Eisenbahn und der Hoya-Syke-Asendorfer Eisenbahn. Die 39,6 km lange VGH-Strecke von Eystrup über Hoya und Bruchhausen-Vilsen nach Syke entstand einst als Meterspurbahn und wurde von 1963 bis 1966 auf Normalspur umgebaut. Heute dient die Strecke nach der 1972 erfolgten Einstellung des SPNV nur noch dem Güterverkehr. Der Abschnitt Heiligenfelde – Syke ist derzeit außer Betrieb.

Nr	Fabrikdaten	Bau-art	Vorge-schichte	Bemerkungen
21	MaK 600155/1959	650D	ex OHE 600 21	–
V 125	O&K 26032/1959	Köf II	ex DB 323 251	abgestellt
V 126	Deutz 46541/1943	Köf II	ex DB 324 011	abgestellt
T 1	Gotha2550/1937	—		im Einsatz für DEV

Betriebsführende Gesellschaft der VGH ist seit 01.07.2001 die WeserBahn, zuvor hatte seit 01.01.1993 die OHE diese Aufgabe wahrgenommen. Als Gesellschafter sind der Landkreis Lippe (42,79%), die Stadt Hoya (18,89%), die Samtgemeinde Bruchhausen-Vilsen (16,68%) sowie der Landkreis Nienburg (16,26%) an den VGH beteiligt, des Rest der Anteile befindet sich in Streubesitz. In den 70er und 80er erlangte die VGH durch den Einsatz von Dieselloks des Typs V 36 eine große

Von der OHE haben die VGH die Lok 60 021 übernommen, die zwischenzeitlich in 021 umgezeichnet wurde. Am 28.07.99 stand sie in Bruchhausen-Vilsen abgestellt

**Rechte Seite:
Fahrt frei für zwei
Gmeinder-Loks
der VPS am
14.03.02 in Goslar**

Bekanntheit. Mittlerweile sind zwar alle dieser Loks abgegeben worden, doch steht die DEV-Lok V 36 005 (ex DB 236 237) der VGH bei Bedarf zur Verfügung. Internet: www.vgh-hoya.de

Verkehrsgesellschaft Landkreis Osnabrück GmbH (VLO), Osnabrück

Die aus der Wittlager Kreisbahn (WKB) hervorgegangene und mehrheitlich im Besitz des Landkreises Osnabrück (80%) befindliche VLO betreibt in erster Linie Busverkehre. Zudem wird Güterverkehr auf der eigenen, 33,7 km langen Strecke Holzhausen-Heddinghausen – Bohmte – Schwegermoor durchgeführt. Die Übergaben an die DB finden dabei ausschließlich in Bohmte statt. Internet: www.vlo.de

Als Reserve wird bei der VWE noch die Lok 1 vorgehalten (Verden, 19.10.98)

Nr	Fabrikdaten	Bauart	Vorge-schichte	Bemerkungen
VLO 1	O&K 26666/1970	MN360N	ex Hafenbahn Osnabrück	–
T 3	Wumag 1935	VT135	ex GME VT 1	für Sonderfahrten

Verkehrsbetriebe Peine-Salzgitter GmbH (VPS), Salzgitter

Die VPS entstanden 1971 durch den Zusammenschluss der Verkehrsbetriebe Peine und der Salzgitter Verkehrsbetriebe. Auf dem Streckennetz von rund 70 km Länge in Raum Peine/Salzgitter findet beachtlicher Güterverkehr statt. Hauptkunde ist Preussag Stahl AG mit ihren Werken in Peine, Salzgitter und Ilsenburg. Das Stahlwerk Salzgitter ist auch Ziel von 5.400 t-Erzzügen, die von DB Cargo vom Hamburger Hafen bis Beddingen befördert werden und dort auf die VPS übergehen.
Auf DB-Gleisen sind VPS-Züge zwischen den Stahlwerken in Salzgitter und Ilsenburg unterwegs. Auch sind fünf VPS-Loks an DB Cargo vermietet, welche die Fahrzeuge in und um Braunschweig einsetzt.

Verden-Walsroder Eisenbahn GmbH (VWE), Verden

Die einst als Kleinbahn Verden-Walsrode firmierende VWE verband ab 1911 die bei-

Nr	Fabrikdaten	Bauart	Vorgeschichte	Bemerkungen	Nr	Fabrikdaten	Bauart	Vorgeschichte	Bemerkungen
501	LHB 3103/1964	530C	ex SVB 501	–	532	LHB 3128/1966	375C	ex SVB 318	–
502	LHB 3114/1964	530C	ex SVB 502	–	534	LHB 3130/1966	375C	ex SVB 320	–
503	LHB 3115/1964	530C	ex SVB 503	–	535	LHB 3131/1966	375C	ex SVB 321	–
504	LHB 3116/1964	530C	ex SVB 504	–	536	LHB 3145/1966	375C	ex SVB 322	–
506	LHB 3133/1966	530C	ex SVB 506	–	537	LHB 3151/1972	375C	ex SVB 324	–
507	LHB 3134/1966	530C	ex SVB 507	–	538	LHB 3152/1972	375C	ex SVB 325	–
508	LHB 3146/1966	530C	ex SVB 508	–	539	LHB 3097/1964	685C	ex SVB 601	–
509	LHB 3153/1972	530C	–	–	540	LHB 3099/1964	685C	ex SVB 602	–
510	LHB 3154/1972	530C	–	–	541	LHB 3100/1964	685C	ex SVB 603	–
511	LHB 3155/1972	530C	–	–	542	LHB 3105/1964	685C	ex SVB 604	–
512	LHB 3156/1972	530C	–	–	543	LHB 3106/1964	685C	ex SVB 605	–
513	LHB 3157/1972	530C	–	–	544	LHB 3135/1966	685C	ex SVB 607	–
514	LHB 3158/1972	530C	–	–	608	LHB 3136/1966	685C	ex SVB 608	Eichgerät
515	LHB 3095/1964	375C	ex SVB 301	–	701	KM 19885/1982	ME 05	–	–
516	LHB 3096/1964	375C	ex SVB 302	–	702	KM 19886/1982	ME 05	–	–
517	LHB 3098/1964	375C	ex SVB 303	–	703	KM 19887/1982	ME 05	–	–
518	LHB 3101/1964	375C	ex SVB 304	–	704	KM 19912/1983	ME 05	–	–
519	LHB 3102/1964	375C	ex SVB 305	–	705	KM 19913/1983	ME 05	–	–
520	LHB 3104/1964	375C	ex SVB 306	–	706	KM 19914/1983	ME 05	–	–
521	LHB 3108/1964	375C	ex SVB 307	–	1101	LHB 3139/1967	1100BB	ex SVB 1101	–
523	LHB 3110/1964	375C	ex SVB 309	–	1102	LHB 3140/1967	1100BB	ex SVB 1102	–
524	LHB 3111/1964	375C	ex SVB 310	–	1301	Gmeinder 5708/1993	D100BB	ex VPS 1107	–
525	LHB 3112/1964	375C	ex SVB 311	–	1302	Gmeinder 5733/1996	D100BB	–	–
526	LHB 3113/1964	375C	ex SVB 312	–	1303	Gmeinder 5734/1996	D100BB	–	–
527	LHB 3123/1966	375C	ex SVB 313	–	1501	Gmeinder 5690/1990	D100BB	ex VPS 1104	–
528	LHB 3124/1966	375C	ex SVB 314	–	1502	Gmeinder 5691/1990	D100BB	ex VPS 1105	–
529	LHB 3125/1966	375C	ex SVB 315	–	1503	Gmeinder 5707/1993	D100BB	ex VPS 1106	–
530	LHB 3126/1966	375C	ex SVB 316	–	1504	Gmeinder 5739/2000	D100BB	–	–
531	LHB 3127/1966	375C	ex SVB 317	–	1505	Gmeinder 5740/2000	D100BB	–	–

den namensgebenden Orte über eine 38 km lange Strecke. Das Mittelstück zwischen Stemmen und Böhme wurde bereits am 02.11.1936 stillgelegt, womit die VWE seitdem über die 12,3 km lange Strecke Verden – Stemmen und die 12,6 km lange Strecke Böhme – Walsrode verfügt. Der SPNV wurde auf den beiden Teilen 1964 bzw. 1969 eingestellt, zum 01.06.1970 endete zudem der Einsatz eigener Loks auf dem östlichen VWE-Abschnitt. Hier kamen anschließend Fahrzeuge der DB bzw. der mittlerweile in die OHE aufgegangenen Werkbahn Wolff Walsrode im Auftrag der VWE zum Einsatz.

Nr	Fabrikdaten	Bauart	Vorge-schichte	Bemer-kungen
DL 1	Jung 13620/1964	R30C	ex Bündner Zement (CH)	Reserve
DL 3	LEW 12547/1970	V 100	ex DB 202 265	–
DL 4	MaK 220086/1964	240B	–	abgestellt

Heute konzentriert sich der Güterverkehr vor allem auf den westlichen Streckenteil, wo im Stadtgebiet von Verden mehrere Anschließer für Aufkommen sorgen. Von Walsrode aus findet dagegen nur sehr sporadisch Verkehr statt.

Eigentümer der VWE sind heute der Landkreis Verden (68,66%), die Stadt Verden (15,69%), der Landkreis Soltau-Falling-Bostel (11,78%) sowie die Gemeinde Kirchlinteln (3,87%). Internet:www. verden.de/wirtschaft/verden-walsroder-eisenbahn

Wiebe-Lok 216 032 war am 17.07.2001 mit einem Bauzug in Friedberg auf der Main-Weser-Bahn unterwegs

WeserBahn GmbH (WB), Bremen

Die heutige WeserBahn entstand bereits 1909 als Studiengesellschaft für Vorortbahnen mbH, die 1914 zur Bremer Vorortbahnen GmbH (BVG) wurde. Damals wie heute handelt es sich um eine 100%ige Tochtergesellschaft der Bremer Straßenbahn AG (BSAG). Im Jahr 2001 kam es zu einer Umbenennung der BVG in WeserBahn GmbH, um auch dem Namen nach der aktuellen und zukünftigen Rolle in der Region Bremen/Niedersachsen besser gerecht zu werden.

Die Aufgaben der WeserBahn umfassen neben Omnibusverkehren (Touristik- und Gelegenheitsverkehr) sowie dem Betrieb eines Reisebüros die Betriebsfüh-

rung der BTE (seit 01.03.2000) sowie der VGH (seit 01.07.2001). An der BTE ist die WeserBahn auch mit 10% beteiligt. Weitere Aufgaben werden auf die WeserBahn zukommen, wenn die BSAG ihr Stadtbahnnetz weiter in das niedersächsische Umland der Hansestadt Bremen ausdehnt, beispielsweise nach Nordenham und Oldenburg.

Wiebe Gleisbau GmbH (Wiebe), Achim

Die Firma Wiebe aus Achim nahe Bremen ist bereits seit vielen Jahren im Gleisbaugeschäft tätig. Sie zählte zu den ersten Gleisbauunternehmen, die eigene Lokomotiven einsetzten. Die heute vorhandenen Fahrzeuge kommen mit Arbeits- und

Logistikzügen zum Einsatz, wobei sie – mit Ausnahme der Kleinloks 1 und 5 – bundesweit anzutreffen sind. Die Loks 8 und 9 sind Eigentum der Wiebe-Tochter BLP – Bauüberwachungs- und Logistik GmbH, die die Loks auch vermarktet. Internet: www.wiebe.de

Nr	Fabrikdaten	Bauart	Vorgeschichte	Bemer-kungen
1	Gmeinder 5027/1958	Köf II	ex DB 323 639	–
2	Jung 13468/1962	V 100	ex DB 211 341	–
3	Jung 13668/1964	V 100	ex DB 212 192	–
4	Henschel 30793/1963	V 100	ex DB 212 107	–
5	O&K 26005/1959	Köf II	ex DB 323 166	–
6	Krupp 4665/1965	V 160	ex DB 216 032	–
7	Henschel 30400/1962	V 320	ex DB 232 001	–
8	MaK 1000033/1961	V 100	ex DB 211 015	–
9	MaK 1000063/1962	V 100	ex DB 211 045	–

Mit einem schweren Umbauzug am Haken brummt die Wiebe-Lok 7 am 29.08.2001 bei Elze die Nord-Süd-Strecke entlang

Die Maschinen der DGT in Berlin kommen vor Bauzügen bundesweit zum Einsatz: Unter der Marksburg ist die DGT 710 968-9 mit ihrem Bunkerwagenzug am 04.04.2002 an der rechten Rheinstrecke nach Süden unterwegs

BERLIN und BRANDENBURG

AHG Handel & Logistik GmbH (AHG), Cottbus

Das im Oktober 1998 gegründete Cottbuser Unternehmen AHG Handel&Logistik GmbH gehört zur europaweit agierenden AHG-Gruppe, die Beteiligungen an verschiedenen Unternehmen der Baustoffproduktion und des Baustoffhandels in Deutschland, Polen und Rumänien hält. Am Anfang vorrangig als Dienstleister für Transport und Umschlagprozesse im Auftrag großer Unternehmen tätig (jährl. Umschlag ca. 1 Mio. Tonnen Güter), hat sich die AHG zunehmend in Richtung Eisenbahnverkehrsunternehmen profiliert. Als erster Schritt wurden 1999 die Anschlussbahnen in Cottbus und Umgebung übernommen. Mit zwei Loks der Bauart V23 sowie zwei Zweiwege-Unimogs mit Funkfernsteuerung wird hier unter anderem die gesamte Ver- und Entsorgung des Heizkraftwerkes Cottbus durchgeführt. Neueste Errungenschaft ist eine V 100, die den Rangierdienst zur Zusammenstellung von Zügen nach Polen im Bahnhof Forst sowie die Zuführung der Waggons von Cottbus übernimmt. Bei Bedarf erfolgt außerdem die Bedienung der noch teilweise als Bahnhofsgleis betriebenen ehemaligen Strecke nach Weißwasser.
Internet: www.ahg-gruppe.de/hl/hl.html

Nr	Fabrikdaten	Bauart	Vorgeschichte	Bemerkungen
01	LEW 11936/1968	V 100.4	ex DB 202 098	–
02	LOB ?/?	V23	?	–
03	LOB ?/?	V23	?	–

Connex Cargo Logistics GmbH (CCL), Berlin

Die CCL ist die Güterverkehrssparte der Connex-Gruppe und bietet schienenlogistische Lösungen im regionalen und überregionalen Schienengüterverkehr für Industrie, Handel und Landwirtschaft. Dazu gehören neben dem direkten Bahnbetrieb auch Dienste auf eigener oder fremder Schieneninfrastruktur. Insge-

samt befördern alle Connex-Güterbahnen jährlich rund zwei Mio. Tonnen Güter. Mit den EVB sowie der HGK besteht eine strategische Allianz.
Mehrheitlich zur CCL gehören:
- BCB, Holzkirchen (100%)
- FVE, Bremen (98%)
- HTB, Eisenach (100%)
- IGB, Berlin (50,22%)
- NeCoSS, Bremen (50,1%)
- NWC, Osnabrück (51%)
- RBB, Bitterfeld (100%)
- TWE, Gütersloh
- RCB, Berlin (50%)

Im Güterverkehr agieren außerdem die Töchter NOB, OME und WEG der Connex Regiobahn. In Berlin, Bitterfeld, Eisenach und Gütersloh betreiben Connex-Tochtergesellschaften öffentliche Terminals für den kombinierten Ladungsverkehr (KLV). Internet: www.connex-gruppe.de

Nr	Fabrikdaten	Bauart	Vorgeschichte	Bemerkungen
185-CL 001	Bombardier 33450/2001	185	–	–
185-CL 002	Bombardier 33452/2001	185	–	–
185-CL 003	Bombardier 33455/2001	185	–	–
?	LEW 12834/1971	293	ex NEB 20, ex DB 202 325	–> Mod TWE
?	LEW 12897/1971	293	ex NEB 21, ex DB 202 388	–> Mod Bombardier
?	LEW ?/?	293	ex ?	–> Mod Bombardier
V 1001-038	VSFT 1001038/2002	G 2000	–	–

Die einzelnen Lokomotiven der Tochterunternehmungen der CCL werden auch in einer Art Lokpool je nach Bedarf untereinander ausgetauscht.

Deutsche Gleis und Tiefbau GmbH (DGT), Berlin

Neben DBBahnbau ist die 1995 gegründete DGT die zweite Gesellschaft innerhalb der DB-Gruppe, die bundesweit im Gleis-

und Streckenbau tätig ist. Ein größerer Stützpunkt befindet sich in Königsborn bei Magdeburg.
Internet: www.dgt-gleisbau.de

Nr	Fabrikdaten	Bau-art	Vorge-schichte	Bemer-kungen
710 964-8	LEW 17313/1983	293	ex DB 710 964	–
710 965-5	LEW 17314/1983	293	ex DB 710 965	–
710 966-3"	Adtranz 72150/2000	293	ex ?	–
710 967-1	LEW 17316/1983	293	ex DB 710 967	–
710 968-9"	Adtranz 72710/2000	293	ex ?	–
10	LKM 261 422	V18 B	ex Gleisbau Bitterfeld	

Deutsche Regionaleisenbahn GmbH (DRE), Berlin

Als ihre Hauptaufgabe sieht die 1993 als Tochtergesellschaft des Deutschen Bahn-kunden Verbandes (DBV) gegründete DRE die Erhaltung stillegungsbedrohter Eisenbahninfrastruktur. Entsprechend der Ausrichtung des Geschäftsfeldes ist der eigene Fahrzeugpark eher klein – wo möglich – lässt die DRE andere Betreiber zum Zug kommen. An der sächsischen Döllnitzbahn hält die DRE 25,1% der Anteile.

Als erste Strecke übernahm die DRE zum 01.01.1999 die ehemalige Niederlausitzer Eisenbahn (NLE) Beeskow – Lübben – Lu-ckau – Uckro – Herzberg Stadt (101,4 km) von DB Netz. Sie betreibt hier seitdem abschnittsweise eigenwirtschaftlich Aus-flugsverkehre und übernahm zum 02.01.2002 die bisher von DB Cargo durchgeführte Bedienung der an der Strecke gelegenen Güterverkehrsstellen Krugau Lager, Boernichen-Schlepzig, Lübben Hbf, Lübben Süd, Duben, Luckau und Schlieben.

In Niedersachsen konnte die DRE die Strecke Dannenberg Ost – Lüchow (20 km) zum 29. 09. 2000 per Kaufvertrag erwerben. Dort wird jedoch ebenso wie auf der zum 05. 11. 2001 von DB Netz er-worbenen fränkischen Strecke Frensdorf – Ebrach derzeit kein Verkehr durchge-führt.

Zum 01.01.2002 übernahm die DRE fer-ner die Strecke Bayreuth – Warmenstei-nach. Der zum Übernahmezeitpunkt aus

technischen Gründen ruhende SPNV wurde am 05.05.2002 zwischen Bayreuth und Weidenberg wieder aufgenommen. Als Betreiber fungiert weiterhin DB Regio, eingesetzt werden Triebwagen der BR 628/928. Internet: www.bahnkunden.de

Nr	Fabrikdaten	Bau-art	Vorge-schichte	Bemer-kungen
V 22.01	LKM 262038/1968	V 22	ex DB 312 004	
V 22.02	LKM 262626/1976	V 22	ex NVA, Doberlug-Kirchhain 04	Lübben
VT 11	MAN 141757/1955	MAN	ex SWEG VT 11	Lübben
VS 111	MAN 141758/1955	MAN	ex SWEG VS 111	Lübben

EKO Transportgesellschaft mbH (EKO TRANS), Eisenhüttenstadt

EKO TRANS ist eine 100%ige Tochter-gesellschaft der EKO Stahl GmbH. Neben der umfangreichen Werkbahn des Stahl-werks Eisenhüttenstadt, die über den Bahnhof Ziltendorf mit dem DB Netz ver-knüpft ist, betreibt EKO TRANS auch mehrere Verkehre auf DB-Gleisen. So pendelt eine Lok täglich mehrmals zwi-schen Ziltendorf und Guben, wo der

Nr	Fabrikdaten	Bau-art	Vorge-schichte	Bemer-kungen
EKO 27"	LEW 12735/1971	V 60 D	ex EKO 50	–
EKO 29	LEW 12317/1960	V 60 D	–	–
EKO 33	LEW 12361/1969	V 60 D	–	–
EKO 34	LEW 12362/1969	V 60 D	–	–
EKO 37	LEW 12394/1969	V 60 D	–	–
EKO 38	LEW 14196/1974	V 60 D	ex EKO 56	–
EKO 41"	LEW 12651/1970	V 60 D	–	–
EKO 42"	LTS 0001/1976	242	ex DB 242 001	lw von privat
EKO 43	LEW 12625/1970	V 60 D	–	–
EKO 44	LEW 12636/1970	V 60 D	–	–
EKO 45	LEW 12637/1970	V 60 D	–	–
EKO 47	LEW 12671/1970	V 60 D	–	–
EKO 48	LEW 12688/1970	V 60 D	–	–
EKO 52	LEW 13754/1973	V 60 D	–	–
EKO 54	LEW 13793/1973	V 60 D	–	–
EKO 55	LEW 13823/1973	V 60 D	–	–
EKO 57	LEW 15196/1976	V 60 D	–	–
EKO 58	LEW 16690/1979	V 60 D	–	–
EKO 60	LEW 16384/1978	293	ex DB 201 890	–
EKO 61	LEW 16583/1981	293	–	–
EKO 62	LEW 17852/1982	293	–	–
EKO 63"	LEW 13939/1973	293	ex DB 202 621	–
EKO 64	LEW 17730/1983	293	–	–
EKO 65	LEW 17733/1983	293	–	–
EKO 72	Henschel 22290/1934	Kö II	ex DR 100 493	–
143 001-6	LEW 16323/1983	143	ex DB 143 001	lw von Adtranz

stikverkehren im Großraum Berlin. Diese zählen auch heute zu den Hauptaufgaben des Unternehmens. Seit März 2002 befördert die ESS zudem unregelmäßig verkehrende Ganzzüge mit Zementklinker von Harburg/Schwaben nach Berlin Osthafen. Der Zementrohstoff wird dort auf Binnenschiffe verladen und ins Zementwerk Rüdersdorf transportiert. Internet: www.eisenbahnverkehr.de

Oben:
Loktreffen der
EKO 45 und 64 an
der Werkstatt in
Eisenhüttenstadt
am 16.08.2001

Wagentausch mit der PKP stattfindet. Dreimal wöchentlich verkehrt zudem ein Ganzzug zwischen der Raffinerie Stendell und Ziltendorf. Weitere Verkehre werden unregelmäßig durchgeführt.

Ernst Schauffele Schienenverkehrs GmbH & Co KG (ESS), Lübbenau

Oben rechts:
Zum örtlichen Ver-
schub hat ESS eine
V 60 im Berliner
Ostgüterbahnhof
stationiert

Die ESS entstand als Tochtergesellschaft der Stuttgarter Schauffele GmbH & Co zur Durchführung von Bau- und Logi-

Nr	Fabrikdaten	Bauart	Vorge-schichte	Bemer-kungen
V 60-001	LEW 16698/1979	V 60 D	ex Binnenhäfen Oder 11	–
231 012-6	LTS 0114/1972	TE 109	ex DB 231 012	lw von DMHK
W 232.01	LTS 0003/1977	W232	ex DB 242 003	–
W 232.04	Adtranz 72100/1999	W232	ex DB 242 004	–

Am 19.03.2002
konnten mit
einem langen Bau-
stoffzug in Berlin-
Ostkreuz gleich
alle drei ESS-
eigenen Loks an-
getroffen werden

ITB Industrietransportgesellschaft mbH (ITB), Brandenburg

Die 1991 gegründete ITB bedient die im Stadtgebiet Brandenburgs liegenden Anschlussbahnen sowie deren Anschließer im SWB Industrie- und Gewerbepark, der JVA sowie der Hafenbahn. Im Auftrag von DB Cargo werden zudem Schienengüterverkehre im Raum Brandenburg-Altstadt und Brandenburg Hbf erbracht.

Nr	Fabrikdaten	Bau-art	Vorge-schichte	Bemer-kungen
625	LEW 15367/1976	V 60 D	ex Stahl- und Walzwerk Brandenburg	–
628	LEW 16464/1980	V 60 D	ex Stahl- und Walzwerk Brandenburg	–
629	LEW 17594/1981	V 60 D	ex Stahl- und Walzwerk Brandenburg	–
630	LEW 17595/1981	V 60 D	ex Stahl- und Walzwerk Brandenburg	–
1101	LEW 17317/1983	V 100.5	ex DB 710 968	–

Bis zur Übernahme der Anteile durch eine Privatperson aus Winsen war die Stahl- und Walzwerk Brandenburg GmbH alleiniger Anteilseigner der ITB. Seit 1997 ist die ITB als EVU konzessioniert, als EIU verfügt man über 35 km eigenes Streckennetz.

Niederbarnimer Eisenbahn AG (NEB), Berlin

Nr	Fabrikdaten	Bauart	Vorge-schichte	Bemer-kungen
V 200.22	LTS 3184/1979	M 62	ex PKP ST 44-733	–> RCB
V 200.23	LTS 3200/1979	M 62	ex PKP ST 44-749	–> RCB

Seit über 100 Jahren verbindet die mehrheitlich im Besitz der Stadt Berlin befindliche Gesellschaft die Schorfheide mit Berlin. Im Jahr 1901 wurde die Reinickendorf-Liebenswalde-Groß Schönebecker Eisenbahn in Betrieb genommen, die am 01.07.1925 die 1907/198 eröffnete Industriebahn Tegel übernahm. Seit 1927 firmiert die Gesellschaft unter „Niederbarnimer Eisenbahn". Nach dem Zweiten Weltkrieg war die NEB 1949 die einzige Privatbahn im Osten Deutschlands, die nicht enteignet wurde. Allerdings war sie gezwungen, zum 01. 07. 1950 nahezu ihr gesamtes Eigentum sowie die Betriebsrechte an die Deutsche Reichsbahn zu übergeben. Mit dem Mauerbau 1961 wurde die Strecke Basdorf – Berlin Wilhelmsruh unterbrochen, ebenso ist die Industriebahn Tegel – Friedrichsfelde heute nur noch teilweise vorhanden. Zur Anbindung von Basdorf wurde in den 1950er

Jahren ersatzweise die Strecke Berlin Karow – Basdorf gebaut.

Nach der deutschen Wiedervereinigung begann die schrittweise Rückgabe der Strecken an die NEB. 1991 erfolgte die Rückgabe nicht betriebsnotwendiger Immobilien, die übrigen Teile folgten schrittweise. Seit 01.09.1998 hat die NEB die Eisenbahninfrastruktur aller ihrer Eigentumsstrecken wieder in die eigene Verantwortung übernommen – zusätzlich auch den Abschnitt Berlin-Karow – Basdorf. Zum 01.07.2000 folgte außerdem die Strecke Berlin-Karow – Schönwalde (11,2 km). Zwischen Berlin-Karow, Basdorf, Groß Schönebeck und Wensickendorf findet SPNV statt, der von DB Regio betrieben wird. Der Abschnitt Wensickendorf – Liebenwalde ist außer Betrieb. Güterverkehr findet auf den Reststücken der Industriebahn Tegel – Friedrichsfelde statt. Betreiber ist hier DB Cargo, teilweise im Auftrag der NEB. Aktionäre der NEB sind neben der Industriebahn-Gesellschaft Berlin mbH (66,92%) auch der Kreis Barnim (27%) sowie weitere Anliegergemeinden (6,08%). Seit 27.12.2001 hält die NEB 70% der Anteile der Schöneicher-Rüdersdorfer Straßenbahn GmbH (SRS).

Internet: www.neb.de

Mit einem PIC am Haken war die von der OHE Spandau gemietete 203 001 auf der Eröffnungsfeier des Wustermarker Umladebahnhofes am 08.10.2001 aufgestellt

Neukölln – Mittenwalder Eisenbahn – Gesellschaft AG (NME), Berlin

Am 28.09.1900 eröffnete die Rixdorf-Mittenwalder Eisenbahn-Gesellschaft eine 27 km lange Bahnstrecke zwischen den beiden namensgebenden Orten, die am 26.05.1903 um die vier km lange Strecke Mittenwalde – Schöneicher Plan ergänzt wurde. Als Rixdorf zu Neukölln wurde, erhielt die Bahngesellschaft am 04.10.1919 ihren heutigen Namen. Die deutsche Teilung nach dem zweiten Weltkrieg führte zu einer Zerschneidung der NME-Strecken, die südlich von Berlin Rudow in der späteren DDR lagen. Am 01.01.1950 übernahm die Deutsche

Nr	Fabrikdaten	Bauart	Vorgeschichte	Bemerkungen
ML 00605	KM 19086/1965	M 700 C	–	–
ML 00606	Henschel 32559/1981	DHG 700 C	ex Edelstahlwerk Witten Lok 3	–
ML 00607	Henschel 32558/1981	DHG 700 C	ex Edelstahlwerk Witten Lok 2	–
ML 00609	MaK 220118/1992	G321B	–	–
ML 00612	Jung 14040/1970	RC 43 C	ex IGB 7	–
ML 00613	KM 19051/1965	M 500 C	ex Thyssen Draht, ex RAG	–

Reichsbahn offiziell die Betriebsführung dieser Abschnitte, die de facto schon vorher enteignet worden waren.

Auf dem 8,9 km langen NME-Reststück Berlin Neukölln, Bf Hermannstraße – Teltowkanal – Berlin Rudow wurde am 01.05.1955 der SPNV eingestellt. Hauptkunde des noch existenten Güterverkehres ist das Kraftwerk in Rudow, welches Kohle in Ganzzügen empfängt. Seit Anfang der neunziger Jahre werden im Bahnhof Teltowkanal werktags zwei bis drei Ganzzüge mit Hausmüll abgefertigt. Diese werden in Neukölln an DB Cargo übergeben, welche sie via Mahlow und Zossen nach Schöneicher Plan befördert.

Osthavelländische Eisenbahn Berlin-Spandau AG (OHE-Sp), Berlin

Am 17.08.1892 wurde durch die Städte Nauen, Ketzin, den Kreis Oberhavel und in der Region ansässige Zuckerfabriken die Aktiengesellschaft der Osthavelländischen Kreisbahnen (OHKB) gegründet, welche am 13.12.1893 ihre 17,2 km lange Strecke zwischen Nauen und Ketzin eröffnen konnte. Am 01.10.1904 folgte –

finanziert durch den Kreis Nauen – die 25,6 km lange Verbindung Nauen – Bötzow – Velten, die Zweigstrecke Bötzow – Spandau West abschnittsweise. Am 01.05.1909 bzw. 19.12.1943 erfolgte die Umbenennung der OHKB in die Osthavelländische Eisenbahn AG. Nach der deutschen Teilung in Folge des Zweiten Weltkriegs befand sich der Großteil der OHE-Strecken auf dem Gebiet der späteren DDR. Diese Abschnitte wurden 1946 bzw. 1949 enteignet und der Deutschen Reichsbahn übertragen.

Bei der OHE-Sp, die 1972 im Rahmen des Rechtsträger-Abwicklungsgesetzes unter der heutigen Bezeichnung neu gegründet wurde, verblieb lediglich der 9,2 km lange Abschnitt von Spandau West bis zum Bahnhof Bürgerablage sowie die davon im Bahnhof Johannesstift abzweigende Industriebahn Haakenfelde mit einer Streckenlänge von 5,3 km. Neben den Landkreisen Havelland (47,6%) und (Oberhavel (27,2%) ist auch die Industriebahn-Gesellschaft Berlin mbH (11,2%) an der OHE-Sp beteiligt, die weiteren Anteile befinden sich in Streubesitz. Der SPNV wurde bereits 1950 eingestellt, der Güterverkehr erlebte hingegen 1961 durch den

Der Jung-Sonderling DL7 der OHE-Sp schleppt einige mit Drahtrollen beladene Wagen

Bau des Kohlekraftwerks Oberhavel nahe des Bahnhofs Bürgerablage einen Aufschwung. Dieses Kraftwerk ist bis heute der Hauptkunde der OHE-Sp.

Im Herbst 2001 übernahm die OHE-Sp die Bedienung des Umschlagbahnhofs Wustermark. Sie übernimmt die Züge dabei in Wustermark Rbf und befördert sie in den nicht elektrifizierten Containerbahnhof. Internet: www.ohe-berlin.de

Nr	Fabrikdaten	Bauart	Vorge-schichte	Bemer-kungen
DL 5	Jung 13712/1963	R 60 D	–	–
DL 6	Jung 13931/1966	R 60 D	–	abgestellt
DL 7	Jung 14112/1972	RL 70 BB	–	–
DL 8	MaK 1000779/1978	G1202BB	–	–
?	LEW ?/?	203	ex DB 202 ?	Auslief. 06.2002
200.1	LTS 1109/1971	M 62	ex PKP ST 44-161	–
1001037	VSFT 1001037/2002	G2000	–	
V 60.1	LEW 13362/1972	V 60 D	ex DBAG 346823	–
V 60.2	LEW 13819/1973	V 60 D	ex DBAG 346 833	–

Prignitzer Eisenbahn Cargo GmbH (PEC), Berlin

Die im Herbst 1999 gegründete PEC hat zum 01.01.2002 die gesamten Güterverkehrsaktivitäten der Muttergesellschaft übernommen. Dazu zählen neben unregelmäßigen Ganzzugleistungen, beispielsweise im Schotterverkehr, je ein

wöchentlich verkehrendes Zementganzzugpaar zwischen dem thüringischen

Nr	Fabrikdaten	Bau-art	Vorge-schichte	Bemer-kungen
Kö 5731	BMAG 10315/1934	Köf II	ex DR 100 931	Verschub Putlitz
V 22.01	LKM 2 62593/1975	V 22	ex Nähmaschinenwerk, Wittenberge	–
V 22.02	LKM 261386/1964	V 22	ex ?	–
V 22.03	LKM 261486/1966	V 22	ex Heizkraftwerk Cottbus 1	–
V 25.01	Esslingen 5283/1961	V 25	ex MEG 4	–
V 60.01	LEW 15147/1976	V 60 D	ex PCK Schwedt V 60-41	lw von ImoTrans
V 60.02	LEW 11026/1965	V 60 D	ex BKK Lauchhammer Di 242- 60-B4	-> RAR
V 60.03	LEW 16463/1980	V 60 D	ex HKW Guben 6	–
V 60.04	LEW 16696/1979	V 60 D	ex HKW Guben 9	–
V 60.05	LEW 16967/1980	V 60 D	ex HKW Guben 10	–
V 60.07	LEW 11321/1966	V 60 D	ex LMBV 15	–
V 60.08	LEW 11028/1965	V 60 D	ex LMBV 26	–
V 60.09	LEW 13799/1973	V 60 D	ex LMBV 29	–
V 200.01	LTS 1556/1972	M 62	ex CD 781 436	–
V 200.02	LTS 1547/1972	M 62	ex CD 781 427	–
V 200.03	LTS 1740/1973	M 62	ex CD 781 516	–
V 200.04	LTS 1211/1971	M 62	ex CD 781 335	lw von ImoTrans
V 200.05	LTS 3428/1979	M 62	ex PKP ST 44-844	–
V 200.06	LTS 1891/1973	M 62	ex PKP ST 44-281	lw von ImoTrans
V 200.07	LTS 3518/1979	M 62	ex PKP ST 44-934	lw von ImoTrans
V 200.08	LTS 2558/1976	M 62	ex Wismut V 200 507	lw von ImoTrans
V 200.09	LTS 0683/1969	M 62	ex DB 220 281	lw von ImoTrans
V 200.10	LTS 3536/1979	M 62	ex PKP ST 44-952	lw von EM Dieringhausen
E 94.01	AEG 5331/1941	E 94	ex DR 254 052	lw von EM Dieringhausen
E 94.02	AEG 5330/1941	E 93	ex DB 194 051	lw von Stadt Singen

Als Reservetriebwagen hat die PEG einige MaKG-GDT erworben, die am 29.03.2002 im Bw Putlitz ohne Fristen abgestellt waren

Zementwerk Deuna und Berlin Greifswalder Straße bzw. Deutschenbora.

Als Kooperationspartner von DB Cargo hat die PEC am 02.01.2002 die Bedienung der Güterverkehrsstellen Bad Kleinen, Schwerin Gbf, Schwerin-Görries, Wüstmark, Zachun, Stern (Buchholz), Hagenow, Ludwigslust und Dabel übernommen. Übergabebahnhof zwischen DB Cargo und der PEC ist dabei Bad Kleinen. Die Betriebsführung der Anschlussbahn des Heizkraftwerks Großräschen unterliegt seit Anfang 2000 ebenso der PEC wie die der Anschlussbahn Guben.

Internet: www.prignitzer-eisenbahn.de

Prignitzer Eisenbahn-Gesellschaft mbH (PEG), Putlitz

Der ehemalige DB-Mitarbeiter Thomas Becken gründete 1996 die PEG, die am 29.09.1996 mit einem ersten, gebraucht erworbenen Schienenbus den SPNV zwischen Pritzwalk und Putlitz von DB Regio übernahm. Als Gesellschafter sind heute neben Becken (80%) auch Mathias Tennisson (10%) sowie Jörn Zado (10%) an der Gesellschaft beteiligt. In den Folgejahren entwickelte sich die PEG zu einer der größten Privatbahnen Brandenburgs. Neben der „Stammstrecke" Pritzwalk – Putlitz werden heute auch die Strecken Meyenburg – Pritzwalk – Neustadt (Dosse) – Neuruppin, Neustadt (Dosse) – Rathenow und, im Wechsel mit

DB Regio, Wittenberg – Pritzwalk – Wittstock von der PEG im SPNV befahren.

Im Jahr 2001 ging die PEG außerdem bei einigen Ausschreibungen als Sieger hervor, Betriebsaufnahme ist jeweils der 15.12.2002:

- Oberhausen – Duisburg Ruhrort, Oberhausen – Dorsten (Laufzeit sechs Jahre);
- Hagenow Land – Neustrelitz, Neustrelitz Süd – Mirow (Bietergemeinschaft mit ODEG).

Für die Verkehrsdurchführung beschafft die PEG 2002 mehrere Talent-Triebwagen (NRW) sowie sieben RegioShuttle (MV),

Nr	Fabrikdaten	Bauart	Vorgeschichte	Bemerkungen
T 01	WMD 1221/1955	VT 98	ex DB 798 538	–
T 02	Uerdingen 61965/1956	VT 98	ex DB 798 610	–
T 03	Uerdingen 61999/1956	VT 98	ex DB 798 644	–
T 04	Uerdingen 66575/1960	VT 98	ex DB 796 680	–
T 05	Uerdingen 66570/1960	VT 98	ex DB 798 698	–
T 06	Uerdingen 66589/1960	VT 98	ex DB 796 721	–
T 07	MAN 146598/1962	VT 98	ex DB 796 816	–
T 08	MAN 146574/1960	VT 98	ex DB 796 792	–
T 09	MAN 145114/1960	VT 98	ex DB 798 723	–
T 10	Uerdingen 61988/1956	VT 98	ex DB 798 633, ex-DKB VT 201	–
T 11	Uerdingen 66552/1959	VT 98	ex DB 798 667, ex-DKB VT 208	–
T 12	Uerdingen 66605/1960	VT 98	ex DB 798 701	–
S 1	MAN 145090/1960	VS 98	ex DB 996 770	–
VT 643.07	Talbot 188707-8/1996	Talent-Prototyp	–	–

Rechts:
V232-SP-040 der
SLG, ehemals
DB 242 002, stand
am 04.04.02 in
Berlin Neukölln
abgestellt

alle Motoren sollen dabei durch Rapsöl angetrieben werden.

Die Werkstätten der PEG in Putlitz und Wittenberge wurden Mitte 1999 als Prignitzer Lokomotiv- und Wagenwerkstatt GmbH (PLW) ausgegründet. Die Güterverkehrsaktivitäten der PEG sind seit 01.01.2002 komplett in die Tochtergesellschaft PEC ausgelagert, die PEG als solches führt damit nur noch Personenverkehre auf der Schiene durch. Außerdem sind an verschiedenen Orten diverse nicht betriebsfähige Fahrzeuge abgestellt.
Internet: www.prignitzer-eisenbahn.de

Rail Cargo Berlin GmbH (RCB), Berlin

Die RCB wurde am 16.05.2000 als gemeinsames Tochterunternehmen der PEG und der Industriebahn-Gesellschaft Berlin mbH (IGB) gegründet. Die IGB veräußerte ihren 50%-Anteil am 19.07.2001 an CCL, erwarb jedoch am selben Tag die Anteile der PEG, so daß die RCB nun zu je 50% von CCL und IGB gehalten wird.

Die RCB engagiert sich vor allem im Bauzugverkehr sowie Baustoffstransport. Derzeit verfügt die RCB nur über wenig eigenes Personal. Die meisten Mitarbeiter werden im Rahmen eines sogenannten Geschäftsbesorgungsvertrages von der IGB gestellt.

Neben einigen Spotverkehren fährt die RCB bedarfsweise Düngemittelzüge in

Nr	Fabrikdaten	Bauart	Vorge-schichte	Bemer-kungen
V 200.22	LTS 3184/1979	M 62	ex PKP ST 44-733	lw von NEB
V 200.23	LTS 3200/1979	M 62	ex PKP ST 44-749	lw von NEB

der Relation Priestewitz – Friedland. Vertragspartner für die Traktion von P-Wagen der Stickstoffwerke Priestewitz ist die OME, in deren Auftrag wiederum die RCB bis Neubrandenburg den Zug bespannt
Internet: www.railcargo-berlin.de

Spitzke Logistik GmbH (SLG), Berlin

SLG wurde im Februar 1998 als Tochterunternehmen der Spitzke AG zur Durchführung bundesweiter Bau- und Logistikverkehre gegründet. Mittlerweile verfügt das seit 17.04.2000 als EVU für den Güterverkehr zugelassene Unternehmen

Nr	Fabrikdaten	Bauart	Vorge-schichte	Bemer-kungen
V 22-SP-030	LKM 262216/1969	V 22	ex EF Hoher Fläming, Belzig	–
V 22-SP-031	LKM 262136/1968	V 22	ex Minol AG, Lager Miltzow 1	–
V 22-SP-032	LKM 262256/1969	V 22	ex Minol AG, Lager Miltzow 2	–
V 60-SP-011	LEW 13746/1973	V 60 D	ex ABC GmbH Coswig 319	–
V 60-SP-012	LEW 15202/1976	V 60 D	ex ABC GmbH Coswig 318	–
V 60-SP-013	LEW 11258/1971	V 60 D	ex Zementwerke Rüdersdorf 1	–
V 60-SP-014	LEW 12686/1970	V 60 D	ex Zementwerke Rüdersdorf 3	–
V 60-SP-015	LEW 15617/1979	V 60 D	ex ABC GmbH Coswig 314	HU
V 60-SP-016	LEW 12316/1969	V 60 D	ex Zementwerke Rüdersdorf 6	abgestellt Großbeeren
–	LEW 15614/1977	V 60 D	ex VEB Baustoffwerke Luckenwalde 2	abgestellt Großbeeren
–	LEW 18101/1983	V 60 D	ex VEB Teltowmat	abgestellt Großbeeren
V 100-SP-001	LEW 15231/1976	V 100.4	ex DB 202 846	–
V 100-SP-002	LEW 13586/1973	V 100.4	ex DB 202 547	–
V 100-SP-003	ADtranz 14378/1998	293	ex DB 202 677	–
V 180-SP-020	LKM 280003/1966	V 180	ex DB 228 203	–
V 232-SP-040	LTS 0002/1976	232	ex DB 242 002, ex W232.02	–

Strausberger Eisenbahn GmbH (STE), Strausberg

Die STE wurde 1991 als Nachfolgegesellschaft eines VEB gegründet, welcher wiederum nach dem Zweiten Weltkrieg aus der damaligen Strausberger Eisenbahn AG entstanden war. Die STE betreibt die 6,5 km lange Strecke Strausberg Vorstadt – Strausberg Stadt, welche zwar als vollwertige Eisenbahn konzessioniert ist, jedoch nach BOStrab betrieben wird. Hier kommen aus dem slowakischen Kosice übernommene Straßenbahntriebwagen zum Einsatz. Der ehemals durch die sowjetischen Streitkräfte recht rege Güterverkehr ist in den vergangenen Jahren auf Null zurückgegangen. Die beiden hierfür vorgehaltenen E-Loks wurden abgestellt.

über einen Personalstamm von 90 Mitarbeitern. Neben dem Stammsitz in Berlin verfügt man über Niederlassungen in Leipzig, Lüneburg und Bochum. Gemeinsam mit der NME wurde im Jahr 2000 Blue Train als Güterverkehrsgesellschaft gegründet, die aber weiter bisher nicht in Erscheinung trat.
Die Aufarbeitung und Instandhaltung der Schienenfahrzeuge von Spitzke sowie der SLG übernimmt die 1999 gegründete Schienenfahrzeugbau Großbeeren GmbH (SFG).
Internet: www.spitzke-logistik-gmbh.de

Nr	Fabrikdaten	Bauart	Vorgeschichte	Bemerkungen
1	Wismar 1921	–	–	Traditionstriebwagen
13			ex BVG	Arbeitswagen
14	LEW 9890/1960	–	ex Glaswerk Stralau	–
15	LEW 10051/1963	–	–	–
21	CKD 1990	–	ex Kosice	–
22	CKD 1989	–	ex Kosice	–
23	CKD 1989	–	ex Kosice	–

Mehr als gut motorisiert verlässt ein Bauzug mit V180-SP-020 und V60-SP-012 der SLG die S-Bahn-Baustelle Lichterfelde-West

Am 12.11.1999 hat die Doppelgarnitur VT 1007 und VT 1001 der REGIOBAHN als DNR 81739 nach Mettmann soeben das Düsseldorfer Stadtgebiet verlassen und strebt im Tal der Düssel vor herbstlicher Kulisse dem nächsten Halt in Erkrath Nord entgegen

NORDRHEIN-WESTFALEN

Ahaus Alstätter Eisenbahn GmbH (AAE), Ahaus-Alstätte

Die am 24.02.1989 gegründete AAE ging aus der Ahaus-Enscheder Eisenbahn (AEE) hervor und ist heute vorrangig als Wagenvermietungsgesellschaft bekannt. Mehr als 10.000 Güterwaggons diverser Bauarten sind in ganz Europa unterwegs. Auf der namensgebenden 9,3 km langen Strecke Ahaus - Alstätte findet vergleichs-weise geringer Verkehr statt. Hauptkun-de auf der Strecke ist die 1996 errichtete eigene Wagenwerkstatt in Alstätte.Seit Mai 1998 bringt die üblicherweise einge-setzte Lok „Alstätte II" die Wagen aus Al-stätte über DB-Gleise bis Lünen und be-dient unterwegs die dortigen DB Cargo-Tarifpunkte. Internet: www.aae.ch

Nr	Fabrikdaten	Bauart	Vorge-schichte	Bemer-kungen
Alstätte I	Jung 12991/1957	R30C	ex Kleinb. Zwischenahn Edewechterd.	–
Alstätte II	LEW 16372/1977	293	ex DB 201 878	–
Alstätte III	Jung 5494/1934	Köf II	ex DB 323 405, ex BE D15	–

boxXpress.de GmbH (boxXpress.de), Bad Honnef

Das Containerzugsystem boxXpress.de ist der Nachfolger des ab 28.06.1999 von Eurokombi KGaA, einer 100%igen Toch-ter der Eurokai KGaA, aufgebauten ver-kehrenden Zugpaares „Munich-Shuttle" Hamburg/Bremerhaven – München. Als EVU dienten zum damaligen Zeitpunkt die EVB, die für die Traktion des Zuges den „Eurosprinter" (ex DB 127 001) von Siemens anmieteten.
Zum 26.06.2000 vollzogen sich umfang-reiche Veränderungen. Seitdem verbindet ein gemeinsames Containerzugsystem von Eurogate Intermodal GmbH (ehe-mals Eurokombi KGaA), European Rail Shuttle B.V. (ERS, eine Beteiligungsfirma der Containerlinien Maersk Sealand und P&O Nedlloyd) und KEP Logistik GmbH Hamburg-Waltershof und Bremerhaven-Kaiserhaven über das Hub Gemünden

Nordseehäfen mit München Riem Ubf, GVZ Nürnberg Hafen und Stuttgart Hafen. Seit 01.10.2001 wird zudem Augs-burg-Oberhausen angefahren und anstatt Stuttgart Hafen das KLV-Terminal in Kornwestheim bedient. Für regionale Rangierarbeiten nutzt man in Augsburg die RAR, die Traktion des Zubringers Bremerhaven – Verden übernimmt DB Regio AG.
Gesellschafter der im Mai 2002 gegründe-ten Betreibergesellschaft sind European Rail Shuttle B.V. (47%), Eurogate Inter-modal GmbH (38%) sowie die zwischen-zeitlich in NetLog Netzwerklogistik GmbH (15%) umfirmierte Tochter der TX Logistik AG. Letztere wird auch als EVU genutzt, eingesetztes Personal stellt mehrheitlich die MEV. Lokomotiven wer-den im Verbund mit den anderen Net-Log-Verkehren eingesetzt (siehe dort). Internet: www.boxxpress.de

Bahnen der Stadt Monheim GmbH (BSM), Monheim

Die BSM entstanden 1963 aus der elektri-schen Kleinbahn Langenfeld – Monheim – Hitdorf, nachdem deren Personenver-kehr eingestellt worden war. Alleiniger Gesellschafter ist die Monheimer Versor-gungs- und Verkehrsgesellschaft mbH. 1979 verabschiedete man sich zudem vom elektrischen Betrieb. Heute betrei-ben die BSM mit ihren beiden Dieselloks nur noch den eher spärlichen Güterver-kehr der 9,5 km langen Reststrecke Lan-genfeld – Monheim Blee. Zwischen Ab-zweig Wasserwerk und Monheim Nord werden hierbei Streckenabschnitte befah-ren, die 1983 als Ersatz für die Monhei-mer Ortsdurchfahrt entstanden waren.

Nr	Fabrikdaten	Bauart	Vorgeschichte	Bemerkungen
80	O&K 26880/1979	MC 700 C	–	„Max"
81	O&K 26881/1979	MC 700 C	–	„Moritz"

Seit einigen Jahren findet der Wagen-tausch zwischen BSM und DB Cargo in Düsseldorf-Reisholz statt.

Chemion Logistik GmbH (Chemion), Leverkusen

Die Chemion Logistik GmbH mit ihrer Zentrale in Leverkusen ist im Juli 2001 aus den Bayer Verkehrsbetrieben als selbstständiges Tochterunternehmen der Bayer AG hervorgegangen. Mit insgesamt 1.200 Mitarbeitern ist man an den Niederlassungen in den Bayer-Chemieparks Leverkusen, Dormagen und Uerdingen vertreten, wo man auch im Bahnbereich umfassende Aufgaben übernommen hat. Sämtliche Loks wurden zu diesem Zeitpunkt an Chemion übereignet, die EKML wurde zum reinen EIU.
Internet: www.chemion.de

Nr	Fabrikdaten	Bauart	Vorge-schichte	Bemerkungen
01	VSFT 1001148/2001	G800BB	–	Werk Dormagen
02	VSFT 1001149/2001	G800BB	–	Werk Leverkusen
2	MaK 1000850/1990	G1203BB	–	Werk Dormagen
3	MaK 1000893/1993	G1205BB	–	Werk Dormagen
10	Henschel 31862/1976	DHG700C	–	Werk Krefeld-Uerdingen
11	MaK 700075/1985	G763C	–	Werk Krefeld-Uerdingen
108	MaK 700088/1985	G763C	–	Werk Dormagen
109	MaK 700091/1985	G763C	–	Werk Leverkusen
110	MaK 700094/1990	G763C	–	Werk Leverkusen

Classic Train Tours AG (CTT), Düsseldorf

Mit der Ende 1999 gegründeten CTT will sich ein weiterer Anbieter im Touristikverkehr engagieren. Für die Bespannung der Züge hat man zwei V 200 erworben, die seit Oktober 2000 im tschechischen Werk ZOS Nymburk zum Umbau weilen.

Nr	Fabrikdaten	Bauart	Vorge-schichte	Bemer-kungen
V 200 017	MaK 2000017/1957	V 200	ex DB 220 017	HU ZOS
V 200 077	KM 18586/1959	V 200	ex DB 220 077	HU ZOS

Ergänzt werden sollten die Loks durch einen eigenen Wagenpark sowie ein Betriebswerk. Die CTT ist bereits seit November 2000 als EVU zugelassen.

Dortmunder Eisenbahn GmbH (DE), Dortmund

Die DE, einstmals eines der größten EVU in Deutschland, hat durch die Aufgabe der Stahlproduktion in Dortmund erhebliche Einbußen ihrer Verkehre hinnehmen müssen. Die Bedienung des Stahlwerkes der ThyssenKrupp Stahl AG in Bochum erfolgt weiterhin durch die DE, im Bereich Dortmund sind die Verkehre der DE stark rückläufig.
Die seit 01.04.2001 für DB-Cargo ausgeführten Güterverkehrsleistungen im Raum Dortmund sind zwischenzeitlich wieder entfallen, so dass die DE in der heutigen Form akut in ihrer Existenz bedroht ist. Lokomotiven der DE können

Nr	Fabrikdaten	Bauart	Vorgeschichte	Bemerkungen
022	MaK 1000599/1976	G1600BB	–	
023	MaK 1000600/1976	G1600BB	–	
024	MaK 1000601/1976	G1600BB	–	
026	MaK 1000602/1976	G1600BB	–	
027	MaK 1000774/1976	G1600BB	–	
028	MaK 1000775/1976	G1600BB	–	
131	Deutz 56484/1957	KK140B	ex Hoesch 131	abgestellt
133	Deutz 57534/1963	KK140B	ex Hoesch 133	abgestellt
401	SFT 1001008/1998	G1206	–	
402	SFT 1001009/1998	G1206	–	
403	SFT 1001010/1998	G1206	–	
404	SFT 1001011/1998	G1206	–	
730	MaK 700023/1978	G761C	ex Krupp KS-WB 631	
731	MaK 700027/1978	G761C	ex Krupp 74	–
732	MaK 700030/1978	G761C	ex Krupp 77	–
733	MaK 700031/1979	G761C	ex Krupp 78	–
734	MaK 700028/1979	G761C	ex Krupp KS-WB 734	
735	MaK 700029/1979	G761C	ex Krupp 735	–
736	MaK 700032/1979	G762C	ex Krupp 831	–
737	MaK 700033/1979	G762C	ex Krupp 831	–
751	O&K 26817/1976	MC700N	ex Hoesch 751	–
752	O&K 26818/1976	MC700N	ex Hoesch 752	–
761	O&K 26954/1980	MEC502	–	
762	O&K 26955/1980	MEC502	–	abgestellt
764	O&K 26957/1980	MEC502	–	
765	KM 19888/1982	ME05	–	
766	KM 19889/1982	ME05	–	
767	KM 19890/1982	ME05	–	abgestellt
768	KM 19891/1982	ME05	–	
769	KM 19892/1982	ME05	–	
770	KM 19970/1988	ME05	–	
771	KM 19971/1988	ME05	–	
772	KM 19972/1988	ME05	–	
773	KM 19973/1988	ME05	–	
802	Henschel 31951/1975	DHG1200BB	ex Hoesch 802	–
803	Henschel 31952/1975	DHG1200BB	ex Hoesch 803	–
804	O&K 26814/1975	MBB1200NN	ex Hoesch 804	–
811	MaK 1000848/1990	G1203BB	–	
812	MaK 1000849/1990	G1203BB	–	
VT 13	Dessau 2423/1938	–	ex RBG	für Bereisungsfahrten

DKB V35 rangiert in Lendersdorf

zeichnete, dass der im Dezember 2004 endende Vertrag nicht verlängert wird, war die Unternehmenszukunft im Juni 2002 unklar.

Nr	Fabrikdaten	Bauart	Vorge-schichte	Bemer-kungen
VT 01.101	Talbot 191014/1998	Talent	–	–
VT 01.301	Talbot 191015/1998	Talent	–	–
VT 01.201	Talbot 191016/1998	Talent	–	–
VT 01.102	Talbot 191017/1998	Talent	–	–
VT 01.302	Talbot 191018/1998	Talent	–	–
VT 01.202	Talbot 191019/1998	Talent	–	–
VT 01.103	Talbot 191020/1998	Talent	–	–
VT 01.303	Talbot 191021/1998	Talent	–	–
VT 01.203	Talbot 191022/1998	Talent	–	–
VT 01.104	Talbot 191023/1998	Talent	–	–
VT 01.304	Talbot 191024/1998	Talent	–	–
VT 01.204	Talbot 191025/1998	Talent	–	–

Es sind immer zwei VT sowie ein VM mit der übereinstimmenden Endziffer zu einer Einheit zusammengefügt.

duisport rail GmbH (duisport rail), Duisburg

duisport rail ist eine 100%-Tochtergesellschaft der Duisburg Hafen AG und ging aus deren Hafenbahn hervor.

Die umfangreichen Gleisanlagen des Duisburger Hafens (ca. 120 km Gleislänge) verbleiben allerdings bei der Duisburg Hafen AG, ebenso wird DB Cargo durch vertragliche Bindung weiterhin den Rangierdienst im weitaus größten Teil des Hafens – dem Betriebsteil Ruhrort – wahrnehmen.

Die Hafenbahn bzw. duisport rail bedient den Außen- und Parallelhafen sowie in Eigenregie seit 01.04.2002 das Logistikzentrum „logport" auf dem Gelände des ehemaligen Krupp-Hüttengeländes in Duisburg-Rheinhausen.

duisport rail will künftig weitere Rangierdienste in den übrigen Hafenteilen und Kurzstreckentransporte im Bereich

als Leihloks bei vielen anderen Bahngesellschaften oder Anschließern beobachtet werden.
Internet: www.dortmunder-eisenbahn.de

Dortmund – Märkische Eisenbahn GmbH (DME), Dortmund

Die Bietergemeinschaft Dortmunder Stadtwerke AG (DSW) und Märkische Verkehrsgesellschaft mbH (MVG) konnte 1996 die Ausschreibung der 57 km langen „Volmetalbahn" Dortmund – Hagen – Brügge – Lüdenscheid für sich entscheiden. Im August 1997 gründeten DSW (74%) und MVG (26%) die DME, die aufgrund von Problemen mit den Fahrzeugen erst am 30.05.1999 den Betrieb aufnehmen konnte.
Die Fahrzeuge der DME werden in den Werkstätten der DE gewartet. Als sich ab-

Nr	Fabrikdaten	Bauart	Vorge-schichte	Bemer-kungen
7	MaK 700026/1978	G 761 C	ex HAFAG 7	–
202 001-4	LEW 14447/1974	202	ex DB 202 746	–
203 003-9	LEW 14853/1975	203	ex DB 202 796	–

Wochenendruhe im Duisburger Hafen für die beiden duisport rail-loks 7 und 203 003 am 17.02.2002

des Duisburger Hafens übernehmen. Zudem wird das Unternehmen auch als Kooperationspartner für längere Relationen anderer EVU zur Verfügung stehen.
Internet: www.duisport.de

Dürener Kreisbahn GmbH (DKB), Düren

Die im Eigentum der Stadt sowie des Kreises Düren befindliche DKB besitzt die Strecken Düren – Lendersdorf – Heimbach, Düren – Jülich – Linnich und Jülich – Puffendorf (gesperrt ab Kirchberg) mit einer Gesamtlänge von 72,7 km. SPNV wird mit modernen RegioSprinter Triebwagen zwischen Düren und Heimbach bzw. Düren und Jülich sowie im Auftrag der DB AG zwischen Mönchengladbach und Dalheim durchgeführt.

Güterverkehr wird auf allen eigenen Linien außer Lendersdorf – Heimbach, wofür meist Lok 304 zum Einsatz kommt, durchgeführt. Seit 09.06.2002 wird zudem auch wieder der Abschnitt Jülich – Linnich befahren.

Zum Jahreswechsel 2001/2002 übernahm die DKB die Güterverkehrsbedienung von Horrem und Sindorf an der Strecke Köln – Aachen. Mit einem Logistikzug-

Nr	Fabrikdaten	Bauart	Vorge-schichte	Bemer-kungen
6.001.1	Duewag 91345/1996	RVT	–	–
6.002.1	Duewag 91346/1996	RVT	–	–
6.003.1	Duewag 91347/1996	RVT	–	–
6.004.1	Duewag 91348/1996	RVT	–	–
6.005.1	Duewag 91349/1996	RVT	–	–
6.006.1	Duewag 91350/1996	RVT	–	–
6.007.1	Duewag 91351/1996	RVT	–	–
6.008.1	Duewag 91352/1996	RVT	–	–
6.009.1	Duewag 91353/1996	RVT	–	–
6.010.1	Duewag 91354/1996	RVT	–	–
6.011.1	Duewag 91355/1996	RVT	–	–
6.012.1	Duewag 91356/1996	RVT	–	–
6.013.1	Duewag 91357/1996	RVT	–	–
6.014.1	Duewag 91358/1996	RVT	–	–
6.015.1	Duewag 91359/1996	RVT	–	–
6.016.1	Duewag 91360/1996	RVT	–	–
6.017.1	Duewag 91572/1996	RVT	–	–
6.301.1	Deutz 57884/1966	KG130B	ex Zuckerfabrik Jülich V 1	abgestellt
6.302.1	MaK 220090/1968	G320B	ex V 35	–
6.303.1	Jung 14060/1968	Köf III	ex DB 333 020	–
6.304.1	OR 1004/4/2000	DH1004	ex DB 211 235	–
6.305.1	OR 1004/5/2001	DH1004	ex DB 211 276	–
6.306.1	OR 1004/7/2002	DH1004	ex DB 211 104	Umbau Moers
212	Talbot 94821/1952	Taunus	ex JKB T 1	für Sonderfahrten

paar für die Papierindustrie gelangen DKB-Loks seit 07.01.2002 nun auch nach Köln-Niehl Hafen.

Seit Fahrplanwechsel 2001 verkehren RegioSprinter im Auftrag von DB Regio auf den Strecken Oberhausen – Dorsten, Oberhausen – Duisburg Ruhrort und Duisburg Hbf – Duisburg Entenfang.
Internet: www.dkb-dn.de

Die 232 714-6 der EfW überführte am 06.04.2002 einen in Lochhausen abgestellten Leerreisezug nach München Hbf

EfW-Eisenbahntours GmbH (EfW), Köln

Die EfW in der heutigen Form entstand aus einer kleinen Gruppe von Eisenbahnfreunden („Eisenbahnfreunde Westerwald"), die in ihrer Freizeit Sonderfahrten im Westerwald veranstalteten. Seit 1990 hat sich diese Vereinigung zu einem professionellen Reiseveranstalter im Sonderfahrten- und Touristikzugbereich entwickelt, der im Jahr 2000 rund 24.000 Fahrgäste befördern konnte. Zwischenzeitlich konnte die zum 01.07.1998 in eine GmbH umfirmierte Unternehmung 32 Reisezugwagen in den Bestand übernehmen. Betriebsstandort ist neben Köln auch Worms. Aufgrund

eines massiven Liquiditätsengpasses musste die EfW-Eisenbahntours am 17.05.2002 den Insolvenzantrag stellen.

Nr	Fabrikdaten	Bau-art	Vorge-schichte	Bemerkungen
796 825-8	MAN			
	146607/1962	VT 98	ex DB 796 825	abgestellt Worms
796 828-2	MAN			
	146610/1962	VT 98	ex DB 796 828	abgestellt Worms
996 641-7	Credé ?/1958	VS 98	ex DB 996 641	abgestellt Worms
998 915-3	Uerdingen		ex StLB VS 33,	
	57391/1952	VS 98	ex DB 998 915	abgestellt Worms

EfW-Verkehrsgesellschaft mbH (EfW-V), Köln

Die EfW-Verkehrsgesellschaft wurde am 22.12.2000 als Schwesterunternehmen der EfW-Eisenbahntours gegründet und ist seit 29.06.2001 als EVU durch das Land Nordrhein-Westfalen zugelassen. Unternehmensinhalt ist neben der EVU-Funktion bei den Fahrten der EfW-Eisenbahntours die Erbringung von Traktionsleistungen im Bau- und Sonderzugverkehr. Betriebsstandort ist ebenfalls Worms.
Internet: www.efw-verkehrsgesellschaft.de

Doppeltes Lottchen: die beiden auf V100-Fahrgestellen aufgebauten Loks 6.304.1 und 6.305.1 der DKB sonnen sich am 02.01.2001 in Düren

Nr	Fabrikdaten	Bau-art	Vorge-schichte	Bemer-kungen
V 100 001	Adtranz 72800/2001	293	ex 7	–
V 100 002	Adtranz 72520/1999	293	ex WAB 13	–
V 180 168	LKM 275155/1966	228	ex DB 228 168	–
232 714-6	Adtranz 72900/2001	W232	ex TE 109 026	–

Eifelbahn Verkehrsgesellschaft mbH (EVG), Linz

Die in Linz ansässige EVG wurde am 11.09.1998 gegründet und konnte bereits kurz darauf die Zulassung als EVU erlangen (18.12.1998). In Unternehmensbesitz befindet sich seit 11.08.1998 neben der Steilstrecke Linz – Kalenborn auch das Areal des früheren Bw Linz. Seit 2000 besitzt die EVG auch eine Wagenflotte an Sitzwagen der Bauart Bm sowie Tanz-

Nr	Fabrikdaten	Bau-art	Vorge-schichte	Bemer-kungen
323 351-7	KHD 57931/1965	Köf II	ex DB 323 351	–
323 972-0	KHD 10911/1934	Köf II	ex DB 323 972	–
798 598-9	WMD 1234/1956	VT 98	ex DB 798 598	Aufarbeitung Linz
798 629-2	Uerdingen 61984/1956	VT 98	ex DB 798 629	lw von HEF
996 290-3	Rathgeber 20.302-05/1961	VB 98	ex DB 996 290	Aufarbeitung Linz
996 726-6	MAN 145046/1960	VS 98	ex DB 996 726	Aufarbeitung Linz
996 683-9	Uerdingen 66530/1959	VS 98	ex DB 996 683	lw von HEF

und Partywagen, die im Sonderzugbetrieb eingesetzt werden. Nach der Übernahme zusätzlicher Gleisanlagen im Bf Linz im Sommer 2000 hat DB Reise&Touristik mit der EVG aufgrund von Kapazitätsproblemen im Kölner Raum eine langfristige Vereinbarung über das Bilden von Sonderzügen in Linz getroffen. Parallel hierzu betreibt die EVG als Infrastrukturunternehmen die Kasbachtalbahn von Linz nach Kalenborn. Mit der Bonner RSE besteht eine Kooperation, die in den Monaten April bis Oktober regelmäßig an Sonn- und Feiertagen die Strecke im Stundentakt befährt.
Internet: www.zugtouren.de

Eisenbahn Betriebs-Gesellschaft mbH (EBG), Altenbeken

Die EBG setzt ihre Dieselloks im ganzen Land im Bauzugdienst ein, die Trieb-

wagen werden hauptsächlich für Sonderfahrten verwendet. Tochtergesellschaften der EBG sind die KOE und die WAB sowie die EMH (Eisenbahnmaterial-Handelsgesellschaft mbH). Eigentümer der EBG ist zu 100% der Unternehmer Ludger Guttwein.

Am Betriebsstandort Worms wartete EfW V100 001 am 10.02.2002 auf neue Einsätze im Bauzugdienst

Nr	Fabrikdaten	Bauart	Vorgeschichte	Bemerkungen
1	KHD 57312/1960	Köf II	ex DB 323 210, ex VGH V124	–
2	Jung 7000/1936	Köf II	ex DR 100 711	–
4"	LEW 11315/1966	V 60 D	ex WISMUT V 60 05	Breitspur
5"	LEW 11314/1966	V 60 D	ex WISMUT V 60 04	Breitspur
5	LOB 262369/1972	V 22	ex Bundeswehr, Depot Seltz	neue Farben –> KOE
9	LEW 16691/1979	V 60 D	ex Plattenwerk Vogelsdorf 1	–
10	LEW 12569/1970	V 60 D	ex Kieswerke Rüdersdorf	–
VT 1	WMD 1300/1960	VT 98	ex DB 796 760	–
VT 2	MAN 145131/1960	VT 98	ex DB 796 740	–
VB 1	Rathg. 20.302-01/1961	VB 98	ex DB 996 286	–> KOE
VB 4	Uerdingen 66949/1961	VB 98	ex DB 996 248	–> KOE
EIB 3	LEW 13765/1973	V 60 D	ex Erfurter Industriebahn 3	–
798 729	MAN 145120/1960	VT 98	ex DB 798 729	Büren
Abgestellt in Hameln (01.2001 vh)				
1	LOB 262506/1974	V 22	ex Milchw. Mittelelbe, Stendal 1	–
106-04	? ?/?	V 60 D	ex Laubag 106-04	Nummer = ?
SBB 11461	MaK 2000013/1957	V 200	ex DB 220 013	–
701 009	WMD 1104/1955	TVT	ex DB 701 009	–
796 651	Uerdingen 66532/1959	VT 98	ex DB 796 651	???
796 663	Uerdingen 66547/1959	VT 98	ex DB 796 663	–
796 710	Uerdingen 66606/1960	VT 98	ex DB 796 710	–
796 736	MAN 145127/1960	VT 98	ex DB 796 736	–
VT 23	Uerdingen 61998/1956	VT 98	ex StLB VT 23, ex DB 798 643	–

Nr	Fabrikdaten	Bauart	Vorge-schichte	Bemer-kungen
105 970	LEW 11975/1967	V 60 D	ex Zellstoff- und Papierf. Merseb. 2	„Merse-burg"
105 971	LEW 16359/1980	V 60 D	ex Lackharz Zwickau 1	„Zwickau"
105 972	LEW 11416/1967	V 60 D	ex WISMUT V 60 09	„Ronne-burg"
202 269-7	LEW 12551/1970	V 100.4	ex DB 202 269	–
202 439-6	LEW 13478/1972	V 100.4	ex DB 202 439	–
202 487-5	LEW 13526/1972	V 100.4	ex DB 202 487	–
203 001-3	LEW 12858/1971	V 100.4	ex DB 202 349	lw von SFZ
203 501-2	LEW 12542/1970	V 100.4	ex DB 202 260	lw von SFZ
203 504-6	LEW 12546/1970	V 100.4	ex DB 202 264	lw von SFZ
203 505-3	LEW 12835/1971	V 100.4	ex DB 202 326	lw von SFZ
203 006-2	LEW 14419/1974	V 100.4	ex DB 202 718	HU SFZ
203 007-0	LEW 13886/1973	V 100.4	ex DB 202 568	HU SFZ
120 286	LTS 0689/1969	M 62	ex DB 220 286	–
228 742-3	LKM 280146/1968	V 180	ex DB 228 742	lw von EFO
Köf 4772	Deutz 12763/1935	Köf II	ex DB 321 121	abg. Hagen
V 60 03	LEW 11263/1966	V 60 D	ex WISMUT V 60 03	abgestellt
V 200 509	LTS 431/1968	M 62	ex Wismut V 200 509"	Esp Diering-hausen

Rangierarbeiten in Gevelsberg-Vogelsang an der Strecke Hagen – Ennepetal – Altenvoerde mit EBM 202 269 am 15.02.2001

Eisenbahn Köln-Mülheim-Leverkusen (EKML), Leverkusen

Mit der selbstständigen Ausgliederung der Verkehrsbetriebe aus dem Bayer-Konzern als Chemion verlor die EKML ihr Aufgaben als Eisenbahnverkehrsunternehmen. Als EIU wird aber weiterhin die fünf Kilometer lange Strecke von Köln-Mülheim zum Bayerwerk in Leverkusen unterhalten.

Eisenbahn-Verkehrs-Gesellschaft mbH im Bergisch-Märkischen Raum (EBM), Dieringhausen

Die EBM wurde zunächst am 12.11.1995 als EVU (Konzessionierung am 30.04.1996) des Eisenbahnmuseums Dieringhausen gegründet. 1997 und 1998 setzte die EBM neben den Sonderfahrten verstärkt auf kommerzielle Verkehre. nsbesondere wurden vermehrt Überführungsfahrten von Umbauzügen, Bunkerwagen und Eisenbahnkränen durchgeführt. Nach einem stetigen Ausbau des Lokbestandes kamen die Maschinen fort-

an im deutschlandweiten Bauzugdienst zum Einsatz.

Zum 27.12.1999 folgt mit der Übernahme der Strecke Hagen-Haspe – Ennepetal-Altenvoerde die Zulassung als EIU. Auf dieser Relation führt man auch den Güterzugverkehr durch. Für zehn Jahre hat die EBM außerdem seit 01.07.2001 den Streckenteil Gerolstein – Kaisersesch der Eifelquerbahn übernommen.

Im Rahmen von MORA C konnte die EBM zudem ab 02.01.2002 die Regionalbedienungen von Remscheid (Hbf, Güldenwerth, Lütringhausen und Wuppertal Ronsdorf) und der Eifel (Derkum, Euskirchen, Zülpich, Odendorf, Meckenheim, Mechernich, Gerolstein) in Kooperation mit DB Cargo übernehmen. In Eigenregie werden hingegen Remschewid-Bliedinghausen, Awanst Basalt in Birresborn, Bitburg Stadt und Kaisersesch (bereits seit August 2000) bedient. Die Aktivitäten in der Eifel wurden zwischenzeitlich in die VEB überführt.

Die EBM engagiert sich außerdem mit Gleisbauunternehmen in den Gesellschaften TSD und Zugkraft, deren Fahrzeuge auch bei der EBM eingestellt sind.
Internet: www.ebmmbh.de

Noch immer setzen die EH ihre kleinen Zweisystemloks im Güterverkehr ein: Lok 808 zieht am 30.09.01 einen Torpedozug vom Werk Bruckhausen zum Werk Beeckerwerth

Eisenbahn und Häfen GmbH (EH), Duisburg

Die zu 90% der ThyssenKrupp Stahl AG und zu 10% der Ruhrkohle AG zugehörige EH betreibt im Raum Duisburg/Oberhausen ein umfangreiches Gleisnetz und zählt bezogen auf die jährlich beförderten Transportmengen zu den größten europäischen Eisenbahndienstleistern. Für beide Eigentümer sowie für weitere Stahlunternehmen (ThyssenKrupp Nirosta in Krefeld, ISPAT in Duisburg-Ruhrort und Duisburg-Hochfeld, HKM in Duisburg-Hüttenheim) und Chemieunternehmen wie Bakelite oder

EH 527 steht am 03.04.2002 abfahrbereit mit einem Kohlezug im Bahnhof des Bergwerks Lohberg in Dinslaken, im Hintergrund ist EH 542 zu erkennen

Nr	Fabrikdaten	Bauart	Vorgeschichte	Bemerkungen
116	Jung 13065/1959	ED	–	–
118	Jung 13349/1961	ED	–	–
137	Jung 13698/1963	ED	–	–
144	Jung 14073/1969	ED	–	–
146	Jung 14075/1969	ED	–	–
147	Jung 14076/1969	ED	–	–
148	Jung 14077/1969	ED	–	–
150	Jung 14100/1970	ED	–	–
151	Jung 14101/1970	ED	–	–
154	Jung 14104/1970	ED	–	–
165	Jung 14123/1971	ED	–	–
171	Jung 14078/1969	ED	ex EH 149, Remotorisierung	–
172	Jung 14113/1971	ED	ex EH 155, Remotorisierung	–
173	Jung 13064/1959	ED	ex EH 115, Remotorisierung	–
174	Jung 14119/1971	ED	ex EH 161, Remotorisierung	–
175	Jung 13395/1961	ED	ex EH 126, Remotorisierung	–
317	Windhoff 2291/1976	–	·	Turmtriebwagen
320	Windhoff 2281/1976	–	·	Turmtriebwagen
385	Jung 14120/1971	ED	ex EH 162	–
386	Jung 14122/1971	ED	ex EH 164	–
387	Jung 14116/1971	ED	ex EH 158	Werkstattlok
388	Krupp 3614/1956	–	–	–
389	KM 18163/1955	EL 07	–	–
403	Gmeinder 5383/1966	V24	ex HOAG 403	Eigentum ThyssenKrupp
405	Henschel 30860/1964	DHG 500	ex RAG 474	Eigentum ThyssenKrupp
501	KM 19573/1972	M1200BB	ex EH 281, Remotorisierung	–
502	KM 19574/1972	M1200BB	ex EH 282, Remotorisierung	–
503	KM 19575/1972	M1200BB	ex EH 283, Remotorisierung	–
504	KM 19576/1972	M1200BB	ex EH 284, Remotorisierung	–
505	KM 19578/1973	M1200BB	ex EH 285, Remotorisierung	–
506	KM 19579/1973	M1200BB	ex EH 286, Remotorisierung	–
507	KM 19580/1973	M1200BB	ex EH 287, Remotorisierung	–
511	Henschel 31576/1973	DHG1200	ex EH 299, Remotorisierung	–
521	MaK 1000854/1991	G1205	–	–
522	MaK 1000855/1991	G1205	–	–
523	MaK 1000856/1991	G1205	–	–
524	MaK 1000857/1991	G1205	–	Unfall, Rep. VSFT Moers
525	MaK 1000858/1991	G1205	–	–
526	MaK 1000859/1991	G1205	–	–
527	MaK 1000860/1991	G1205	–	–
528	MaK 1000861/1991	G1205	–	–
531	MaK 1000862/1991	G1205	–	–
532	MaK 1000863/1991	G1205	–	–
533	MaK 1000864/1991	G1205	–	–
534	MaK 1000865/1991	G1205	–	–
541	VSFT 1001134/2001	G1206	–	–
542	VSFT 1001135/2001	G1206	–	–
551	KHD 57697/1964	DG1000BBM	ex HKM 01	–
552	KHD 57878/1965	DG1000BBM	ex HKM 02	–
553	KHD 57988/1966	DG1000BBM	ex HKM 03	–
554	KHD 57989/1966	DG1000BBM	ex HKM 04	–
571	KM 19290/1966	M800	ex EH 262, ex HOAG 211, Remot.	–
572	KM 19291/1966	M800	ex EH 263, ex HOAG 212, Remot.	–
573	KM 19292/1966	M800	ex EH 264, ex HOAG 213, Remot.	–
574	KM 19325/1967	M800	ex EH 265, Remot.	·
575	KM 19326/1967	M800	ex EH 266, ex HOAG 215, Remot.	–
576	KM 19327/1967	M800	ex EH 267, ex HOAG 216, Remot.	–
651	O&K 26876/1976	MBB1200N	ex HKM 05	–
652	O&K 26877/1976	MBB1200N	ex HKM 06	–
701	Henschel 32564/1983	DE500C	ex TEW 1	–
702	Henschel 32563/1983	DE500C	ex TEW 3	–
703	Henschel 32567/1983	DE500C	ex TEW 4	–
711	Henschel 32750/1987	DHG700C	ex TEW 2	–
731	Henschel 32374/1979	DHG700C	ex Thyssen 71	–
732	Henschel 32375/1979	DHG700C	ex Thyssen 72	–
751	Jenbach/KHD 3680059/1965	MG530C	ex HKM 61	–
752	Jenbach/KHD 3680060/1965	MG530C	ex HKM 62	–
753	Jenbach/KHD 3680061/1965	MG530C	ex HKM 63	–
754	Jenbach/KHD 3680062/1965	MG530C	ex HKM 64	–
756	O&K 26893/1978	MC700N	ex HKM 66	–
757	O&K 26894/1978	MC700N	ex HKM 67	–
761	MaK 700043/1981	DE501	ex HKM 71, Krupp 81	–
762	MaK 700045/1981	DE501	ex HKM 73, Krupp 83	–
763	MaK 700048/1981	DE501	ex HKM 76, Krupp 86	–
764	MaK 700050/1981	DE501	ex HKM 77, Krupp 87	–
765	MaK 700052/1981	DE501	ex HKM 79, Krupp 89	–
766	MaK 700040/1980	DE501	ex Krupp 79	–
767	MaK 700046/1981	DE501	ex Krupp 84	–
771	MaK 700106/1993	G765C	ex HKM 81	–
772	MaK 700107/1993	G765C	ex HKM 82	–
801	Jung 13350/1961	ED	ex EH 119, Remotorisierung	–
802	Jung 13850/1964	ED	ex EH 140, Remotorisierung	–
803	Jung 13348/1961	ED	ex EH 117, Remotorisierung	–
804	Jung 13583/1962	ED	ex EH 129, Remotorisierung	–
805	Jung 13585/1963	ED	ex EH 131, Remotorisierung	–
806	Jung 13352/1961	ED	ex EH 121, Remotorisierung	–
807	Jung 13586/1963	ED	ex EH 132, Remotorisierung	–
808	Jung 13393/1961	ED	ex EH 124, Remotorisierung	–
809	Jung 13394/1961	ED	ex EH 125, Remotorisierung	–
810	Jung 13581/1962	ED	ex EH 127, Remotorisierung	–
811	Jung 13696/1963	ED	ex EH 135, Remotorisierung	–
812	Jung 13351/1961	ED	ex EH 120, Remotorisierung	–
813	Jung 13849/1964	ED	ex EH 139, Remotorisierung	–
851	KM 20329/1997	MH 05	–	–
852	KM 20330/1997	MH 05	–	–
853	KM 20331/1997	MH 05	–	–
854	KM 20332/1997	MH 05	–	–
855	KM 20333/1997	MH 05	–	–
856	KM 20334/1997	MH 05	–	–
857	KM 20335/1997	MH 05	–	–
858	KM 20336/1997	MH 05	–	–
859	KM 20337/1998	MH 05	–	–
860	KM 20338/1998	MH 05	–	–
861	KM 20339/1998	MH 05	–	–
862	KM 20340/1998	MH 05	–	–
863	KM 20341/1998	MH 05	–	–
864	KM 20343/1998	MH 05	–	–
865	KM 20344/1998	MH 05	–	–
866	KM 20345/1998	MH 05	–	–
867	KM 20346/1998	MH 05	–	–
868	KM 21440/1999	MH 05	–	–
869	KM 21441/1999	MH 05	–	–
870	KM 21442/1999	MH 05	–	–
871	KM 21444/1999	MH 05	–	–
872	KM 21451/2000	MH 05	–	–
873	KM 21454/2000	MH 05	–	–
874	KM 21452/2000	MH 05	–	–
875	KM 21453/2000	MH 05	–	–

Celanese wickelt EH den öffentlichen und werksinternen Schienenverkehr ab. Das betriebene Gleisnetz ist über 500 km lang, wobei der Anteil der mit Fahrdraht überspannten Gleise ständig abnimmt.
Internet: www.ehgmbh.de

EUREGIO Verkehrsschienennetz GmbH (EVS), Stolberg

Die EVS wurde 1999 von der BSR Naturstein-Aufbereitungs GmbH gegründet. Aufgabe des Unternehmensbereichs „Infrastrukturunternehmen" (evs.euregio) ist der Aus- bzw. Neubau, die Instandhaltung sowie der Betrieb von Eisenbahninfrastruktur. Die EVS verfügt in der Region Aachen über ein Streckennetz von rund 100 km Gleislänge: Stolberg (Rheinl) Hbf – Herzogenrath, Stolberg (Rheinl) Hbf – Walheim Bundesgrenze, Stolberg (Rheinl) Hbf – Frenz, Abzw. Kellersberg – Siersdorf (Grube Emil Mayrisch) und Abzweigung Quinx – Würselen. Die genannten Strecken sowie Teilbereiche der Bahnhöfe Stolberg (Rheinl) Hbf und Herzogenrath konnte die EVS am 12.10.2000 von der DB Netz bzw. der DB Imm übernehmen.

Im Rahmen des Regionalbahnkonzepts „euregiobahn" werden bis zum Jahr 2006 schrittweise drei der von der EVS übernommenen Strecken für den Personenverkehr reaktiviert, als Netzerweiterung zwei Neubaustrecken (Eschweiler-Weisweiler – Langerwehe, Merzbrück – Aachen-Bushof) sowie 26 neue Stationen errichtet.

In einer ersten Ausbaustufe wurde zum Fahrplanwechsel am 10.06.2001 auf dem Streckenabschnitt Stolberg Hbf – Stolberg Altstadt der Personenverkehr wiederaufgenommen. Die Züge der „euregiobahn" verkehren halbstündlich in der Relation Stolberg – Aachen, jeder zweite Zug wird über Aachen hinaus ins niederländische Heerlen durchgebunden. Der Betrieb der „euregiobahn" erfolgt durch die DB Regionalbahn Rheinland GmbH, die auf der Strecke nach Heerlen mit dem niederländischen Unternehmen NS Reizigers B.V. kooperiert.

Der Unternehmensbereich „Verkehrsunternehmen" (evs.cargo/evs.logistik) besteht seit dem 01.07.2001. Wesentliche Aufgabe dieses Bereichs ist die Erarbeitung und Realisierung von Konzepten für eine intensive Nutzung der EVS-Infrastruktur auch im Schienengüterverkehr. Geplant ist in diesem Zusammenhang beispielsweise die Errichtung und der Betrieb eines Güterverkehrszentrum am Stolberger Hauptbahnhof.

Die Strecken der EVS werden von Talenten der DB Regionalbahn Rheinland GmbH befahren. Deren Triebwagen 644 027 konnte am 04.01.2002 als RB 14767 vor der malerischen Kulisse am Bahnhof Stolberg-Altstadt angetroffen werden

Häfen und Güterverkehr Köln AG (HGK), Köln

Die HGK entstand am 01.07.1992 durch den Zusammenschluss der Köln-Bonner Eisenbahn (KBE), Köln-Frechen-Benzelrather Eisenbahn (KFBE) und Häfen Köln GmbH (HKG). Als Tochtergesellschaft der Stadtwerke Köln GmbH (SWK) verteilen sich die Eigentumsanteile zu 54,5% auf die SWK, zu 39,2% auf die Stadt Köln und mit 6,3% auf den Erftkreis.

Im Großraum Köln-Bonn besitzt die HGK ein intensiv genutztes 102,5 km langes Streckennetz. Auf einem Teil der ehemaligen KBE und KBFE-Strecken verkehren zusätzlich zu den Güterzügen der HGK Stadtbahnen der Kölner Verkehrsbetriebe

Hafenatmosphäre in Köln-Niehl mit HGK DH 36 und einem Containerzug am 21.09.1998

Zu den weiteren Leistungen von evs.cargo/evs.logistik zählen die Ver- und Entsorgung von Baustellen im deutschen Eisenbahnnetz, die Einsatzsteuerung von Lokomotiven und Wagen sowie Sicherungs- und Überwachungsaufgaben. Für die Bespannung von Bauzügen hat die EVS vier Loks von GSG angemietet.
Internet: www.evs-euregio.de, www.evs-cargo.de

Nr	Fabrikdaten	Bau-art	Vorge-schichte	Bemer-kungen
V 150.01	Adtranz 72440/2000	293	ex DGT 710 961	lw von GSG
V 150.02	Adtranz 72450/2000	293	ex DGT 710 962	lw von GSG
V 150.03	Adtranz 72460/2000	293	ex DGT 710 963	lw von GSG
V 150.04	Adtranz 72470/2000	293	ex DGT 710 966	lw von GSG

Geilenkirchener Kreisbahn (GKB), Geilenkirchen

Die GKB hatte bis in die 60er Jahre (allerletzter Zug 1971) ein umfangreiches Schmalspurnetz im Westen von Nordrhein-Westfalen. Auch nach dessen Stilllegung blieb ein Teil (Gillrath – Schierwaldenrath) erhalten, der heute von Museumszügen eines privaten Vereins befahren wird. Zudem existiert in Geilenkirchen ein etwa 800m langes normalspuriges Gleisstück, an dessen Ende regelmäßig Düngemittel-Ganzzüge entladen werden.

Nr	Fabrikdaten	Bauart	Vorgeschichte	Bemerkungen	Nr	Fabrikdaten	Bauart	Vorgeschichte	Bemerkungen
V 3	Deutz 55547/1953	KS22B	–	orange, AZ/Verschub	DE 72	MaK 1000834/1986	DE 1002	ex KBE DE 82	–
DE 11	MaK 30002/1989	DE 1024	ex DB 240 001	ATBL	DE 73	MaK 1000840/1987	DE 1002	ex KFBE DE 93	–
DE 12	MaK 30003/1989	DE 1024	ex DB 240 002	ATBL	DE 74	MaK 1000836/1986	DE 1002	ex KBE DE 84	–
DE 13	MaK 30004/1989	DE 1024	ex DB 240 003	ATBL	DE 75	MaK 1000837/1986	DE 1002	ex KBE DE 85	–
V 21″	MaK 220105/1981	G321B	ex HK V 21	–	DE 76	MaK 1000839/1987	DE 1002	ex KFBE DE 92	–
V 22″	MaK 220106/1982	321B	ex HK V 22	–	DE 81	MaK 1000882/1993	DE 1002	ex KBE 81	ATBL
DH 31	Deutz 57187/1961	DG1200BBM	ex KBE V 31	–	DE 82	MaK 1000883/1993	DE 1002	ex KBE 82	ATBL
DH 32	Deutz 57188/1961	DG1200BBM	ex KBE V 32	–	DE 83	MaK 1000884/1993	DE 1002	ex KBE 83	ATBL
DH 33	Deutz 57189/1961	DG1200BBM	ex KBE V 33	–	DE 84	MaK 1000885/1993	DE 1002	ex KBE 84	–
DH 34	Deutz 57191/1961	DG1200BBM	ex KBE V 35	–	DE 85	MaK 1000886/1993	DE 1002	ex KBE 85	–
DH 35	Deutz 57541/1963	DG1200BBM	ex KBE V 37	–	DE 86	MaK 1000887/1993	DE 1002	ex KBE 86	–
DH 36	Deutz 57471/1963	DG1200BBM	ex KBE V 36	–	DE 91	MaK 1000838/1986	DE 1002	ex KFBE DE 91	–
DH 37	Deutz 57982/1966	DG1200BBM	ex KFBE V 75	–	DE 92	MaK 1000842/1987	DE 1002	ex KFBE DE 95	–
DH 38	Deutz 57983/1966	DG1200BBM	ex KFBE V 76	–	DE 93	MaK 1000835/1986	DE 1002	ex KBE DE 83	–
DH 43	VSFT 1001025/2000	G 1206	–	–	DE 94	MaK 1000841/1987	DE 1002	ex KFBE DE 94	–
DH 44	VSFT 1001114/2000	G 1206	–	–	2001	Adtranz 33382/2000	145	–	„145-CL 011"
DE 61	GM 991801-1/1999	JT42CWR	–	ATBL	2002	Adtranz 33821/2000	145	–	„145-CL 012"
DE 62	GM 991801-2/1999	JT42CWR	–	–	2003	Adtranz 33826/2000	145	–	„145-CL 013"
DE 63	GM 20008254-6/2001	JT42CWR	–	ATBL	2004	Adtranz 33828/2001	145	–	„145-CL 014"
DE 64	GM 20008254-8/2001	JT42CWR	–	ATBL	2005	Adtranz 33842/2001	145	–	„145-CL 015"
DE 65	GM 20008254-9/2001	JT42CWR	–	ATBL	VT 1	MAN 140896/1954	VT 95	ex DB 795 398	für Sonderzwecke
DE 71	MaK 1000833/1986	DE 1002	ex KBE DE 81	–	VT 2	WMD 1221/1956	VT 98	ex DB 798 585	für Bahndienstzwecke

Zur Nachtruhe hat sich am 27.11.1999 eine stattliche Anzahl an HGK-Loks in der unternehmenseigenen Werkstätte in Brühl-Vochem eingefunden

KVB. Neben den eigenen Strecken werden auch Fahrten auf den Gleisen der DB Netz im Großraum Köln durchgeführt, so beispielsweise nach Bergisch Gladbach, Dormagen und Quadrath-Ichendorf.

Seit Frühjahr 1999 ist die HGK aber auch im Bereich der Containerzugdirektverbindungen aktiv:

- seit 12.04.1999 Köln-Niehl Hafen – Rotterdam in Kooperation mit Shortlines im Auftrag von TFG Transfracht International
- seit 29.05.2000 Köln-Niehl Hafen – Pomezia in Kooperation mit SBB Cargo und FS Cargo

- seit 14.10.2001 Rotterdam-Maasvlakte/Waalhaven - Duisburg Ruhrort-Hafen im Auftrag von APL

Zudem werden einige Güterzüge in den Niederlanden im Auftrag von ShortLines gefahren. Für diese Einsätze wurden einige Loks mit den notwendigen Zugsicherungsanlagen „ATB-L" ausgerüstet. Insgesamt befördert die HGK jährlich mehr als fünf Millionen Tonnen Güter.

Beteiligt ist die HGK an der Anfang 1998 gemeinsam mit der Papierfabrik Zanders, dem britischen Logistikdienstleister P&O und der Stadt Bergisch Gladbach gegründeten BGE Eisenbahn Güterverkehr

GmbH, die in Bergisch Gladbach ein KLV-Terminal betreibt. Zusammen mit SBB und HUPAC wird im Sommer 2002 die Gesellschaft Swiss Rail Cargo gegründet. Internet: www.hgk.de

Märkische Eisenbahn-Gesellschaft mbH (MEG), Lüdenscheid

Die MEG entstand 1976 als Konsequenz einer kommunalen Gebietsreform durch Fusion mehrerer Altgesellschaften unter dem Dach der neuen MVG Märkische Verkehrsgesellschaft GmbH, die heute neben der Stadt Plettenberg (0,23%) größte

Nr	Fabrikdaten	Bauart	Vorgeschichte	Bemerkungen
1	MaK 500046/1967	G 700 C	ex On Rail 202	–

Gesellschafterin (99,77%) ist. Im Rahmen einer gesellschaftsrechtlichen Übergangslösung firmierte der Betriebsbereich „Güterverkehr" der ehemaligen Plettenberger Kleinbahn AG (PKB, gegr. 1895) bereits ab 1972 unter dem Namen MEG. Als öffentliches EVU für Güterverkehr wurde die MEG am 10.10.1995 zugelassen; die Konzession hat zunächst eine Laufzeit bis zum 30.06.2012.

Die heute von der MEG im Güterverkehr betriebene 1,1 km lange Strecke vom DB-Bahnhof Plettenberg zum Umschlagzentrum „Plettenberg Mitte" ist das Reststück der Plettenberger Kleinbahn, einer Meterspurbahn. Der bis heute betriebene Streckenabschnitt war jedoch seit jeher dreischienig ausgeführt, der Schmalspurteil wurde 1972 entfernt. Heute werden hier Stahlprodukte, vor allem Coils, und Schrott befördert. Aufgrund von Kooperationsverträgen mit der DB Cargo erbringt die MEG in zunehmendem Maße Rangierleistungen im DB-Bereich. Internet: www.mvg-online.de

mkb 5 rangiert am 27.03.2002 in Minden

Gefährliche Fracht hat HGK DE 84 mit dem Blausäurezug am 21.05.1999 bei Hürth-Kalscheuren am Haken

Mindener Kreisbahnen GmbH (mkb), Minden

Die mkb betrieben ursprünglich ein Schmalspurbahnnetz (1000 mm-Spur) von Minden aus nach Uchte, Lübbecke und Kleinenbremen, mit einigen davon abzweigenden Stichstrecken. Bis 1956 wurden dann alle Abschnitte auf Normalspur umgespurt. Da der Verkehr jedoch sehr gering war, ist ein Großteil dieser Strecken heute stillgelegt und abgebaut; auf dem Restnetz findet „nur" GV statt. Die Reststrecken im einzelnen:

- Minden-Friedrich-Wilhelm Str. – Kleinenbremen (11,5 km);
- Minden-Oberstadt – Hille Hafen (Reststück der Linie nach Lübbecke, 15 km);

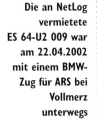

Die an NetLog vermietete ES 64-U2 009 war am 22.04.2002 mit einem BMW-Zug für ARS bei Vollmerz unterwegs

- Minden-Friedrich-Wilhelm Str. – Minden Oberstadt – Todtenhausen (Reststück der Linie nach Uchte, 8,5 km)
- Minden-Friedrich-Wilhelm Str. – Aminghausen (erst vor einigen Jahren neuerrichtete Linie zur Erschließung eines Industriegebietes, 2 km)

Nr	Fabrikdaten	Bauart	Vorgeschichte	Bemerkungen
V 4"	MaK 1000805/1983	G1203BB	–	–
V 5"	MaK 1000852/1991	G1203BB	–	–
V 6	OR DH 1504/1/1998	DH 1504	ex-DB 216 014	–
G1206	VSFT 1001022/2000	G1206	–	lw von LS
G2000.34	VSFT 1001034/2001	G2000	–	lw von LS

Auf DB-Gleisen transportieren die mkb zudem werktäglich Kohle von Norden-

ham nach Veltheim sowie sporadisch Sekundärrohstoffe von Bad Bentheim (Übernahme von der niederländischen Privatbahn ACTS) nach Spreewitz. Alleiniger Gesellschafter der mbk ist der Kreis Minden-Lübbecke. Internet: www.mkb.de

NetLog Netzwerklogistk GmbH (NetLog), Bad Honnef

NetLog, vormals KEP Logistik, ist innerhalb der von führenden Managern der Logistik-Industrie Ende 1999 gegründeten TX Logistik AG für Planung, Betrieb und Optimierung kundenspezifischer Netze für Straßen und Schiene zuständig. Neben dem boxXpress.de

engagiert man sich seit Oktober 2001 in Zusammenarbeit mit dem Automobill-logistikunternehmen ARS Altmann AG aus Wolnzach im Bereich von Neuwagentransporten:

● seit 01.10.2001 Glauchau – Emden (VW),
● seit 10.01.2002 Regensburg Ost – Bremerhaven-Kaiserhafen (BMW),
● seit 15.01.2002 Dingolfing – Bremerhaven-Kaiserhafen (BMW),
● seit 18.02.2002 München-Milbertshofen – Bremerhaven-Kaiserhafen (BMW).

Für den regionalen Rangierverkehr nutzt man in Regensburg, Dingolfing und München die Dienste der RAR.

Im März 2002 konnten zudem weitere Transporte über die Muttergesellschaft TX Logistik akquiriert werden. Mit der

Nr	Fabrikdaten	Bauart	Vorgeschichte-	Bemerkungen
145-CL 031	Adtranz 33848/2001	145-CL	–	„Konrad Lehner"
ES 64 F – 901	KM 20448/2000	ES 64 F	–	lw von Dispolok
ES 64 F – 902	KM 20449/2000	ES 64 F	–	lw von Dispolok
ES 64 U2 – 003	KM 20559/2001	ES 64 U2	–	lw von Dispolok
ES 64 U2 - 004	KM 20560/2001	ES 64 U2	-	lw von Dispolok
ES 64 U2 - 006	KM 20562/2001	ES 64 U2	-	lw von Dispolok
ES 64 U2 - 007	KM 20563/2001	ES 64 U2	-	lw von Dispolok
ES 64 U2 - 008	KM 20564/2001	ES 64 U2	-	lw von Dispolok
ES 64 U2 - 009	KM 20565/2002	ES 64 U2	-	lw von Dispolok
ES 64 U2 - 010	KM 20566/2002	ES 64 U2	-	lw von Dispolok
ES 64 U2 - 011	KM 20567/2002	ES 64 U2	-	lw von Dispolok
ES 64 U2 - 012	KM 20568/2002	ES 64 U2	-	lw von Dispolok
ES 64 U2 - 014	KM 20570/2002	ES 64 U2	-	lw von Dispolok
ES 64 U2 - 015	KM 20571/2002	ES 64 U2	-	lw von Dispolok
ES 64 U2 - 018	KM 20574/2002	ES 64 U2	-	lw von Dispolok
ES 64 U2 - 902	KM 20446/2000	ES 64 U2	-	lw von Dispolok
ES 64 U2 - 903	KM 20447/2000	ES 64 U2	-	lw von Dispolok
ME 26 - 02	MaK 30006/1996	ME 26	ex NSB Di 6.662	lw von Dispolok
ME 26 - 07	MaK 30011/1996	ME 26	ex NSB Di 6.667	lw von Dispolok
ME 26 - 10	MaK 30014/1996	ME 26	ex NSB Di 6.670	lw von Dispolok
ME 26 - 11	MaK 30015/1996	ME 26	ex NSB Di 6.671	lw von Dispolok
206 364-2	LEW 12873/1971	BR 206	ex DB 202 364	-
206 466-5	LEW 13505/1972	BR 206	ex DB 202 466	-

Übernahme der Logistik für rund zehn- bis zwölftausend Seecontainer pro Jahr zwischen den Werken Burghausen sowie Kempten der Wacker Chemie und den Seehäfen Hamburg sowie Bremerhaven wird im Anschluss an das boxXpress.de-

System bedarfsweise eine Zugverbindung angeboten. Bislang hatte Wacker Chemie beim Transport der Seecontainer ausschließlich auf die DB-Tochter Transfracht sowie DB Cargo AG gesetzt.

Die Loks werden im Verbund mit der boxXpress.de GmbH eingesetzt, als Personalgesteller agiert die MEV.
Internet: www.netzwerklogistik.de

Neusser Eisenbahn (NE), Neuss

Als Teil der „Städtischen Hafenbetriebe Neuss" dient die NE traditionell vor allem der Anbindung des Hafens Neuss an den Schienengüterverkehr. Diese erfolgt heute über Gleise mit einer Gesamtlänge von 52,7 km Länge, die in Neuss Gbf mit dem DB Netz verbunden sind. Zudem bedient die NE 26,5 km Privatanschlussgleise.

Die NE fährt aber auch Güterverkehrsleistungen auf DB-Strecken, etwa im Angertal. Seit 01. 03. 2001 fährt die NE in einer Ausschreibung gewonnene Kalk-

Nr	Fabrikdaten	Bauart	Vorge-schichte	Bemerkungen
I	KM 19815/1975	M700C	–	–
II	MaK 700025/1978	G761C	–	–
III	MaK 700061/1982	G761C	–	–
IV	MaK 500075/1972	G700C	–	–
V	MaK 1000244/1965	G1300BB	ex NBJ T25	–
VI	MaK 1000890/1993	G1205	–	–
VII	MaK 1000906/1997	G1205	–	–
VIII	VSFT 1001113/2000	G1700	–	–
9	VSFT 1001040/2002	G2000	–	–

de, seit 1968 nur noch dem Güterverkehr dienende Strecken:

- Moers – Orsoy – Rheinberg (17 km)
- Moers – Neukirchen-Vluyn – Hoerstgen-Sevelen (19 km)

Der Verkehr konzentriert sich vor allem auf den Abschnitt von Moers zum Hafen Orsoy, wo vor allem Importkohle umgeschlagen wird. Zwischen Moers und

steinmehltransporte von Dornap-Hahnenfurth und (Huy/Belgien –) Aachen-West zum Kraftwerk Weisweiler (bei Stolberg).

Internet: www.hafen-neuss.de/eisenbahn/main.html

Niederrheinische Verkehrsbetriebe AG (NIAG), Moers

Die NIAG entstand 1967 aus der Moerser Kreisbahn und ist eine Gesellschaft der beiden Kreise Wesel (66,44 %) und Kleve (30,56 %). Das insgesamt 36 km lange Schienennetz der NIAG umfasst folgen-

Nr	Fabrikdaten	Bauart	Vorge-schichte	Bemerkungen
1	MaK 1000798/1982	G1204BB	–	„Stadt Moers"
2	MaK 1000820/1985	G1204BB	–	–
3	MaK 1000894/1993	G1205	–	–
4"	OR DH1004/1/1997	DH1004	ex DB 211 162	–
5	MaK 1000781/1978	G1202BB	–	–
6	MaK 1000782/1978	G1202BB	–	–
8	OR DH1504/3/2000	DH1504	ex DB 216 111	–
9	OR DH1504/4/2000	DH1504	ex DB 216 055	–
11	Henschel 30872/1965	DHG 160	–	–
12	Gmeinder 5471/1972	D25B	ex Daimler-Benz 19-003	–
50	Windhoff 260169/1998	RW240DH	–	Tele-Trac
51	Windhoff 260184/1999	RW240DH	–	Tele-Trac
VT 20	MAN 143409/1957	VT 2	ex Peine-Ilseder Eisenbahn VT 4	für Sonderfahrten
VT 21	MAN 143410/1957	VT 2	ex Peine-Ilseder Eisenbahn VT 5	für Sonderfahrten

Oben:
Als Sonderleistung beförderte die G1700 der NE am 06.03.2002 einen Güterzug aus Drucksilowagen von Neuss nach Misburg, hier in Herford

Links:
Der von NetLog bespannte VW-Autozug von Glauchau nach Emden wurde aus E-Lok-Mangel übergangsweise mit ME 26 aus dem dispolok-Pool bespannt, hier am 05.03.2002 in Leipzig-Gaschwitz

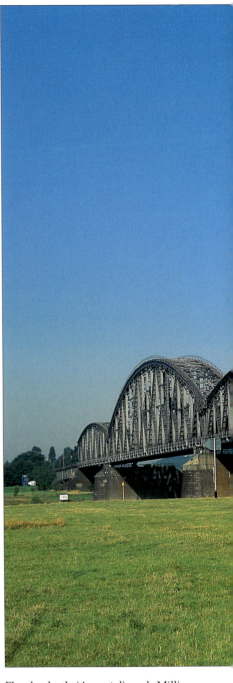

**Oben: Am 27.03.2002 holte Lok VI der NE einen Kalkzug in Wülfrath-Flandersbach ab
Unten: NE VII aus dem Führerstand einer 216 in Kapellen-Wevelinghofen am 27.08.1997 aufgenommen**

Hoerstgen-Sevelen findet nach der Stilllegung der Zeche Niederberg, die in Neukirchen-Vluyn Anschluss an das NIAG-Netz hatte, kein Verkehr mehr statt. Nördlich Neukirchen-Vluyn ist die Strecke seit 2001 betrieblich gesperrt.

Loks der NIAG kommen auch auf den DB-Strecken um Moers zum Einsatz und erreichen dabei unter anderem Millingen, Oberhausen und Dortmund-Mengede. Seit Mai 2002 fährt die NIAG außerdem im Auftrag der DB Cargo Kalkzüge von

Flandersbach (Angertal) nach Millingen. Insgesamt werden jährlich etwa drei Mio. Tonnen Güter befördert, darunter 2,5 Mio. Tonnen Kohle.
Internet: www.niag-online.de

Mit einem langen Zug nach Oberhausen konnte NIAG 9 am 15.08.2001 auf der Rheinbrücke in Duisburg-Beek angetroffen werden

RAG Bahn- und Hafenbetriebe GmbH (BuH), Gladbeck

Die Bahn- und Hafenbetriebe mbH sind ein Dienstleistungsbetrieb der Ruhrkohle AG (RAG) und zuständig für den Transport der von der RAG geförderten Kohle. Zudem gibt es zahlreiche Nebenanschließer, die nicht zwingend etwas mit Kohle zu tun haben. Die BuH besaßen im Juli 2002 ein 409 km langes Gleisnetz im Ruhrgebiet, davon 145 km elektrifiziert

Am Einfahrsignal
von Millingen
konnte die NIAG 4
mit ihrer kurzen
CB am 09.06.1999
im Bild festgehal-
ten werden

Nr	Fabrikdaten	Bauart	Vorgeschichte	Bemerkungen	Nr	Fabrikdaten	Bauart	Vorgeschichte	Bemerkungen
001	Henschel 32090/1976	E1200	–	–	517	KM 19688/1973	M700C	–	–
002	Henschel 32091/1976	E1200	–	–	518	KM 19695/1973	M700C	–	–
003	Henschel 32092/1976	E1200	–	–	519	KM 19729/1974	M700C	–	–
004	Henschel 32093/1976	E1200	–	–	523	Henschel 31468/1970	DHG700	–	–
005	Henschel 32094/1976	E1200	–	–	551	MaK 700039/1980	DE 501 C	–	–
006	Henschel 32095/1976	E1200	–	–	552	MaK 700053/1981	DE 501 C	–	–
011	Henschel 32773/1984	E1200	–	–	554	MaK 700055/1981	DE 501 C	–	–
012	Henschel 32774/1984	E1200	–	–	555	MaK 700056/1981	DE 501 C	–	–
013	Henschel 32775/1984	E1200	–	–	556	MaK 700057/1981	DE 501 C	–	–
014	Henschel 32776/1984	E1200	–	–	557	MaK 700047/1981	DE 501 C	–	–
015	Henschel 32777/1984	E1200	–	abgestellt	558	MaK 700051/1981	DE 501 C	–	–
016	Henschel 32828/1984	E1200	–	–	559	MaK 700049/1981	DE 501 C	–	–
017	Henschel 32829/1984	E1200	–	–	561	MaK 700095/1989	DE 502 C	–	–
021	Henschel 31336/1992	ED1600	ex RAG 107	–	562	MaK 700096/1989	DE 502 C	–	–
022	Henschel 31338/1992	ED1600	ex RAG 109	–	563	MaK 700097/1989	DE 502 C	–	–
101	Henschel 31330/1968	EA1000	–	–	564	MaK 700098/1989	DE 502 C	–	–
103	Henschel 31332/1968	EA1000	–	–	570	KM 19693/1973	M700C	–	–
326	Henschel 31088/196?	DHG160	–	–	571	KM 19674/1974	M700C	–	–
362	KM 19398/1969	M400C	–	abgestellt	572	KM 19685/1973	M700C	–	–
411	Gmeinder 5277/1962	600 PS	–	abgestellt	573	KM 19681/1973	M700C	–	–
412	Gmeinder 5278/1963	600 PS	–	->Unisped	574	KM 19734/1975	M700C	–	–
413	Gmeinder 5279/1963	600 PS	–	abgestellt	575	KM 19686/1973	M700C	–	–
416	Gmeinder 5376/1965	530 PS	–	abgestellt	576	KM 19690/1974	M700C	–	–
432	Henschel 31187/1966	DHG500	–	abgestellt	577	KM 19684/1973	M700C	–	–
433	Henschel 31188/1966	DHG500	–	abgestellt	578	KM 19682/1973	M700C	–	–
434	Henschel 31189/1966	DHG500	–	–	579	KM 19683/1973	M700C	–	–
438	Henschel 30853/1963	DHG500	–	abgestellt	580	KM 19691/1974	M700C	–	–
440	Henschel 30573/1963	DHG500	–	–	581	KM 19731/1974	M700C	–	–
441	Henschel 30574/1963	DHG500	–	–	582	KM 19732/1975	M700C	–	–
442	Henschel 30575/1963	DHG500	–	–	584	KM 19692/1974	M700C	–	–
444	Henschel 30577/1963	DHG500	–	–	585	KM 19677/1973	M700C	–	–
445	Henschel 30854/1963	DHG500	–	lw an DSK Berg-werk Ensdorf/Saar	586	KM 19733/1975	M700C	–	–
446	Henschel 30855/1963	DHG500	–	->Unisped	640	Henschel 31178/1966	DHG1200BB	–	–
447	Henschel 30856/1964	DHG500	–	–	641	Henschel 31179/1966	DHG1200BB	–	–
449	Henschel 31073/1965	DHG500	–	abgestellt	642	Henschel 31180/1966	DHG1200BB	–	–
450	Henschel 31075/1965	DHG500	–	–	643	Henschel 31181/1966	DHG1200BB	–	–
451	Henschel 31236/1968	DHG500	–	–	661	MaK 1000843/1987	DE 1003	–	–
475	Henschel 31074/1965	DHG500	–	–	662	MaK 1000844/1988	DE 1003	–	–
510	KM 19730/1974	M700C	–	–	663	MaK 1000845/1988	DE 1003	–	–
511	KM 19675/1973	M700C	–	abgestellt	664	MaK 1000846/1988	DE 1003	–	–
512	KM 19679/1973	M700C	–	–	673	MaK 1000817/1984	G 1204 BB	–	–
513	KM 19680/1973	M700C	–	–	674	MaK 1000797/1982	G 1204 BB	–	–
514	KM 19687/1973	M700C	–	–	676	MaK 1000807/1983	G 1204 BB	–	–
515	KM 19689/1973	M700C	–	–	677	MaK 1000812/1983	G 1204 BB	–	–
516	KM 19678/1973	M700C	–	–	678	MaK 1000815/1984	G 1204 BB	–	–
					679	MaK 1000821/1985	G 1204 BB	–	abgestellt

**Oben:
Windhoff-Rangie-
rer 51 der NIAG
rangiert im Hafen
Orsoy**

**Lok 36 des Händ-
lers On Rail kam
am 07.09.1999
leihweise bei der
NIAG zum Einsatz**

Rechts:
NIAG 11 rangiert
am 22.03.2002 in
einem Anschluss
bei Moers

Unten:
BuH-Lok 641
rangiert am
28.03.2002 mit
einem Kohle-
wagenzug im mit
Formsignalen
ausgestatteten
Bahnhof Rhein-
kamp

(übliche Bahnstromfrequenz 15 kV, 16 $^2/_3$ Hz). Zum BuH-Netz (nichtöffentliche Grubenanschlussbahn) gehört auch die Werne-Bockum-Höveler Eisenbahn, die als einzige BuH-Strecke als öffentliche Eisenbahn konzessioniert ist. Es bestehen eine Vielzahl von Übergabebahnhöfen zu DB, zur DE, zur EH, zu den NIAG und zur WHE.

RAG Bahn und Hafen GmbH (RBH), Gladbeck

Für den Verkehr auf DB-Gleisen hat die RAG das Eisenbahnverkehrsunternehmen RBH gegründet. Ihm unterstehen alle RAG-Loks der Typen G 1206, G 2000 sowie die E-Loks und der Blue Tiger. Die RBH-Farbgebung ist blau/silber, die die neueren Loks schon tragen.

Neben Einsätzen auf RAG-Gleisen (G1206) sind die Fahrzeuge auch zunehmend auf DB-Gleisen anzutreffen. Neben dem ab Juni 2000 unregelmäßig verkehrenden Xylene-Ganzzug Liebenau – Westerholt übernahm die RBH in Kooperation mit DB Cargo vom Ruhrgebiet ausgehende Kohle- und Kokstransporte. Als erste Langstreckenverkehre werden seit 2001 in Doppeltraktion mit der

Die orange RAG 802 hat am 11.09.2000 einen Zug zur Verfüllung des Kaiser-Wilhelm-Hafens nach Duisburg-Ruhrort gebracht

Nr	Fabrikdaten	Bauart	Vorgeschichte	Bemerkungen	Nr	Fabrikdaten	Bauart	Vorgeschichte	Bemerkungen
201	Bombardier 33844/2001	145	–	„145-CL 201"	810	SFT 1000916/1998	G 1206	–	–
202	Bombardier 33845/2001	145	–	„145-CL 202"	811	SFT 1000917/1998	G 1206	–	–
203	Bombardier 33846/2001	145	–	„145-CL 203"	821	VSFT 1001012/1999	G 1206	–	–
204	Bombardier 33847/2001	145	–	„145-CL 204"	822	VSFT 1001013/1999	G 1206	–	–
205	Bombardier 33850/2001	145	–	„145-CL 205"	823	VSFT 1001014/1999	G 1206	–	–
206	Bombardier 33849/2001	145	–	„145-CL 206"	824	VSFT 1001015/1999	G 1206	–	–
221	Bombardier 33477/2002	185	–	„185-CL 008"	825	VSFT 1001016/1999	G 1206	–	–
251	KM 20573/2002	ES 64 U2	-	„ES 64 U2 – 017", lw von Dispolok	827	VSFT 1001023/2000	G 1206	–	–
801	SFT 1000900/1997	G 1206	–	–	828	VSFT 1001024/2000	G 1206	–	–
802	SFT 1000901/1997	G 1206	–	–	829	VSFT 1001026/2000	G 1206	–	–
803	SFT 1000902/1997	G 1206	–	–	830	VSFT 1001027/2000	G 1206	–	–
804	SFT 1000903/1997	G 1206	–	–	901	VSFT 1001030/2001	G 2000	–	–
805	SFT 1000904/1997	G 1206	–	–	902	VSFT 1001031/2001	G 2000	–	–
806	SFT 1000905/1997	G 1206	–	–	903	VSFT 1001032/2001	G 2000	–	–
807	SFT 1000913/1998	G 1206	–	–	904	VSFT 1001036/2001	G 2000	–	–
808	SFT 1000914/1998	G 1206	–	–	951	Adtranz 33293/1996	DE-AC33C	ex DB 250 001	lw von Bombardier, „Blue Tiger"
809	SFT 1000915/1998	G 1206	–	–					

BR 145-CL bespannte 3.600 t schwere Kohlezüge von Hamm-Pelkum nach Petershagen-Lahde (seit 16.07.2001) und Beddingen (seit 04.03.2002) in Kooperation mit DB Cargo gefahren. Bis Hamm-Pelkum werden die Züge dabei

von unterschiedlichen Zechen im Ruhrgebiet mit Dieselloks gefahren. Im März 2002 kam als weiterer Abgangsbahnhof für die Kohlezüge zum Kraftwerk in Petershagen-Lahde der Bahnhof Rheinkamp hinzu. Hier trifft die RAG-

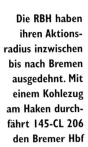

Anschlussbahn zur Zeche Friedrich-Heinrich in Kamp-Lintfort auf die DB-Strecke. Seit 20.03.2002 verkehren 2.400 t schwere Kokszüge zwischen der Bottroper RAG-Kokerei Prosper und den Bremer Stahlwerken, die ebenfalls mit einer E-Lok bespannt werden.

Seit 28.01.2002 sind RBH-Loks außerdem vor dem „Rhein-Ruhr-Shuttle" zu finden. Die Bedienung des Hammer Containerterminals erfolgt dabei durch die RLG, vom Übergabebahnhof Hamm Gallberger Weg bis Duisburg Ruhrort Hafen übernimmt eine RBH G1206 die Bespannung der Containertragwagen. Ab Duisburg-Ruhrort Hafen wird der Zug von der duisport rail auf nicht öffentlicher Infrastruktur dem DeCeTe-Containerterminal zugestellt.

Als Teil des Rail Transport Teams (RTT) übernimmt RBH seit 12.06.2002 die Bespannung des Zuges Älmhult – Duisburg im Abschnitt Padborg – Duisburg-

Ruhrort Hafen für IKEA Rail A/B. Zum RTT gehören außerdem die schwedische Privatbahn TGOJ AB sowie die dänische TraXion S/A.

railogic GmbH (railogic), Düren

Am 21.02.2001 wurde mit der in Düren ansässigen railogic eine Betreibergesellschaft für EVU und EIU gegründet. Zu den Kunden zählten Mitte Mai 2002 neben der EUREGIO Verkehrsschienennetz GmbH (EVS) auch die Brohltal Schmalspur-Eisenbahn-Betriebs-GmbH (BSEG). Während man bei EVS neben dem Geschäftsführer des Bereiches Cargo/Logistik auch den Betriebsleiter sowie das komplette Stellwerkspersonal stellt, übernimmt man bei der BSEG die Betriebsleitung beim EVU sowie EIU. railogic bietet darüber hinaus auch Dienstleistungen im Bereich der Beratung und

Ein Einzelgänger ist die RAG 827, die als einzige G1206 das neue blau-silberne Farbkleid der RBH trägt

Für die Bespannung des DFG Geleen nach Lutterade bediente sich rail4chem übergangsweise einer Class 66 von Shortlines. Am 11.03.2002 war PB02 bei Gladbeck-Zweckel unterwegs

Als einzige
Taurus-Lok ist
ES 64 U2-005 ein
Einzelgänger bei
r4c, hier am
08.03.2002
bei Elze mit
DFG 80321
unterwegs nach
Großkorbetha

Schulung an. Die Konzessionierung als EVU war für 2002 angedacht. Die eigene Lok findet in Bauzugdiensten Verwendung. Internet: www.railogic.de

Nr	Fabrikdaten	Bauart	Vorge-schichte	Bemerkungen
V 60-01	LEW 12383/1969	V60D	ex Zementwerk Rüdersdorf 7	–

rail4chem Eisenbahnverkehrs-gesellschaft mbH (r4c), Essen

Die am 05.12.2000 gegründete rail4chem Eisenbahnverkehrsgesellschaft mbH nahm am 04.03.2001 ihre Tätigkeit auf. Zuvor hatte man am 12.02.2001 die Zulassung als EVU für Güterverkehr erhalten, seit 31.10.2001 liegt zusätzlich die internationale Genehmigung für die EU vor. Das Unternehmen mit Sitz in Essen, ein Joint Venture von BASF,

Bertschi AG (CH), Hoyer und VTG-Lehnkering AG, hat zu diesem Zeitpunkt folgende, zuvor von der BASF in Eigenregie gefahrene Ganzzugleistungen übernommen:

● Ludwigshafen BASF – Aachen (– Antwerpen)
● Ludwigshafen BASF – Großkorbetha – Ruhland
● (Heringen -) Gerstungen – Ludwigshafen BASF

Zudem wurde im März 2001 ein bis zu diesem Zeitpunkt von der PEG gefahrenes Ganzzugpaar zwischen dem thüringischen Zementwerk Deuna und dem Bahnhof Berlin Greifswalder Straße übernommen.

Mit Beginn des Jahres 2002 lief bei rail4chem ein Großauftrag an, der den Transport von 850.000 t Mineralölprodukten der Deutschen Shell AG nach Würzburg Hafen beinhaltet. Hauptrelation ist hierbei die Verbindung von

Flörsheim, die täglich zwei Mal befahren wird.

Nr	Fabrikdaten	Bauart	Vorge-schichte	Bemer-kungen
145-CL 001	Adtranz 33356/1999	145	–	–
145-CL 002	Adtranz 33366/2000	145	–	–
145-CL 003	Adtranz 33815/2000	145	–	–
145-CL 004	Adtranz 33841/2000	145	–	–
145-CL 005	Adtranz 33843/2001	145	–	–
185-CL 006	Bombardier 33458/2001	185	–	–
185-CL 007	Bombardier 33456/2001	185	–	–
ES 64 U2 – 005	KM 20561/2002	ES 64 U2	–	-> GVG
PB 05	GM-EMD 20008254-7/2001	Class 66	–	–

Ebenfalls Anfang 2002 wurde eine Ganzzugverbindung zwischen Großkorbetha und Duisburg/Gladbeck ins Leben gerufen, Februar 2002 war der Starttermin einer neuen Verbindung Großkorbetha – Aachen (-Zeebrugge). Im März 2002 wurde zudem eine vier Mal wöchentlich gefahrene Ganzzugleistung zwischen

dem niederländischen Geleen und Marl in Nordrhein-Westfalen eingerichtet.
Internet: www.rail4chem.de

Regionale Bahngesellschaft Kaarst-Neuss-Düsseldorf-Erkrath-Mettmann-Wuppertal mbH (REGIOBAHN), Mettmann

Die in Mettmann ansässige REGIOBAHN wurde bereits am 08.08.1992 durch die Anliegerkommunen mit dem Ziel gegründet, den Schienenverkehr zwischen Kaarst und Mettmann zu übernehmen. Als ein erster Teilerfolg konnte zum 01.01.1998 die Infrastruktur der Streckenäste Kaarst – Neuss (6,4 km) und Düsseldorf-Gerresheim – Dornap-Hahnenfurt (14,9 km) übernommen werden. Seit 26.09.1999 führt die REGIOBAHN den SPNV der 34 km langen Verbindung

Richtung Würzburg war 145-CL 004 der rail4chem mit einem Mineralölzug für Shell am 30.01.2002 auf der Steigung bei Laufach unterwegs

2000 erfolgte zudem eine Verdichtung des Stundentaktes auf einen 20-Minuten-Takt. Die REGIOBAHN ist Eigentümer der Strecken- und Werkstattinfrastruktur sowie der Fahrzeuge, weitere Funktionen werden von der RBE wahrgenommen.

Es bestehen bereits konkrete Planungen über eine Verlängerung der REGIO-BAHN-Linie nach Wuppertal und

Nr	Fabrikdaten	Bau-art	Vorge-schichte	Bemerkungen
VT 1001	Talbot 190844-45/1999	Talent	–	„Stadt Mettmann"
VT 1002	Talbot 190846-47/1999	Talent	–	„Stadt Kaarst"
VT 1003	Talbot 190848-49/1999	Talent	–	„Neanderthaler"
VT 1004	Talbot 190850-51/1999	Talent	–	„Stadt Neuss"
VT 1005	Talbot 190852-53/1999	Talent	–	„Kreis Neuss"
VT 1006	Talbot 190854-55/1999	Talent	–	„Düsseldorf"
VT 1007	Talbot 190856-57/1999	Talent	–	„Stadt Erkrath"
VT 1008	Talbot 190858-59/1999	Talent	–	„Wuppertal"

RegioBahn VT 1007 am Haltepunkt Mettmann Zentrum am 06.04.2002

Kaarst – Düsseldorf – Mettmann durch. Neue Haltepunkte, eine sanierte Schieneninfrastruktur sowie modernes Fahrzeugmaterial haben das Konzept bestätigt und die Fahrgastzahlen stark ansteigen lassen. Bei Betriebsaufnahme wurden 8.000 Fahrgäste pro Werktag prognostiziert, im Winter 2001 waren es wochentäglich bereits 15.000. Im Mai

Mönchengladbach-Flughafen. Für diese Verkehrsausweitung und um Verkehrsspitzen besser abdecken zu können, wurden im Juni 2001 weitere vier Talent-Triebzüge (zweiteilig) bestellt.
Internet: www.regio-bahn.de

Am 12.11.1999 hat die Doppelgarnitur VT 1007 und VT 1001 der REGIOBAHN als DNR 81739 nach Mettmann soeben das Düsseldorfer Stadtgebiet verlassen und strebt im Tal der Düssel vor herbstlicher Kulisse dem nächsten Halt in Erkrath Nord entgegen

Regionalverkehr Ruhr-Lippe GmbH (RLG), Soest

Die RLG wurde 1979 von der WVG gegründet, um Bahngüterverkehr auf mehreren Streckenabschnitten verschiedener Vorgängergesellschaften zu betreiben. Heute zählen folgende Strecken zur RLG:

- Hamm RLG – Lippborg (ca. 20 km) [ex Ruhr-Lippe Eisenbahnen];
- Soest – Soest Süd (3 km, Güterverkehr wurde durch die DB durchgeführt, aber zum 31.12.2001 eingestellt) [ex WLE];
- Neheim-Hüsten – Arnsberg Süd (11 km) [ex Ruhr-Lippe Eisenbahnen];
- Neheim-Hüsten – Sundern (13,5 km) [ex Eisenbahn Neheim-Hüsten – Sundern]

Internet: www.rlg-online.de

Nr	Fabrikdaten	Bauart	Vorge- schichte	Bemer- kungen
66	MaK 1000804/1983	G1203 BB	–	„Arnsberg"
67	MaK 1000809/1986	G1203 BB	–	„Neheim-Hüsten"
68	Deutz 57466/1962	DG1200BB	ex KBE V38	–

Rheinisch-Bergische Eisenbahngesellschaft mbH (RBE), Mettmann

Die Connex-Tochterunternehmung RBE übernimmt auf den Strecken der Regio-Bahn Betriebsführung, Personaleinsatz sowie die Wartung der Fahrzeuge.

Oben:
RLG 67 posierte am 07.03.1997 am Stellwerk Neheim-Hüsten

RSVG 3 schiebt am 20.06.1994 einen Güterzug aus Sieglar von der Firma Raifenhäuser zum DB-Übergabebahnhof in Sieglar

Rhein-Sieg Eisenbahngesellschaft mbH (RSE), Bonn

Die am 14.11.1994 gegründete RSE betreibt seit der Zulassung als EVU und EIU am 13.10.1995 den Güterverkehr auf der eigenen Linie Bonn-Beuel – Hangelar. Seit 01.05.1999 verkehren an jedem Sommerwochenende (Mai – Oktober) wieder Personenzüge auf der Strecke Linz (Rhein) – Kalenborn (8,9 km). Für den sogenannten „Drachenland-Express" wird im Sommer 2001 ein Schienenbus der EVG eingesetzt. Zudem hat die RSE den Abschnitt Eichbühl – Langquaid (6 km) der in Bayern gelegenen Strecke Eggmühl – Langquaid übernommen. In Kooperation mit der „Schierlinger Initiative für den Bahnerhalt" wird dort Güterverkehr durchgeführt. Die RSE ist zudem betriebsführende Gesellschaft auf den nur von Museumszügen befahrenen Strecken Dierighausen – Waldbröl (23,6 km), Höddelbusch – Schleiden (1,7 km) und Rahden – Uchte (25,3 km).

Seite 93 unten: RLG 67 stellte am 26.05.2000 in Neheim-Hüsten eine CB nach Schwerte zusammen

Nr	Fabrikdaten	Bau-art	Vorge-schichte	Bemer-kungen
V 1	O&K 25910/1959	MV9	ex Zuckerfabrik Franken	Schierling-Langquid
V 07	LKM 251101/1956	N4b	ex Bundeswehr Depot Schlieben	–
V 14	LKM 261465/1965	V18b	ex Trocknungswerk Erdeborn	„Emma"
V 22	LKM 262082/1968	V 22	ex Eisenbahn Museum Rittersgrün	–
332-CL 109	O&K 26347/1964	Köf III	ex DB 332 109	Weißen-thurm
VT 6	MAN 141756/1955	VT 2	ex SWEG VT 6	–
VT 7	MAN 151187/1966	VT 2	ex SWEG VT 7	–> Wiehltal-bahn
VT 23	MAN 142782/1956	VT 2	ex SWEG VT 23	–
VT 25	MAN 145166/1960	VT 2	ex SWEG VT 25	–
VB 223	ME 25207/1958	2'2'	ex SWEG VB 223	–

Die RSE ist auch mit 5% an der HRS beteiligt. Zum 02.01.2002 übernahm die RSE in Eigenregie die Bedienung des Tarifpunktes Weißenthurm von DB Cargo. Dieser wird drei mal wöchentlich von Andernach aus angefahren. Ende März 2002 folgte die Wiederaufnahme des Güterverkehrs nach Bonn Gbf. Dieser findet zur Zeit jedoch nur sporadisch etwa alle zwei Wochen statt.
Internet: www.rhein-sieg-eisenbahn.de

Rhein-Sieg Verkehrsgesellschaft mbH (RSVG), Troisdorf

Die heute von der RSVG (vormals Verkehrsbetriebe Siegkreis) betriebene, 15,3 km lange Strecke Troisdorf West – Lülsdorf ist das Reststück der einstigen elektrisch betriebenen Kleinbahn Siegburg – Zündorf.

Nr	Fabrikdaten	Bauart	Vorgeschichte	Bemerkungen
3	MaK 500053/1970	G700C	–	–
4	MaK 500058/1970	G700C	–	–

Heute dient die Strecke, die ihre Oberleitung 1966 verlor, dem Güterverkehr. Größter Kunde ist die Hüls AG am Endpunkt Lülsdorf.

Regionalverkehr Münsterland GmbH (RVM), Rheine

Die RVM, die zum WVG-Konzern gehört, entstand aus der Schmalspurbahn der Tecklenburger Nordbahn von Osnabrück-Eversburg nach Rheine-Altenrheine (49 km), die 1934 auf Normalspur umgespurt wurde. Hier führt sie den Güterverkehr durch. Hauptkunde sind die Karmann-Werke in Rheine, die an der seit 01.12.2001 für zehn Jahre von der RVM gepachteten Strecke Rheine – Spelle (10,4 km) liegen. Internet: www.rvm-online.de

Nr	Fabrikdaten	Bauart	Vorgeschichte	Bemerkungen
28	Deutz 57672/1964	DG1200BBM	ex KFBE V73	–
45	Deutz 57673/1964	DG1200BBM	ex KFBE V74	–

Mit ihren MAN-Triebwagen unternimmt die RSE bundesweit Sonderfahrten, hier aufgenommen bei der Ortsdurchfahrt in Olef in der Eifel

Schleifkottenbahn GmbH (SKB), Halver

Die 1997 gegründete SKB konnte am 20.08.2000 die 7,1 km lange Infrastruktur der Strecke (Awanst) Oberbrügge - Halver von DB Netz übernehmen, die Betriebsführung folgte wenig später zum 30.12.2000. Geplant ist eine Wiederaufnahme des Güterverkehrs auf der Nebenbahn im märkischen Sauerland.
Internet: www.schleifkottenbahn.de

Nr	Fabrikdaten	Bauart	Vorgeschichte	Bemerkungen
1	MaK 400056/1964	450C	ex Elektromark 1	abg. Hagen-Vorhalle

Schreck-Mieves GmbH, Frechen

Dieses Bauunternehmen ist in den Geschäftsfeldern Weichenbau, Logistik von Oberbaumaterial, Bau und Instandhaltung von Gleisanlagen tätig. Der Standort Frechen als einer der elf bundesdeutschen Niederlassungen verfügt über eine bei der RSVG eingestellte Lok, die auf Bahnbaustellen eingesetzt wird.
Internet: www.schreck-mieves

Nr	Fabrikdaten	Bauart	Vorgeschichte	Bemerkungen
V65	MaK 600139/1958	600D	ex TWE V65	„Inge"

Städtische Eisenbahn Krefeld (StEK), Krefeld

Die StEK ist Teil der Hafen-Bahnbetriebe der Stadt Krefeld und betreibt Güterverkehr ausgehend von Krefeld-Linn nach Krefeld-Rheinhafen, Krefeld-Uerdingen (Werftbahn) sowie Krefeld-Zentrum (21,5 km) und auf der Krefelder Industriebahn Krefeld-

Oppum – Krefeld Süd (3,5 km, konzessioniert als Anschlussbahn). Außerdem werden im Auftrag von DB Cargo verschiedene innerstädtische Anschlüsse bedient und an W (Sa) ein Ammoniak-Zug in der Relation Krefeld-Linn – Gladbeck West gefahren.

Nr	Fabrikdaten	Bauart	Vorge-schichte	Bemer-kungen
D I	MaK 700069/1982	G 763 C	–	–
D II	MaK 700070/1982	G 763 C	–	–
D IV	VSFT 1001020/2000	G 1206	–	–
D V	LKM 252537/1970	V 10 B	–	abgestellt
D VI	Jung 13430/1962	R 42 C	–	Reserve
DH 110.02	Krupp 4381/1962	V 100	ex DB 211 271	lw von BGW

In Gladbeck-West bedient die StEK auch den Anschluss der VEBA-Öl. Am 28.03.2002 zieht D IV einige Wagen zurück nach Talstraße

Siegener Kreisbahn GmbH (SK), Siegen

Die heutige SK ist aus einem Zusammenschluss von ehemals vier selbständigen
Eisenbahnen entstanden, die heute
operativ als Niederlassungen geführt
werden. Diese Eisenbahnen hatten zum
Teil ihren Ursprung mit dem im Sieger-
land durchgeführten Abbau von Eisen-
erzen, die zur Weiterverarbeitung der Erze
in Hüttenwerken entsprechend transportiert werden mussten.

Die SK wurde 1904 gegründet und erhielt
1908 die Konzession für die Beförderung
von Gütern bis Buschhütten. Seit Inbetriebnahme der neuen Strecke im Jahr 1974
erfolgt die Anbindung in Kreuztal DB.
Anfang 1970 trennte sich die SK vom
Personenverkehr, der zuletzt als reiner
Busverkehr betrieben wurde. Der aus-
gegliederte Personenverkehr fusionierte
daraufhin mit der Kraftverkehr Olpe AG.
Die aus dieser Fusion entstandene Gesellschaft wurde in „Verkehrsbetriebe
Westfalen Süd" umbenannt. An dieser
Gesellschaft hielt die Siegener Kreisbahn
GmbH bis Mitte 1998 $^{2}/_{3}$ des Aktien-
kapitals, die im Rahmen der Neuordnung
der Strukturen der wirtschaftlichen
Aktivitäten des Kreises Siegen- Wittgenstein an die Betriebs- und Beteiligungsgesellschaft Kreis Siegen- Wittgenstein
mbH verkauft wurden. In Fortführung
dieser Aktivitäten hat die Betriebs- und
Beteiligungsgesellschaft Kreis Siegen-
Wittgenstein mbH die bisher vom Kreis
Siegen-Wittgenstein gehaltenen Ge-
schäftsanteile (96,9%) der SK Ende 1999
übernommen. Die restlichen Gesellschafteranteile entfallen auf die Stadt
Siegen.

Nr	Fabrikdaten	Bauart	Vorgeschichte	Bemerkungen
12	Jung 13117/1960	R 4 2C	–	-> BLE
31	MaK 700093/1989	G 763 C	–	–
32	MaK 700099/1990	G 763 C	–	–
33	MaK 700110/1993	G 763 C	–	–
41	MaK 1000832/1988	DE 1002	ex HEG 832	–
42	VSFT 1001108/2001	G 1700	–	–

Die Freien Grunder Eisenbahn AG (FGE) wurde 1904 gegründet und erhielt die Konzession für die Beförderung von Güterverkehr sowie zu einem späteren Zeitpunkt (1908) für den Personenverkehr. 1949 wurde die Aktienmehrheit der FGE an die SK verkauft, auf die auch zum gleichen Zeitpunkt die Betriebsführung überging. Die Konzession sowie das Gesamtvermögen dieser Eisenbahn wurde 1970 an die SK übertragen.

1883 wurde die Eisern-Siegener Eisenbahn AG (ESE) gegründet und erhielt die Konzession für den Güterverkehr und Personenverkehr (1890). 1947 übernahm die SK die Betriebsführung, 1953 erfolgte die Übertragung des Vermögens an die SK.

Die Kleinbahn Weidenau-Deuz KWD wurde 1904 als Personenbahn gegründet. Zu einem späteren Zeitpunkt (1906) erhielt die Eisenbahn eine Konzession für die Beförderung von Gütern. Die Betriebsführung wurde von den damaligen Gesellschaftern an die Provinzialverwaltung Westfalen mit Sitz in Münster vergeben. Anfang 1955 ging die Verwaltung und Betriebsführung an die Siegener Kreisbahn GmbH über. 1970 wurde das Vermögen der Kleinbahn und die Konzession auf die SK übertragen.

Die SK betreibt noch heute mehrere Strecken des Siegerlandes im Güterverkehr:
- Siegen – Siegen-Eintracht (2 km);
- Weidenau – Deuz – Irmgarteichen (16 km);
- Siegen Ost – Kaan-Marienborn (1,5 km);
- Kreuztal – Buschhütten (3,5 km, wird von der DB AG bedient)
- Herdorf – Salchendorf – Pfannenberg (8,5 km)

Im Oktober 2000 hat die SK die Güterverkehrsbedienung der Strecke Betzdorf – Herdorf – Würgendorf von DB Cargo übernommen. Gleichzeitig ging auch die Bedienung der Dynamit Nobel-Werkbahn in Würgendorf auf die SK über.

Die SK ist außerdem (mit der HLB und WEBA) an der HTB beteiligt.

Internet: www.siegener-kreisbahn.de

Auch eine Lok braucht Pflege: Wartungsarbeiten an TSD I in Wuppertal-Oberbarmen, 21.04.2002

TWE V 157
bespannte am
27.03.2002 den
Kieszug Lengerich
– Saerbeck Hafen

TWE V 157
bespannte am
27.03.2002 den
Kieszug Lengerich
– Saerbeck Hafen

Städtische Werke Krefeld AG – Krefelder Eisenbahn (SWK), Krefeld

Die SWK betreibt GV auf der 17km langen, auf Krefelder Stadtgebiet verlaufenden Linie St.Tönis – Krefeld Nord – Hülser Berg – Krefeld Süd – Krefeld Nord. Zudem verkehren an Sommerwochenenden Ausflugspersonenzüge. Internet: www.swk.de

Nr	Fabrikdaten	Bauart	Vorgeschichte	Bemerkungen
V6	MaK 500075/1975	G700C	–	–
V7	MaK 220051/1958	240B	ex Rheinelbe Bergbau AG 6	–

Swiss Rail Cargo Köln GmbH (SRC), Köln

Nach der Zustimmung des Rates der Stadt Köln konnte am 24.06.2002 die SRC als gemeinsame Gesellschaft der HGK (44%) und der SBB Cargo AG (51%) sowie HUPAC (5%) gegründet werden. Die unternehmerische Führung liegt dabei bei der schweizerischen SBB, die den angedachten Ausbau der Transporte auf der Nord-Süd-Achse von den Nordseehäfen Richtung Mittelmeer vorantreiben wird. Die Führungsrolle der SBB liegt zum einen in der Mitgliedschaft im Internationalen Eisenbahnverband UIC begründet. Die Staatsbahn als Hauptanteilseigner hat darüber hinaus praktische Vorteile: Die Gesellschaft kommt damit in den Genuss des vereinfachten Verfahrens bei der Zollabwicklung - ein Privileg, über das rein private Bahnen zurzeit noch nicht verfügen.

Für die Traktion der Züge stehen SRC insgesamt 18 E-Loks zur Verfügung. Neben zehn SBB 482 (baugleich 185-CL) sind dies fünf 145-CL der HGK und drei Tauri (ES 64 U2) der HUPAC.
Internet: www.swissrailcargo.de

Transport-Schienen-Dienst GmbH (TSD), Burbach

Zum 01.08.2000 nahm dieses Schienenverkehrsunternehmen den Betrieb auf. Das Gemeinschaftsunternehmen der Dieringhäuser EBM sowie der Burbacher Hering-Bau GmbH (je 50%) setzt die

eigenen, bei der EBM eingestellten Loks, bundesweit im Bauzugdienst ein.

Nr	Fabrikdaten	Bauart	Vorgeschichte	Bemerkungen
1	LEW 12882/1971	V 100.4	ex DB 202 373	–
2	LEW 12839/1971	V 100.4	ex DB 202 330	„202 330-7"

Teutoburger Wald-Eisenbahn-AG (TWE), Lengerich

Die zur Connex-Gruppe gehörende TWE betreibt umfangreichen Güterverkehr auf ihren insgesamt 103 km langen Strecken. Die Strecken im Einzelnen:

Mit einem Sonderzug am Haken passiert VBE 22 am 24.07.1999 in Extertal-Bösingfeld die VBE-Werkstatt

- Hövelhof – Gütersloh Nord – Harsewinkel – Lengerich-Hohne – Brochterbeck – Ibbenbüren Ost (93,5 km), die Stammstrecke, reger GV, auch ein durchgängiges Stahlzugpaar Hanekenfähr (an der DB AG Emslandlinie) – Paderborn Nord;
- Brochterbeck – Hafen Saerbeck (7 km) – nur geringer GV;
- Harsewinkel – Harsewinkel West (2,5 km).

In Lengerich-Hohne befindet sich die Werkstatt der TWE, die auch Arbeiten für andere Bahngesellschaften (z.B. WEG) ausführt.

Nr	Fabrikdaten	Bauart	Vorgeschichte	Bemerkungen
Köf 11	Jung 13218/1960	Köf II	ex DB 323 850	Werkstattverschub Lengerich
131	MaK 1000255/1968	V 100 PA	–	–
132	MaK 1000256/1968	V 100 PA	–	-> NWC
144	OR DH1004/06/2001	DH 1004	ex DB 211 293	–
156	MaK 1000895/1994	G1205	–	–
157	MaK 1000896/1994	G1205	–	–
VT 03	Wegmann 35252/1926	–	ex DRG VT 801, ex DB VT 70 900	–

Die Wochenendruhe verbrachte WHE 25 am 04.09.1994 abgestellt in Wanne-Westhafen

Im Dezember 2001 erhielt eine Bietergemeinschaft zwischen TWE und NWB den Zuschlag für den ab Dezember 2003 durchzuführenden Betrieb der SPNV-Leistungen von vier, insgesamt 250 Kilometer langen Strecken in der Region Ostwestfalen-Lippe.

Verkehrsbetriebe Extertal – Extertalbahn GmbH (VBE), Extertal

Die VBE betreiben die 24 km lange, elektrifizierte (1500V=) Linie Barntrup – Rinteln Süd. Gesellschafter der VBE sind neben dem Kreis Lippe (39,44%) die E-Werk Wesertal GmbH (18,88%), die Verkehrsbetriebe Extertal GmbH (14,33%), die Stadt Rinteln (11,48%) der Landschaftsverband Westfalen-Lippe (10,52%) sowie der Landkreis Schaumburg (5,35%). Abgesehen von Sonderfahrten ruht der SPNV seit 1969, verblieben ist nur der Güterverkehr. Um durch die drohende Stilllegung durch DB Netz nicht den einzigen Anschluss an die

Infrastruktur der DB Netz AG zu verlieren, übernahmen die VBE zum 01.01.2001 diese Infrastruktur, die Dezember 2003 im SPNV reaktiviert werden soll.
Internet: www.verkehrsbetriebe-extertal.de

Nr	Fabrikdaten	Bauart	Vorge-schichte	Bemer-kungen
E21	AEG 1927	–	·	–
E22	AEG 1927	–	·	–

Werne-Bockum-Hövereler Eisenbahn (WerBH), Dortmund

Die WerBH mit der 12 km langen Linie Werne – Stockum – Bockum-Hövel ist im Besitz der RAG (Ruhrkohle AG) und wird von den BuH bedient, ist jedoch (im Gegensatz zu den anderen BuH-Strecken) als öffentliche Eisenbahn konzessioniert.

WAB 19 auf
Wochenendruhe
am Stellwerk
Dortmund-
Obereving am
16.02.2002

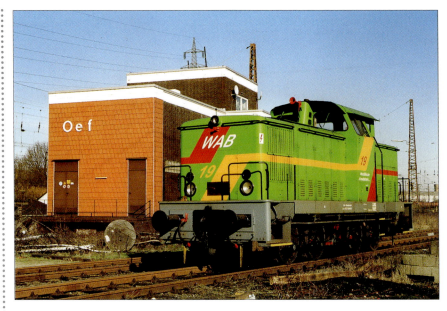

WAB 19 auf
Wochenendruhe
am Stellwerk
Dortmund-
Obereving am
16.02.2002

Wanne-Herner Eisenbahn und Hafen GmbH (WHE), Herne

Die WHE betreibt ein 14 km langes Streckennetz im Bereich Wanne/Herne, auf
dem v. a. Kohletransporte durchgeführt
werden. Das Frachtaufkommen ist enorm
(6 Mio. t/Jahr); SPNV wurde seit der Inbetriebnahme 1914 nie planmäßig durchgeführt.

Nr	Fabrikdaten	Bauart	Vorgeschichte	Bemerkungen
12	Deutz 55334/1952	KS55B	–	–
22	MaK 1000776/1978	G1600BB	–	–
23	MaK 1000777/1978	G1600BB	–	–
24	MaK 1000778/1978	G1600BB	–	–
25	MaK 1000783/1979	G1202BB	–	–
27	MaK 1000813/1983	G1204BB	–	–
28	MaK 1000816/1984	G1204BB	–	–
29	MaK 700078/1984	DE502	–	–
30	MaK 700079/1984	DE502	–	–

WAB 101 stand
am 05.04.2002
vor der stark
beschädigten
ex WAB 27 in
Altenbeken

Am 01.04.2002 wartete WAB 26 (ex Wismut V 200 512) in Nordhausen auf neue Einsätze

Westfälische Almetalbahn GmbH (WAB), Altenbeken

Die 1999 gegründete WAB ist seit 21.05.1999 Eigentümerin der Strecke Paderborn – Büren (26,6 km). Nach der Sanierung konnte dort der Verkehr zum 09.03.2001 wieder aufgenommen werden. In den Sommermonaten werden im Durchlauf bis Paderborn Dampfloksonderfahrten an Wochenenden und Feiertagen angeboten.

Zum Jahreswechsel 2001/2002 übernahm die WAB in Eigenregie Güterzugleistungen zwischen Altenbeken, Scharzfeld, Minden, Walsrode, Fahrenkrug, Bad Segeberg, Warburg, Messinghausen und Herzogenrath. Schon vorher wurde von Altenbeken aus sporadisch Steinheim angefahren.

Neben dem Einsatz der WAB-Loks im Bauzugdienst ist die Bespannung der Nachtzüge der GVG auf deren deutschen Abschnitt Berlin – Saßnitz Fährhafen ein Betätigungsfeld.

Auf Pachtbasis ist zudem für zehn Jahre die durch DB Cargo befahrene Strecke Helmstadt – Grasleben (15,82 km) in den Besitz der Gesellschaft übergegangen.

Eine eigene Betriebswerkstatt unterhält die WAB im ehemaligen Bw Altenbeken, seit Januar 2001 hält man zudem die Aktienmehrheit des tschechischen Ausbesserungswerks ZOS Nymburk a.s.

Internet: www.wab-altenbeken.de

Nr	Fabrikdaten	Bauart	Vorgeschichte	Bemerkungen	Nr	Fabrikdaten	Bauart	Vorgeschichte	Bemerkungen
1	LKM 262.6.634/1976	V 22	ex Materiallager Wittenhagen	Büren	15	LEW 14443/1974	V 100.4	ex DB 201 742, ex DWU 14	–
2	LKM 261184/1962	V 22	ex DB 311 665		16	LEW 16756/1983	V 100.5	ex DB 710 970	–
3	MaK 2012/1948	WR360C14	ex DB V 36 255	HU MaLoWa Klostermansfeld	17	LEW 12380/1969	V 60 D	ex Kaliwerk Bernburg 4	–
					19	LEW 14197/1971	V 60 D	ex Kaliwerk Merkers 18	–
4	MaK 400003/1955	400 C	ex Landeseisenbahn Lippe V 91	–	21	LEW 12945/1971	V 60 D	ex Kaliwerk Merkers 12	–
					22	LEW 15609/1977	V 60 D	ex Laubag 106-02	HU ZOS
5	KHD 57014/1959	Köf II	ex DB 323 104	–	24	LKM 280033/1967	V 180	ex DB 228 633	–
9	BMAG 12359/1943	52	ex DR 52 5933	–	25	LKM 280123/1968	V 180	ex DB 228 719	–
10	Krupp 3113/1953	Knappsack	ex EFZ 10	–> KOE	26	LTS 2987/1977	M 62	ex Wismut V 200 512	–
11	LEW 16675/1981	V 100.4	ex PCK Schwedt V 100.4-16, ex PEG	Remo MaLoWa	27	LTS 3408/1979	M 62	ex CD 781 582, ex PBSV 22	–
					28	LTS 1536/1972	M 62	ex CD 781 416, ex PBSV 21	–
12'''	Bombardier 72540/2002	293	ex ?	–	101	Diema 2265/1959	DVL 60	ex Zuckerfabrik Uelzen 3	Verschub Altenbeken
13'''	Bombardier 72550/2002	293	ex ?	–	VT 1	Uerdingen 66599/1960	VT 98	ex DB 796 702	–

Westfälische Landes-Eisenbahn GmbH (WLE), Lippstadt

Gegründet wurde die heutige WLE als „Warstein-Lippstädter Eisenbahn" im Jahr 1883, 13 Jahre später erfolgte die Umbenennung in Westfälische Landes-Eisenbahn. Bildeten anfänglich Personen- und Güterverkehr eine feste betriebliche und auch wirtschaftliche Einheit, wurde der Personenverkehr auf der Schiene am 27.09.1975 eingestellt und mit Kraftomnibussen von der Kraftverkehr Westfalen GmbH (KVW), an der die WLE als Gesellschafterin beteiligt war, durchgeführt. Heute betreibt man noch folgende Güterverkehrslinien:
– Die „Stammstrecke" Warstein – Belecke – Lippstadt – Beckum – Neubeckum – Münster Ost (101,58 km), mit großem GV (Kalkstein von Warstein zu

Nr	Fabrikdaten	Bauart	Vorgeschichte	Bemerkungen
05	Deutz 57876/1965	MG530C	ex Klöckner Hütte Bremen	–
06	O&K 26744/1973	MB170N	ex Hammer Eisenbahnfreunde	–
15	Gmeinder 5373/1965	50 PS	ex EH	–
16	Breuer 3082/1964	Locotractor	ex EF Wetterau, ex WTAG	–
30	Deutz 57651/1964	DG2000CCM	ex OHE	„Helmut Ellinger"
34	Deutz 56228/1956	DG2000CCM	ex Holländische Staatsmijnen	„Erwitte"
35	Deutz 58107/1969	DG1200BBM	–	„Enniger-loh"
36	Deutz 57419/1962	DG1000BBM	ex Hoesch	–
37	Deutz 58251/1970	DG1500CCM	ex DE	-
38	Deutz 58252/1970	DG1500CCM	ex DE	-
39	Deutz 57146/1961	DG1000BBM	ex Bay. Braunkohle-ind., Schwandorf	„Münster"
40	Deutz 59254/1970	DG1100BBM	ex Klöckner Hütte Bremen	„Warstein"
44	Deutz 57190/1961	DG1200BBM	ex KBE	–
61	MaK 1000596/1974	G1600BB	–	–
62	MaK 1000599/1974	G1600BB	–	–
71	MaK 1000796/1981	G1204BB	–	„Lippstadt"
72	MaK 1000806/1981	G1204BB	–	„Beckum"

Am 02.11.2001 trafen im WLE-Bahnhof Beckum die beiden Loks 61 und 34 mit ihren beiden Güterzügen aufeinander

Zementwerken im Bereich Neubeckum; Zement ab Neubeckum; usw.), wobei der 6,02 km lange Abschnitt Neubeckum – Beckum eigentlich in Eigentum der DB AG ist, aber seit 01.01.1958 von der WLE betrieben wird;

- Neubeckum – Enningerloh (7,15 km), großer GV (Kalkstein, Zement, etc.);
- Belecke – Heidberg (10,7 km) Betriebseinstellung auf dem Streckenabschnitt Rüthen – Heidberg am 31.12.1994

Zudem fährt die WLE einige GV-Leistungen im Bereich Lippstadt im Auftrag der DB Cargo AG.

Internet: www.wle-online.de

Westfälische Verkehrsgesellschaft mbH (WVG), Münster

Die WVG die Geschäftsführungsgesellschaft der:

- Regionalverkehr Münsterland GmbH (RVM)
- Regionalverkehr Ruhr-Lippe GmbH (RLG)
- Verkehrsgesellschaft Kreis Unna mbH (VKU) - nur noch Busverkehr
- Westfälische Landes-Eisenbahn GmbH (WLE)

Gesellschafter der WVG sind neben der Westfälisch-Lippische Verkehrsgesellschaft mbH Vermögens-GmbH (51%) die Anliegerkreise.

Internet: www.wvg-online.de

Mit einem Güterzug am Haken legt sich WLE 30 bei Uelde am 10.10.1995 in die Kurve

Die Lok V 180 392 der Adam & Malo-wa Lokvermietung GmbH (Benndorf) mit einem Bauzug am Haken

SACHSEN-ANHALT

Adam & MaLoWa Lokvermietung GmbH (AML), Benndorf

An dieser im Januar 2001 gegründeten Gesellschaft halten der Unternehmer Uwe Adam (50%), die MaLoWa Bahnwerkstatt GmbH (37%) sowie ein Privatmann (13%) die Gesellschafteranteile. Zunächst für die Vermietung von Eisenbahnfahrzeugen gegründet, vermietet AML seit Frühjahr 2002 keine eigenen Loks mehr, sondern setzt sie mit eigenem Personal in Eigenregie ein (hauptsächlich in der Baustellenlogistik und für Überführungsfahrten). Alle Fahrzeuge

Nr	Fabrikdaten	Bauart	Vorge-schichte	Bemer-kungen
1	LKM 280056/1967	V 180	ex DR 118 656	"V180 256"
2	LEW 12343/1969	V 60 D	ex Kali Bischofferode	–
5	LKM 280201/1969	V 180	ex DR 118 792	"V180 392"
6	LEW 12493/1970	V 100.4	ex DB 201 211, ex AMP 6	–
7	LEW 13826/1973	V 60 D	–	lw von KML

sind beim EVU Mansfelder Bergwerksbahn e.V. eingestellt, im Januar 2003 soll voraussichtlich ein Wechsel zum Uwe Adam Eisenbahnverkehrsunternehmen stattfinden.
Internet: www.lok-vermietung.de

Adam I alias V180 256 fuhr im Auftrag der MWB am 19.12.2001 einen Holzzug aus Mecklenburg nach Blankenstein, hier bei einem Zwischenhalt in Lobenstein

Anhaltische Bahn Gesellschaft mbH (ABG), Dessau

Die am 04.11.1998 gegründete ABG führt seit 24.05.2001 den Betrieb auf der von der DVE gepachteten „Dessau-Wörlitzer Eisenbahn" Dessau – Wörlitz durch. Gesellschafter der am 16.02.2000 als Eisenbahnverkehrsunternehmen (EVU) zugelassenen Gesellschaft ist der Verein zur Förderung der Dessau-Wörlitzer Museumsbahn e.V.. Für die Zugleistungen auf der DWE stellte die DVE der ABG die beiden Doppelstockschienenbusse zur Verfügung, die ABG erledigt im Gegenzug

Nr	Fabrikdaten	Bauart	Vorge-schichte	Bemer-kungen
670 005-8	DWA 1.571/5/1998	670	ex DB 670 005	lw von DVE
670 006-6	DWA 1.571/6/1998	670	ex DB 670 006	lw von DVE
V 60-583	LEW 12583/1970	V 60 D	ex Anschlussbahn Westeregeln 2	-
V 60-162	LKM 270162/1964	V 60 D	ex Anschlussbahn Westeregeln 1	-
V 22-219	LKM 262219/1970	V 22	ex Anschlussbahn Westeregeln 3	-

die Unterhaltung und Wartung der Triebfahrzeuge. Seit 01.01.2002 ist die ABG außerdem für die Betriebsführung der Anschlussbahn Westeregeln zuständig, die eigenen Loks werden im Güter-, Sonder- und Bauzugdienst eingesetzt.
Internet: www.dwe-web.de

Burgenlandbahn GmbH (BLB), Zeitz

Im Rahmen einer gewonnenen europaweiten Ausschreibung entstand die BLB am 24.09.1998 aus der Bietergemeinschaft DB Regio AG (70%) und KEG (30%) für ein Linienbündel im südlichen Sachsen-Anhalt. Die Zulassung als EVU erfolgte am 07.12.1998.

Seit 01.01.1999 fahren die von der KEG angemieteten LVT/S auf den Strecken Zeitz – Weißenfels, Zeitz – Naumburg, Naumburg – Artern, Merseburg – Schafstädt, Merseburg – Querfurt und Röblingen – Querfurt.

Internet: www.burgenlandbahn.de

Mit einem der kleinsten eingesetzten Triebwagen ist der LVT/S. VT 3.09 der Burgenlandbahn am 22.09.1999 bei Langeneichstädt auf dem Lande unterwegs

Nr	Fabrikdaten	Bauart	Vorgeschichte	Bemerkungen
VT 3.01	DWA 1.516.006/1998	LVT/S	–	–
VT 3.02	DWA 1.516.007/1998	LVT/S	–	–
VT 3.03	DWA 1.516.008/1998	LVT/S	–	–
VT 3.03	DWA 1.516.009/1998	LVT/S	–	–
VT 3.05	DWA 1.516.010/1998	LVT/S	–	–
VT 3.06	DWA 1.516.011/1998	LVT/S	–	–
VT 3.07	DWA 1.516.012/1998	LVT/S	–	–
VT 3.08	DWA 1.516.001/1999	LVT/S	–	–
VT 3.09	DWA 1.516.002/1999	LVT/S	–	–
VT 3.10	DWA 1.516.003/1999	LVT/S	–	–
VT 3.11	DWA 1.516.004/1999	LVT/S	–	–
VT 3.12	DWA 1.516.005/1999	LVT/S	–	–
VT 3.13	DWA 1.516.006/1999	LVT/S	–	–
VT 3.14	DWA 1.516.007/1999	LVT/S	–	–
VT 3.15	DWA 1.516.008/1999	LVT/S	–	–
VT 3.16	DWA 1.516.009/1999	LVT/S	–	–
VT 3.17	DWA 1.516.010/1999	LVT/S	–	–
VT 3.18	DWA 1.516.011/1999	LVT/S	–	–

Die InfraLeuna hat im März 2002 in Eigenregie Kessel-züge nach Leder-hose übernommen. Am 28.03.2002 ver-lässt Lok 131 mit der vorübergehend als Vorführlok an-gemieteten G2000.02 den Bahnhof Nieder-pöllnitz

Dessauer Verkehrs- und Eisenbahn-gesellschaft mbH (DVE), Dessau

Die DVE, ist eine am 27.12.2000 gegrün-dete Tochterfirma der Dessauer Versor-gungs- und Verkehrsgesellschaft mbH (DVV). Sie ist EIU für die 18,62 km lange Strecke Dessau – Wörlitz „Dessau-Wörlit-zer Eisenbahn" (DWE). Diese Strecke wurde zunächst durch die Dessauer Verkehrsgesellschaft mbH (DVG) von der DB Netz AG gepachtet. Nach der Grün-dung der DVE übernahm diese dann den Vertrag. Man verhandelt aber auch weiterhin bezüglich einer Übertragung der gesamten Infrastruktur an die Betrei-ber der DVE.

Nr	Fabrikdaten	Bauart	Vorge-schichte	Bemer-kungen
670 005-8	DWA 1.571/5/1998	670	ex DB 670 005 –> ABG	
670 006-6	DWA 1.571/6/1998	670	ex DB 670 006 –> ABG	

Den Betrieb auf der Dessau-Wörlitzer Eisenbahn führt die Anhaltische Bahn Gesellschaft mbH (ABG) durch, der dafür die beiden Doppelstockschienenbusse von der DVE zur Verfügung gestellt wer-den.
Internet: www.dwe-web.de

InfraLeuna Infrastruktur und Service GmbH (InfraLeuna), Leuna

Dieses (öffentliche) Eisenbahnverkehrs-unternehmen hat sich aus der Anschluss-bahn des Ex-Chemiekombinats Leuna entwickelt und verfügt über ein Gleisnetz von insgesamt 65 Kilometern. Über vom Bahnhof Großkorbetha ausgehende Anschlussgleise beiderseits der Strecke nach Merseburg werden die diversen Unternehmen am Standort Leuna, haupt-sächlich Werke der petrochemischen Industrie, bedient.
Internet: www.logistik.leuna.de

Nr	Fabrikdaten	Bauart	Vorge-schichte	Bemer-kungen
131	LEW 16581/1981	V 100.4	–	–
132	LEW 16582/1981	V 100.4	–	–
133	LEW 16676/1981	V 100.4	–	–
134	LEW 16677/1981	V 100.4	–	–
135	LEW 17850/1982	V 100.4	ex EKO 61	–
174	LEW 13751/1973	V 60 D	–	nicht mehr vh
177	LEW 16684/1979	V 60 D	–	nicht mehr vh
181	MaK 700108/1993	G765C	–	HU Moers
182	MaK 700109/1994	G765C	–	–
183	MaK 700114/1994	G765C	–	–
184	MaK 700115/1994	G765C	–	–
191	KM 20450/2000	MH 05	–	–
204	LKM 280163/1969	V 180		Remo Neumark
205	LKM 280164/1969	V 180	–	Remo Neumark
1001 131	VSFT 1001131/2001	G 1206	-	lw von LS

Karsdorfer Eisenbahngesellschaft GmbH (KEG), Karsdorf

Die als einige der wenigen deutschen Privatbahnen als UIC-Mitglied aufgenommene KEG ist 1993 aus der Anschlussbahn der Karsdorfer Zementwerke (Sachsen-Anhalt) hervorgegangen. Dort befindet sich auch heute noch der Hauptsitz der Gesellschaft. Anzutreffen ist die KEG jedoch inzwischen bundesweit, vor allem im Kerosinverkehr mit Regel- und Sonderzügen.

Im Januar 2002 übernahm die KEG zudem rund 20% der Schienentransporte der Deutschen Shell AG. Auch Bauzugeinsätze und Fahrzeugüberführungen zählen zum Aufgabenbereich der KEG.

Nr	Fabrikdaten	Bauart	Vorgeschichte	Bemerkungen
1003	LEW 16327/1981	V 100.4	ex CSSR T436.4528	abgestellt in Karsdorf
0001	Borsig 14551/1934	Kö II	ex Hydrierwerk Zeitz 022	Verschub Zeitz
0091	LEW 20238/1988	ASF	ex Raab Karcher	Verschub Karsdorf
0092	LEW 17233/1981	ASF	ex Raab Karcher	Verschub Zeitz
-	LEW 13383/1973	ASF	ex Raab Karcher	abgestellt in Karsdorf
0101	KHD 56833/1958	A8L614	ex Mainische Feldbahnen 102	Verschub Rheine
0201	Henschel 29981/1960	DH 240 B	ex Stadt Düsseldorf 4	-
0202	Henschel 29709/1959	DH 240 B	ex Ruhrkohle V 303	-
0203	Henschel 29704/1958	DH 240 B	ex Ruhrkohle V 321	-
0204	Henschel 29703/1958	DH 240 B	ex Alusuisse Singen 349	-
0401	Jung 13288/1961	R 42 C	ex Siegener Kreisbahn 18	-
0402	Jung 13423/1962	R 42 C	ex Siegener Kreisbahn 20	-
0403	Jung 13287/1961	R 42 C	ex Rheinbraun Bergheim D 1	-
0501	Henschel 30264/1960	DH 500 C	ex Mobil-Mineralölwerk Wedel 1	-
0551	KHD 57803/1964	MG 530 C	ex Georgsmarienhütten-Eisenbahn 3	-
0552	KHD 57896/1965	MG 530 C	ex Krupp Stahl Hagen	Zeitz
0601	LEW 16574/1979	V 60 D	ex Zementwerk Karsdorf 8	-
0602	LEW 18112/1983	V 60 D	ex Zementwerk Karsdorf 2	Zeitz
0603	LEW 16687/1979	V 60 D	ex Zementwerk Karsdorf 3	-
0604	LEW 13757/1973	V 60 D	ex Baustoffhandel Leipzig 2	-
0605	LEW 15672/1979	V 60 D	ex Zementwerke Karsdorf 5	abgestellt in Zeitz
0607	LEW 15628/1977	V 60 D	ex Zementwerke Karsdorf 7	abgestellt in Zeitz
0608	LEW 17697/1983	V 60 D	ex DWA Bautzen	abgestellt in Zeitz
0609	LEW 10870/1964	V 60 D	ex Bosch Brotterode 3	-
0615	LEW 13870/1974	V 60 D	ex Hydrierwerk Zeitz 15	abgestellt in Zeitz
0616	LEW 13811/1973	V 60 D	ex Hydrierwerk Zeitz 16	abgestellt in Zeitz
0617	LEW 14818/1975	V 60 D	ex Hydrierwerk Zeitz 17	-
0618	LEW 15356/1976	V 60 D	ex Hydrierwerk Zeitz 18	Zeitz
0619	LEW 15579/1977	V 60 D	ex Hydrierwerk Zeitz 19	HU Schwerte
0620	LEW 15684/1979	V 60 D	ex Hydrierwerk Zeitz 20	-
0651	MaK 600138/1957	V 60	ex Maxhütte Sulzbach-Rosenberg	Zeitz
0652	MaK 600026/1956	V 60	ex ETRA, ex DB 260 106	-
0701	CKD 5075/1961	T 435.0	ex Zementwerke Karsdorf 001	-
0702	CKD 5698/1962	T 435.0	ex Zementwerke Karsdorf 012	-
0703	CKD 5090/1961	T 435.0	ex Zementwerke Karsdorf 010	-
0704	CKD 5684/1962	T 435.0	ex Zementwerke Karsdorf 004	-
0751	CKD 6808/1965	T 458.1	ex Iserbahn 721 513	-
0752	CKD 6810/1965	T 458.1	ex Iserbahn 721 515	-
1001	LEW 17729/1983	V 100.4	ex Kaliwerk Merkers 1	abgestellt in Karsdorf
1002	LEW 12504/1970	V 100.4	ex DB 201 222	abgestellt in Karsdorf
1003	LEW 16327/1981	V 100.4	ex CSSR T436.4528	abgestellt in Karsdorf
1004	LEW 17709/1983	V 100.4	ex CD 745 709	abgestellt in Karsdorf
1005	LEW 13937/1973	V 100.4	ex DB 201 619	abgestellt in Karsdorf
1111	KHD 57801/1964	DG1000 BBM	ex Georgsmarienhütten-Eisenbahn 1	-
2001	LKM 280160/1968	V 180 CC	ex Infra Leuna 201	abgestellt in Karsdorf
2002	LKM 280106/1968	V 180 CC	ex DB 228 706	abgestellt in Karsdorf
2003	LKM 280162/1968	V 180 CC	ex Infra Leuna 203	abgestellt in Karsdorf
2004	LKM 280113/1968	V 180 CC	ex Buna Schkopau 204	Rheine
2101	ECR 1501/1975	060 DA	ex CFR 60 1030-0	Zeitz / Bauzug
2102	ECR 1712/1976	060 DA	ex CFR 60 1068-0	Zeitz / Bauzug
2103	ECR 1745/1978	060 DA	ex CFR 60 1105-0	Zeitz / Bauzug
2104	ECR 1762/1978	060 DA	ex CFR 60 1152-2	Zeitz / Bauzug
2105	ECR 1389/1973	060 DA	ex CFR 60 0905-4	-
2106	ECR 1392/1973	060 DA	ex CFR 60 0909-6	-
2107	ECR 1457/1974	060 DA	ex CFR 60 0933-6	-
2108	ECR 1549/1974	060 DA	ex CFR 60 0995-5	-
2109	ECR 0929/1970	060 DA	ex CFR 60 0620-9	-
2110	ECR 0930/1970	060 DA	ex CFR 60 0627-4	-
2111	ECR 0937/1970	060 DA	ex CFR 60 0675-3	-
2112	ECR 0993/1971	060 DA	ex CFR 60 0686-0	-
2113	ECR 1003/1971	060 DA	ex CFR 60 0692-8	-
2114	ECR 1009/1971	060 DA	ex CFR 60 0619-1	-
7001	ECR 4000791979	060 EA	ex CFR 40 0079-0	Zulassungsverfahren
VT 2.01	MAN 143403/1957	MAN	ex ET Nahe-Hunsrück VT 21	Reserve Karsdorf
VT 2.02	MAN 143553/1958	MAN	ex ET Nahe-Hunsrück VT 22	Reserve Karsdorf
VT 2.10	MAN 142779/1956	MAN	ex AKN VT 2.12	Reserve Karsdorf
VT 2.13	MAN 148085/1963	MAN	ex AKN VT 2.13	Reserve Karsdorf
VT 2.14	MAN 148086/1963	MAN	ex AKN VT 2.14	Reserve Karsdorf
VT 2.15	MAN 148087/1963	MAN	ex AKN VT 2.15	Reserve Karsdorf
VT 2.16	MAN 148088/1963	MAN	ex AKN VT 2.16	Reserve Karsdorf
VT 2.17	MAN 148090/1963	MAN	ex AKN VT 2.17	Reserve Karsdorf
VT 2.18	MAN 148089/1963	MAN	ex AKN VT 2.18	Reserve Karsdorf
VT 2.19	MAN 148091/1963	MAN	ex AKN VT 2.19	Reserve Karsdorf
VT 2.20	MAN 148092/1963	MAN	ex AKN VT 2.20	Reserve Karsdorf
VT 4.01	MAN 142776/1957	MAN	ex WEG VT 17	abgestellt in Karsdorf
VB 2.01	MAN 143408/1957	MAN	ex WEG VM 110	abgestellt in Karsdorf
VS 2.53	MAN 148093/1963	MAN	ex AKN VS 2.53	Reserve Karsdorf
VS 2.54	MAN 148094/1963	MAN	ex AKN VS 2.54	Reserve Karsdorf
VS 2.55	MAN 143547/1958	MAN	ex WEG VS 113	abgestellt in Karsdorf
VS 2.56	MAN 148096/1963	MAN	ex AKN VS 2.56	abgestellt in Karsdorf

Im Industriepark Zeitz-Tröglitz betreibt man die dortige Anschlussbahn.

Die KEG ist zudem beteiligt an der BLB, einem JointVenture von DB AG und KEG, die diverse Strecken im Bereich Naumburg/Merseburg im PV betreibt. Die dort eingesetzten LVT/S befinden sich im Eigentum der KEG und werden von der BLB nur angemietet.

Internet: www.karsdorfer-eisenbahn.de

Kreisbahn Mansfelder Land GmbH (KML), Klostermansfeld

Die kmL ging am 01.05.1995 aus dem normalspurigen Teil der Werkbahn des ehemaligen Mansfeld-Kombinates hervor. Während die Werkbahn-Infrastruktur im Besitz der Mansfeld Transport GmbH (MTG) ist und die ehemalige Werkbahn-Werkstatt in Klostermansfeld als Mansfelder Lokomotiv- und Wagenwerkstatt GmbH (MaLoWa) vor allem Fremdaufträge übernimmt, wurden der kmL Fahrzeugbestand und Betriebsrechte übertragen. Auch heute führt die

Nr	Fabrikdaten	Bauart	Vorge-schichte	Bemer-kungen
1	LOB 270161/1964	V 60 D	-	abgestellt
2	LEW 11040/1965	V 60 D	-	abgestellt
4	LEW 12401/1969	V 60 D	-	-
5	LEW 13766/1973	V 60 D	-	-
6	LEW 15620/1977	V 60 D	-	abgestellt
7	LEW 13826/1973	V 60 D	-	-> AML
8	LEW 16572/1979	V 60 D	-	-
9	LEW 16681/1979	V 60 D	-	-
13	LKM 262292/1971	V 22	-	-
16	LKM 262011/1967	V 22	-	-
19	LKM 262246/1970	V 22	-	-
VT 110	ME 23385/1951	Esslingen	ex SWEG VT 110	-
VT 405	ME 24999/1959	Esslingen II	ex WEG VT 405	-
VT 406	ME 25000/1959	Esslingen II	ex WEG VT 406	-
VT 407	ME 25001/1959	Esslingen II	ex WEG VT 407	-
VT 408	ME 25628/1961	Esslingen II	ex WEG VT 408	-
VS 231	ME 25002/1959	Esslingen II	ex WEG VS 231	abgestellt
VS 232	ME 25003/1959	Esslingen II	ex WEG VS 232	abgestellt
VS 233	ME 25004/1959	Esslingen II	ex WEG VS 233	abgestellt

kmL den Güterverkehr auf den Gleisen der MTG durch.

Seit 28.09.1997 ist sie zudem im SPNV aktiv. Seit diesem Zeitpunkt befahren die Esslinger-Triebwagen der kmL die 19,9 km lange Strecke Klostermansfeld – Wippra („Wipperliese"), seit 28.05.2000

Am 17.11.2001 brummen zwei KEG-„Rumänendiesel" durch das Filstal (KBS 750). Eigentlich waren für diesen Tag Messfahrten auf der Geislinger Steige vorgesehen, die aber wegen eines Defekts am KEG-eigenen Messwagen ausfallen mußten

Linke Seite:
Übergabe der UIC-Mitgliedsurkunde von der UIC an KEG-Geschäftsführer Bernhard van Engelen auf der Railtec 2000 am 21.02.2000 in Dortmund

Oben: Der VT 3.16 kreuzt den VT 3.04 am 21.10.2000 in Deuben an der Strecke Zeitz – Naumburg bzw. – Weißenfels

Rechts: Wegen der geringen Mindestgeschwindigkeit sind die 0700er-KEG-Loks bei Arbeitszugeinsätzen sehr begehrt. KEG 0702 stand im März 2002 in Montabaur abgestellt

auch die benachbarte, acht km lange Nebenbahn Hettstedt – Gerbstedt.

Im Güterverkehr konnte die kmL die Bedienung der Strecke Nauendorf/Saalkreis – Löbejün übernehmen. Seit 01.01.2002 erfolgt in Kooperation mit DB Cargo die Bedienung des Gütertarifpunkts Hettstedt im Rahmen von MORA C. Dieser umfasst neben der Holzverladung im dortigen Bahnhof die Anschlußgleise der MTG, aber auch – tariflich gesehen – die Bedienung einer Maschinenfabrik im 40 km entfernten Sangerhausen. Internet: www.wipperliese.de

Lappwaldbahn GmbH (LWB), Weferlingen

Die LWB mit Sitz in Weferlingen setzt ihre Loks v.a. im Bauzugdienst/Baustofftransport ein. Für die Unterhaltung des Fahrzeugparks hat man einen Großteil des ehemaligen Bw Oebisfelde angemietet.

Nr	Fabrikdaten	Bauart	Vorgeschichte	Bemerkungen
V 60-100	LEW ?/?	V 60 D	ex ?	–
V 60-101	LEW ?/?	V 60 D	ex ?	EF Weferlingen (EFL)
V 60-102	LEW 14142/1974	V 60 D	ex DB 344 892	–
V 60-103	LEW ?/?	V 60 D	ex ?	–
V 100-120	LEW ?/?	V 100.4	ex DB 201 865	–
V 100-121	LEW ?/?	V 100.4	ex DB 201 308	EF Weferlingen (EFL)

Mitteldeutsche Eisenbahngesellschaft mbH (MEG), Schkopau

Die MEG entstand am 01.10.1998 als gemeinsame Tochtergesellschaft von DB

Nr	Fabrikdaten	Bauart	Vorgeschichte	Bemerkungen
2	LEW 17801/1980	V 60 D	ex Bergbaumuseum Rositz	–
3	LEW 13755/1973	V 60 D	–	–
4	LEW 11010/1965	V 60 D	ex Mansfeldkombinat Böhlen 4	–
5	LEW 10765/1966	V 60 D	ex Mansfeldkombinat Böhlen	–
6"	LEW 14284/1974	V 60 D	ex DB 346 931	–
62	LEW 11008/1965	V 60 D	ex Buna 62	–
63	LEW 14320/1974	V 60 D	ex DB 346 933	–
68	LEW 13750/1973	V 60 D	ex Buna 68	–
71	LEW 15197/1976	V 60 D	ex Buna 71	–
72	LEW 15352/1976	V 60 D	ex Buna 72	–
73	LEW 15363/1976	V 60 D	ex Buna 73	–
74	LEW 15581/1977	V 60 D	ex Buna 74	–
75	LEW 15607/1977	V 60 D	ex Buna 75	–
76	LEW 16573/1979	V 60 D	ex Buna 76	–
77	LEW 16682/1979	V 60 D	ex Buna 77	–
78	LEW 15671/1979	V 60 D	ex Buna 78	–
80	LEW 12647/1970	V 60 D	ex DB 346 674	–
81	LEW 12667/1970	V 60 D	ex DB 346 692	–
82	LEW 12988/1971	V 60 D	ex DB 346 727	–
83	LEW 14544/1975	V 60 D	ex DB 346 942	–
101	LEW 12867/1971	V 100	ex DB 204 358	–
201	LKM 280110/1968	V 180	ex Buna 201	–
202	LKM 280111/1968	V 180	ex Buna 202	–
203	LKM 280112/1968	V 180	ex Buna 203	–
205	LKM 280197/1969	V 180	ex DB 228 788	–
206	LKM 280152/1968	V 180	ex DB 228 748	–
207	LKM 280200/1968	V 180	ex DB 228 791	–
208	LKM 280195/1968	V 180	ex DB 228 786	–
301	FAUR 24529/1982	229	ex DB 229 120	–
302	FAUR 24815/1984	229	ex DB 229 173	–

Cargo (80%) und Transpetrol GmbH Internationale Eisenbahnspedition (20%). Die beiden Unternehmen hatten in einer Bietergemeinschaft die Ausschreibung des Werkbahnbetriebs an den Standorten Schkopau und Böhlen der Dow/BSL Olefinverbund GmbH (BSL) gewonnen. Die neu gegründete MEG übernahm Personal und Betriebsmittel der dortigen Werkbahnen und beantragte die Genemigung als EVU. Die Genehmigung als EVU für öffentlichen Personen- und

Im Rahmen von MORA C hat die MEG Bedienungen übernommen. Am 05.03.2002 holte MEG 301 in Braunsbedra einen mit Kaolin beladenen Zug ab. Im Bild beim Haltepunkt Braunsbedra Ost

Güterverkehr wurde am 16.08.1999 erteilt.

Der Betrieb dieser Werkbahnen ist ebenso wie die am 01.07.2000 hinzugekommene Bedienung der Anschlussbahn des Zementwerkes Rüdersdorf weiterhin ein wichtiges Standbein der MEG. Gleichzeitig expandiert man auch außerhalb der Werkbahngleise. Seit Oktober 2000 befördert die MEG je nach Bedarf mehrmals wöchentlich Zementganzzüge von Rüdersdorf nach Rostock Seehafen. Im April 2002 kamen ähnliche Leistungen zwischen Rüdersdorf und Regensburg Donauhafen hinzu, im Juni 2002 von Rüdersdorf nach Buna Werke.

Anfang 2002 erfolgte zudem der Einstieg der MEG in den Regionalgüterverkehr, nachdem sich DB Cargo im Rahmen des MORA C-Konzepts aus zahlreichen Verkehren zurückzog. In Sachsen-Anhalt bedient die MEG in Eigenregie die Güterverkehrsstelle Aken mit einer V 60 D von Köthen aus. Ebenso kommt eine V 60 D bedarfsweise von Halberstadt nach Ströbeck, Oschersleben und Heudeber-Danstedt. In Sachsen werden vom Standort Böhlen aus im Rahmen einer Mora C-Kooperation mit DB Cargo Altenburg, Ammelshain, Espenhain und Trebsen angefahren. Die Gütertarifpunkte Frohburg, Geithain und Grimma werden hingegen bei Bedarf in Eigenregie bedient. Zum 21.01.2002 kam als weitere Kooperationsleistung die Bedienung des Bahnhofs Braunsbedra hinzu, welcher von Schkopau aus angefahren wird.

PBSV-Verkehrs GmbH (PBSV), Magdeburg

Die am 03.10.1993 gegründete und seit 31.08.1997 als EVU zugelassene PBSV setzt ihren Lokomotivbestand vorrangig im bundesweiten Bauzugdienst ein. Außerdem werden Fährschiffe in Lübeck-Travemünde/Skandinavienkai im Auftag der Lübecker Hafengesellschaft mbH bedient und die Anschlussbahn

Gewerbepark Merkers im Auftrag der Entwicklungsgesellschaft Südwest-Thü-

ringen mbH betrieben. Die in Lübeck eingesetzte V60D fährt Dienstag und Freitag

außerdem eine Leistung für Hanserail nach Bad Oldesloe.
Internet: www.pbsv-gmbh.de

Nr	Fabrikdaten	Bauart	Vorge-schichte	Bemer-kungen
01	LEW 16553/1979	V 60 D	ex DEUSA Bleicherode	–
02	LEW 15670/1979	V 60 D	ex Kieswerke Nordhausen Nr. 1	–
03	LEW 11680/1967	V 60 D	ex DB 346 399	–
04	LEW 14201/1976	V 60 D	ex Walzwerk Hettstedt Nr. 1	–
07	LEW 16972/1980	V 60 D	ex Magdeburger Hafen 1	–
10	LEW 13788/1973	V 60 D	ex SUSA GmbH Bad Salzungen	–
11	LEW 12751/1970	V 100.4	ex DB 202 287	–
12	LEW 11904/1968	V 100.4	ex DB 202 066	–
20	LKM 262413/1972	V 22	ex Kali Bleicherode 2	–
2	LEW 15355/1976	V 60 D	–	lw von IGE Werrabahn Eisenach
3	LEW 13347/1972	V 60 D	ex IMM Menteroda 3	lw von ADAM
4	LEW 15613/1977	V 60 D	ex Kali Bischofferode 4	lw von ADAM

Regiobahn Bitterfeld GmbH (RBB), Bitterfeld

Die Regiobahn Bitterfeld entstand am 01.07.1995 durch den Zusammenschluss der Werkbahnbetriebe der Filmfabrik Wolfen, der ehemaligen Chemie AG Bitterfeld-Wolfen und der Mitteldeutschen Bergbauindustrie.

Nr	Fabrikdaten	Bauart	Vorge-schichte	Bemerkungen
20	LEW 15357/1976	V 60 D	–	–
21	LEW 11974/1968	V 60 D	–	–
22	LEW 16575/1979	V 60 D	ex HTB V68	–
24	LEW 14193/1974	V 60 D	–	–
26	LEW 15616/1977	V 60 D	–	–
27	LEW 16577/1979	V 60 D	–	–
28	LEW 15676/1979	V 60 D	–	–
29	LEW 17586/1981	V 60 D	–	–
33	LKM 2625603/1975	V 22	ex Thyssen, Halle 2	–
364 587-6	Krupp 4010/1960	V 60	–	lw von DB Cargo
364 938-1	MaK 600384/1961	V 60	–	lw von DB Cargo
V 133	MaK 1000257/1968	G1300 BB	V133	–
V 141	LEW 17728/1976	293	ex EKO 63	–
V 142	LEW 15382/1976	293	ex DB 201 864	–
1001-129	VSFT 1001129/2001	G 1206	–	lw von LS
V 1001-042	VSFT 1001042/2002	G 2000	–	–

Der MEG-Zementzug von Rüdersdorf nach Rostock führt auch für das Lokpersonal einen Übernachtungswagen mit. Am frühen Morgen des 15.08.2001 beschleunigt er hinter dem Bahnhof Kaulsdorf Richtung Norden

Zum 01.01.1996 wurden die Gesell-
schaftsanteile von der damaligen DEG-
Verkehr, heute Connex, übernommen,
zum 26.04.1996 wurde die Zulassung als
EVU und EIU durch das Land Sachsen-
Anhalt erteilt.

Heute besitzt und betreibt die RBB
ein 107 km langes und überwiegend
als Anschlussbahn konzessioniertes
Güterstreckennetz im Raum Bitterfeld/
Wolfen/Delitzsch, auf dem derzeit jährlich etwa 700.000 t Güter transportiert
weden.

Hierzu werden werktäglich vier Loks
benötigt. Weitere vier Fahrzeuge kom-
men außerhalb des eigenen Strecken-
netzes zum Einsatz und bedienen in
Kooperation mit DB Cargo die Bahnhöfe
Bitterfeld, Bitterfeld Nord, Muldenstein,
Burgkemnitz, Roßlau, Coswig, Rottleben,
Jeber Bergfrieden, Zerbst und Dessau.

Seit 01.04.2001 ist die RBB zudem für
die Betriebsführung der vier km langen
Anschlussbahn der Flachglas Torgau
GmbH zuständig.

Ein bis zwei Loks sind des Weiteren
meist mit Bauzügen auf Baustelleneisatz
für DB Netz unterwegs.

Internet: www.regiobahn.com

Transport und Logistik GmbH (TLG), Köthen

Die am 15. Juni 1998 gegründete TLG
ist seit 31. Oktober 1998 ein EVU mit
internationaler Zulassung für Güterverkehr. Das der Frey-Unternehmensgruppe
angegliederte Unternehmen setzt seine
Loks bundesweit überwiegend im Bauzugdienst und Baustoff- sowie Ma-

Nr	Fabrikdaten	Bauart	Vorgeschichte	Bemerkungen
1	Adtranz 72340/1999	293	ex ?	–
2	Adtranz 16375/1996	293	ex DB 201 881	–
3	LEW 13783/1973	V 60 D	ex Eichsfelder Zementwerk Deuna 2	–> RAR
4	LEW 17416/1980	V 60 D	ex Buna 79, ex-EBG 6	–
5	LEW 17851/1982	V 100.4	ex PCK Schwedt V 100.4-17	–
6	LEW 12403/1969	V 100.4	ex DB 201 001, ex PEG 3	–
7"	LEW 12561/1970	V 100.4	ex DB 202 279	–
8	Adtranz 72360/2000	293	ex ?	–
9	LTS 0099/1972	TE 109	ex DB 230 077	–
10	LTS 0681/1976	TE 109	ex DB 232 446	–
11	LEW 13533/1972	V 100.4	ex DB 202 494	–
12	LEW 15364/1976	V 60 D	ex PGMG	–
13"	LEW 13570/1973	V 100.4	ex DB 202 531	–
14	LEW 12489/1970	V 100.4	ex DB 202 207	–
15	LEW 16965/1980	V 60 D	ex KEG 006	–
16	LEW 13527/1972	V 100.4	ex DB 202 488	–

Frisch haupt-
untersucht wartet
RBB V133 am
25.01.2000 in
Lengerich-Hohne
auf die Über-
führung nach
Bitterfeld

schinentransporten ein. Die TLG ist zertifiziert als Entsorgungsfachbetrieb für den Transport von Bau- und Abfallstoffen.

Zum Leistungsangebot der TLG gehört auch die Gestellung von Güterwagen (Flachwagen, Kippwagen, Containertragwagen) und Personal (Betriebsleiter, Lokführer, Az-Führer, Logistiker, Wagenmeister). Die Dispositionszentrale für alle Verkehre befindet sich in Gründau in der Nähe von Frankfurt am Main.

Im ehemaligen Bw Hanau können vielfach abgestellte TLG-Loks angetroffen werden.

Internet: www.frey-gruppe.de

Wochenendruhe
für die zwei TLG-
Loks 1 und 8 im
Mainzer Haupt-
bahnhof am
13.04.2001

Bei Breitungen passieren am 30.08.2001
zwei RegioShuttle einen idyllischen See

THÜRINGEN

AMP Bahnlogistik GmbH (AMP), Großenlupnitz

Die AMP Bahnlogistik GmbH mit Sitz in Großenlupnitz wurde im August 1999 gegründet. Geschäftsziele sind die Vermietung von Eisenbahnfahrzeugen, die Erbringung eisenbahnlogistischer Dienstleistungen und der Handel mit Ersatzteilen für LEW/LOB Fahrzeuge. Nach dem Ausscheiden zweier Mitgesellschafter ist der Großteil der ehemals in die AMP eingebrachten Loks nun bei den Unternehmen ADAM und AML zu finden. Die vorhandenen betriebsfähigen Loks sind bei der PBSV eingestellt, die Werkstatt befindet sich im ex-RAW Gotha.
Internet: www.amp-bahnlogistik.de

Nr	Fabrikdaten	Bauart	Vorge- schichte	Bemer- kungen
–	LKM ?/?	V 22	ex ?	–
–	LKM ?/?	V 22	ex ?	–
AMP 1	LEW 18008/1983	V 60 D	ex Phoenix Waltershausen	–
AMP 2	LEW 15137/1976	V 60 D	ex Getreidewirt- schaft Fürstenwalde	–
AMP 3	LEW 13867/1974	V 60 D	ex Zentralbüro Böhlen	abgestellt
AMP 4	LEW 10783/1966	V 60 D	ex-Stadtwerke Bernau	abgestellt in Falken- berg
AMP 5	LKM 251185/1957	N4	ex Felswerke Oberrohn 2	„Fred", Verschub Gotha

Erfurter Industriebahn GmbH (EIB), Erfurt

Anders als der Name vermuten lässt, ist die EIB durchaus eine öffentliche Eisenbahn. Sie geht auf die am 25.03.1912 gegründete Anschlussbahn des Industriegebietes Erfurt Nord zurück betreibt noch heute in und um Erfurt auf 15 km eigenen Gleisen und einigen DB-Strecken im Stadtbereich Erfurt Güterverkehr.
Mit dem politischen Umbruch der DDR wurde zum 01.05.1990 die heutige Gesellschaft gegründet, am 09.10.1990 erfolgte die Eintragung in das Handelsregister der Stadt Erfurt. Seit der Zulassung als EVU für Personenbeförderung am

10.04.1997 ist die EIB auch im SPNV aktiv. Seit 24.05.1998 sind EIB-RegioShuttles zwischen Erfurt/Gotha und Leinefelde, seit 30.05.1999 auch weiter bis Kassel, unterwegs.
Im Güterverkehr konnte 2001/2002 der Mehlversand der Heyl-Mühle in Bad Langensalza sowie der Betrieb der Kölledaer Anschlussbahn hinzugewonnen werden. Im Getreideversand werden

Nr	Fabrikdaten	Bauart	Vorge- schichte	Bemerkungen
20	LEW 16383/1978	293	ex DB 201 889	–
21	LEW 16580/1981	V 100.4	ex CD 745 850	–
22	Adtranz 72570/2000	293	ex ?	–
VT 001	Adtranz 36777/1998	RS 1	–	„Stadt Erfurt"
VT 002	Adtranz 36778/1998	RS 1	–	„Stadt Kassel"
VT 003	Adtranz 36779/1998	RS 1	–	–
VT 004	Adtranz 36780/1998	RS 1	–	–
VT 005	Adtranz 36781/1998	RS 1	–	„Mühlhausen"
VT 006	Adtranz 36786/1998	RS 1	ex Adtranz-Leih- fahrzeug VT 301	–
VT 007	Adtranz 36787/1998	RS 1	ex Adtranz-Leih- fahrzeug VT 302	–
VT 008	Adtranz 36788/1998	RS 1	ex Adtranz-Leih- fahrzeug VT 303	–
VT 009	Adtranz 36886/2000	RS 1	–	–

außerdem die Niederlassung Buttstädt der IRUSO Agrarhandel Kulmbach GmbH sowie der Raiffeisen-Standort in Eckartsberga (Wagengruppen nach Brake/Unterweser) operativ angefahren. Die zum Teil in Doppeltraktion verkehrenden Züge werden in Erfurt Gbf an die DB Cargo übergeben.

Zusammen mit der HLB erfolgte 1999 nach gewonnener Ausschreibung von SPNV-Leistungen die Gründung der STB. Internet: www.erfurter-bahn.de

Heavy Haul Power International GmbH (HHPI), Erfurt

Gegründet am 13.12.1999 durch zwei Privatunternehmer konnte von HHPI als erste eigene Zuglokomotive der vormals durch das Gemeinschaftsunternehmen DB Foster Yeoman GmbH eingesetzte „Highlander" 59 003 (DB 259 003, englische Class 59) übernommen werden. Wegen der fehlenden Zulassung der

Links: Abfahrtbereit stand EIB VT 006 am 27.04.2000 in Erfurt Hbf am Bahnsteig

Die HHPI-Doppeltraktion 29 002 und 59 003 erreicht am 02.04.2001 mit einem langen beladenen Zug Lahde

Rechts:
Amerikanisches
Gesicht in
Deutschland:
HHPI 29 002 am
31.03.2002 in
Minden

Rechte Seite:
Am 29.03.2002
wurden die für die
Kohletransporte
der HHPI benötig-
ten Kohlewagen
hinter 29 002 nach
Minden überführt,
hier aufgenommen
bei Duisburg

Unten:
Am 06.04.2002
war 59 003 der
HHPI mit dem be-
ladenen Kohlezug
nach Veltheim
kurz vor Wind-
heim unterwegs

HHPI als EVU, die erst im Mai 2000 erteilt wurde, erfolgten zunächst Einsätze in Kooperation mit der KEG. Es folgten Einsätze vor schweren Baustoffzügen im Großraum Berlin.

Die neueste Werklok der SWT ist die im Jahr 2001 ausgelieferte 203-28, die sich am 22.03.2002 zur Bedarfsreparatur im Bh Saalfeld befand

Nr	Fabrikdaten	Bauart	Vorge-schichte	Bemer-kungen
59 003	GM-EMD 848002-3/1985	JT42CWR	ex DB 259 003	–
29 001	GM-EMD 20008254-3/2001	JT42CWR	–	–
29 002	GM-EMD 20008254-4/2001	JT42CWR	–	–
29 003	GM-EMD 20008254-13/2001	JT42CWR	–	–

Seit 02.04.2002 befördert HHPI 3.800 t schwere und 580 m lange Kohlezüge zwischen dem Hamburger Hansaport und dem Kraftwerk Petershagen in Lahde bei Minden. Das werktäglich verkehrende Zugpaar ersetzt bisherige DB Cargo-Leistungen. Im Gegensatz zu den Langstrecken-Kohlezügen der RBH – welche auch Lahde anfahren – handelt es sich bei dem Zugpaar der HHPI um einen in Eigenregie direkt im Auftrag von e-on gefahrenen Transport. Als Triebfahrzeug nutzt HHPI eine der beiden vorhandenen Dieselloks des Typs Class 66 oder Lok 59 003, die Wagen – insgesamt 50 Stück vom Typ Fal – wurden von der Güterverkehrstochter der Belgischen Staatsbahn SNCB/NMBS, B-Cargo, gemietet..

Hörseltalbahn GmbH (HTB), Eisenach

Die am 19.03.1992 gegründete HTB ist aus der Anschlussbahn des ehemaligen Automobilwerkes Eisenach ("Wartburg") hervorgegangen und war zu diesem Zeitpunkt das erste nichtbundeseigene Unternehmen in den neuen Bundesländern. Die Inbetriebnahme der neuen und beträchtlich erweiterten Eisenbahnbetriebsanlage erfolgte planmäßig mit der Produktionsaufnahme des neuen Opel-Werkes am 26.09.1992. Die HTB übernimmt den Rangierdienst im Anschluss des Opel-Automobilwerks Eisenach, bedient aber auch andere Unternehmen und ein öffentliches KLV-Terminal auf dem dortigen Gelände. Die Zulassung als Eisenbahn des öffentlichen Verkehres erfolgte am 15.12.1992, die unternehmenseigene Gleislänge beträgt 9,3 km.
Internet: www.hoerseltalbahn.de

Nr	Fabrikdaten	Bau-art	Vorge-schichte	Bemer-kungen
V 66	LEW 10758/1966	V 60 D	–	–
V 71	MaK 700112/1994	G765C	–	–
V 143	Adtranz 15395/1999	293	ex DB 710 960	„Treiber 4"

IGENO Schienenfahrzeug GmbH (IGENO), Niedersachswerfen

IGENO entstand 1997 bei der Übernahme der ehemaligen Außenstelle Niedersachswerfen des RAW „Einheit" Leipzig-Engelsdorf durch private Investoren. An diesem Standort werden Güterwagen instandgesetzt und modernisiert. Zur Erweiterung des Geschäftsfeldes wurde im Jahr 2001 das ehemalige Bahnbetriebswerk in Nordhausen zur Übernahme im Jahr 2002 angemietet. Zum 03.11.2001 erhielt IGENO die Zulassung als EVU, die man bisher nur im Verkehr zwischen den beiden Werken sowie für Überführungsfahrten nutzt. In Zukunft sollen auch Zugleistungen auf dem „freien Markt" angeboten werden.
Internet: www.igeno-schienenfahrzeug.de

Stahlwerk Thüringen GmbH (SWT), Unterwellenborn

Seit mehr als 120 Jahren ist Unterwellenborn ein traditioneller Standort der Eisen- und Stahlproduktion in Thüringen. Am 09.04.1992 erwarb die ARBED-Grup-

Nr	Fabrikdaten	Bauart	Vorge-schichte	Bemerkungen
22	LEW 16584/1981	V 100.4	–	„100.4-22"
23	LEW 17849/1982	V 100.4	-	„293-23"
24	LEW 12431/1969	V 100.1	ex DB 298 130	„298 130-6"
25	LEW 12436/1969	V 100.1	ex DB 298 135	„298 135-5"
26	LEW 12452/1969	V 100.4	ex DB 201 171	„BR 201-26"
27	LEW 11908/1968	V 100.4	ex DB 201 070	„BR 201-27"
28	LEW 15240/1976	203.0	ex DB 202 885	„203-28"

pe (ab 2001 arcelor-Gruppe) die Profil-
stahlstraße der Maxhütte Unterwellenborn und gründete am 01.07.1992 die
Stahlwerk Thüringen GmbH. Dieses ist

seit 30.01.2001 als öffentliches EVU für
Güterverkehr zugelassen. Die werksei-
genen Loks kommen unter DB Cargo-Re-
gie jedoch schon seit 1997 mit einem

Eine seltene Doppeltraktion bildeten WL 27 und 26 der SWT am
28.01.2000 vor einem Stahlzug bei Oberwellenborn. Beide Maschinen
sind eigentlich nicht für den Streckeneinsatz vorgesehen

Zugpaar zwischen dem in Könitz mit dem DB-Netz verbundenen Stahlwerk und einem Metallverwerter in Wöhldorf bei Bad Blankenburg auch auf Gleisen von DB Netz zum Einsatz. Bis auf Lok 27 sind alle V100 auf DB-Gleisen zugelassen.

Internet: www.stahlwerk-thueringen.de

nehmer der EIB zusätzlich die RB-Linie Erfurt – Ilmenau übernehmen. Dafür war die Beschaffung von sechs weiteren RS 1 angedacht.

Als Werkstätten werden neben dem angemieteten ex-DB Bw Meiningen auch die Hallen der EIB in Erfurt genutzt.

Nr	Fabrikdaten	Bauart	Vorgeschichte	Bemerkungen
VT 101	Adtranz 36899/2000	RS 1	–	„Stadt Eisenach"
VT 102	Adtranz 36900/2000	RS 1	–	„Spielzugstadt Sonneberg"
VT 103	Adtranz 36901/2000	RS 1	–	„Stadt Meiningen"
VT 104	Adtranz 36902/2000	RS 1	–	„Wartburg, Unesco-Welterbe"
VT 105	Adtranz 36903/2000	RS 1	–	–
VT 106	Adtranz 36904/2000	RS 1	–	–
VT 107	Adtranz 36905/2000	RS 1	–	–
VT 108	Adtranz 36906/2000	RS 1	–	–
VT 109	Adtranz 36907/2000	RS 1	–	–
VT 110	Adtranz 36908/2001	RS 1	–	–
VT 111	Adtranz 36909/2001	RS 1	–	–
VT 112	Adtranz 36910/2001	RS 1	–	–
VT 113	Adtranz 36911/2001	RS 1	–	–
VT 114	Adtranz 36912/2001	RS 1	–	–
VT 115	Adtranz 36913/2001	RS 1	–	–
VT 116	Adtranz 36914/2001	RS 1	–	–
VT 117	Adtranz 36915/2001	RS 1	–	–
VT 118	Adtranz 36916/2001	RS 1	–	–
VT 119	Adtranz 36917/2001	RS 1	–	–
VT 120	Adtranz 36918/2001	RS 1	–	–
VT 121	Adtranz 36919/2001	RS 1	–	–
VT 122	Adtranz 36920/2001	RS 1	–	–
VT 123	Adtranz 36921/2001	RS 1	–	–
VT 124	Adtranz 36922/2001	RS 1	–	–
VT 125	Adtranz 36923/2001	RS 1	–	–
VT 126	Adtranz 36924/2001	RS 1	–	–

Am 01.05.2001 verlassen die STB VT 104 und 105 den bekannten Bahnhof Plaue

Süd-Thüringen Bahn Meiningen GmbH (STB), Erfurt

Aus der Bietergemeinschaft HLB und EIB entstand am 10.12.1999 die STB, an der die beiden Gesellschafter jeweils 50% halten. Die Zulassung als EVU erfolgte bereits zum 04.02.2000. Seit 10.06.2001 führt die STB für 15 Jahre den SPNV auf den südthüringischen Linien Eisenach – Meiningen – Eisfeld (stündlich), Wernshausen – Zella-Mehlis (zweistündlich mit Verdichtern) sowie Meiningen – Erfurt (nur RB) durch.

In einem Vorlaufbetrieb waren die RS 1 der STB bereits auf den designierten Strecken im Auftrag von DB Regio zum Einsatz gekommen. Die in den Ausschreibungsunterlagen vorgesehenen Einsatzstrecken Ernstthal a. R. – Neuhaus a. R., Meiningen – Sonneberg, Wernshausen – Zella-Mehlis, Eisenach – Meiningen sowie Bad Salzungen – Vacha können zum teil aufgrund von Abbestellungen bzw. Streckensperrungen nicht befahren werden. Als Ersatz für die nicht termingemäße Befahrbarkeit des Sonneberger Netzes wurden die RB-Leistungen Erfurt – Meiningen an die STB vergeben. Zum 15.12.2002 sollte die STB als Subunter-

Thüringer Eisenbahn GmbH (ThE), Erfurt

Die Thüringer Eisenbahn GmbH wurde im Dezember 1999 gegründet. Unternehmenszweck ist die Übernahme von Eisenbahnstrecken, um sie durch technische und betriebliche Verbesserung zu sanieren und auf eine solide wirtschaftliche Grundlage zu stellen, um sie langfristig für den Personen- und Güterverkehr nutzbar zu erhalten.

Die ThE hat mit Wirkung vom 01.08.2001 die Strecken Eisfeld – Sonneberg und Sonneberg – Ernstthal – Neuhaus auf Pachtbasis für 17 Jahre von DB Netz übernommen. Zur Zeit werden beide Strecken komplett saniert.

Internet: www.thueringer-eisenbahn.de

RegioShuttle-
Parade der STB
im Bw Meiningen
am 20.04.2002

Uwe Adam Eisenbahnverkehrs-
gesellschaft mbH (ADAM), Sattelstädt

Bereits seit einigen Jahren engagiert sich der Sattelstädter Transportunternehmer Uwe Adam im Schienenverkehr. Nachdem zunächst die eigenen Loks in die mit zwei weiteren Privatpersonen im August 1999 gegründete AMP mit eingebracht worden waren, spaltete man sich bereits im Oktober 2001 wieder von diesem Unternehmen ab. Die V 60 D verblieben fortan beim Unternehmen Uwe Adam Transporte. Zusammen mit der MaLoWa Bahnwerkstatt GmbH gründete man im Januar 2001 außerdem die AML, der drei Loks zugeteilt wurden. Eingesetzt werden die Maschinen schwerpunktmäßig in Bau- und Arbeitszugdiensten sowie bei Überführungsfahrten, für die außerdem eigene Lokführer zur Verfügung stehen. Zum 15.03.2002 erfolgte die Abtrennung des Lokgeschäftes von der gleichnamigen Spedition in die Uwe Adam Eisenbahnverkehrsgesellschaft mbH, die zum gleichen Zeitpunkt als EVU für Personen- und Güterverkehr konzessioniert wurde. Niedergelegt hat man zwischenzeitlich das Lokvermietungsgeschäft, nur noch die längerfristig an die Magdeburger PBSV gebundenen Loks 3 und 4 befinden sich im Leiheinsatz.

Als neuen Unternehmensstandort konnte man am 02.05.2002 das ehemalige Bw Eisenach erwerben.

Internet: www.uwe-adam-transporte.de

Einen alten
Schrankenposten
passiert STB VT
114 bei Dietz-
hausen am
13.04.2001 bei
seiner Fahrt nach
Meiningen

Nr	Fabrikdaten	Bauart	Vorge-schichte	Bemer-kungen
3	LEW 13347/1972	V 60 D	ex IMM Menteroda 3	lw an PBSV
4	LEW 15613/1977	V 60 D	ex Kali Bischof-ferode 4	lw an PBSV
6	LEW 11344/1967	V 60 D	ex IGE Werra-bahn Eisenach	Gotha, abgestellt
7	LEW 12264/1969	V 60 D	ex DB 346 182	abgestellt
8	LKM 280125/1968	V180	ex DB 228 721	HU LSX
9	LEW 13559/1973	V 100.4	ex DB 202 520	„Sebastian"
10	LEW 14445/1974	V 100.4	ex DB 202 743	„Anja"
11	LEW 13915/1973	V 100.4	ex DB 202 597	„Christina"
203 502-0	LEW 13522/1972	V 100.4	ex DB 202 483	lw von SFZ

2001 übernahm die BLE den Zugverkehr auf der Strecke Friedberg – Hanau. Am 05.07.2001 überquert ein GTW ein illustres Brückenbauwerk bei Nidderau

HESSEN

Bahn & Service GmbH (B&S), Walburg

Im hessischen Walburg wurde im Februar 2002 die Bahn & Service GmbH gegründet. Zu dem angebotenen Leistungsspektrum zählt neben der Lokomotiv- und Waggonvermietung (bei Bedarf mit Personal) auch die Arbeitszugführergestellung sowie Winterdienste und Rückschnittarbeiten. Die fünf eigenen Loks sowie weitere Skl sind bei der PBSV eingestellt, die Gründung eines eigenen EVU ist aber angedacht.

Nr	Fabrikdaten	Bauart	Vorgeschichte	Bemerkungen
Köf 6424	KHD 57282/1959	Köf II	ex DB 323 137	–
Köf 6499	Gmeinder 5133/1959	Köf II	ex DB 323 681	–
V 60.1	LEW 12670/1970	V 60 D	ex Kali & Salz Grasleben	–
V 60.2	LEW 13777/1973	V 60 D	ex EFSK, Kali AG Merkers	–
V 60.3	LEW 13778/1973	V 60 D	ex Kali & Salz Zielitz	–

Butzbach-Licher Eisenbahn AG (BLE), Butzbach

Von den ursprünglichen Strecken der BLE, die zwischen den namensgebenden Orten und darüber hinaus verliefen, existieren heute nur noch die Abschnitte

Butzbach – Griedel – Münzenberg (8 km), Butzbach – Pohlgöns (3 km) und Griedel – Bad Nauheim (11 km), auf denen bescheidener Güterverkehr durchgeführt wird.

In den vergangenen Jahren konnte sich die BLE jedoch neue Aufgaben innerhalb der Muttergesellschaft HLB erschließen. Zum 31.05.1998 konnte der SPNV der DB-Strecke Friedrichsdorf – Friedberg übernommen werden, ein Jahr später zum 30.05.1999 die Verbindung Friedberg

– Nidda/Hungen, zum 07.01.2001 Gießen – Gelnhausen und seit 10.06.2001 Friedberg – Hanau. Eingesetzt werden jeweils GTW 2/6, die in der BLE-eigenen Werkstatt in Butzbach-Griedel gewartet werden.   Internet: www.ble-online.de

Connex Regiobahn GmbH (Connex), Frankfurt am Main

Connex Regiobahn entstand 1999 bei der Bündelung aller SPNV-Aktivitäten der ehemaligen DEG-Verkehrs-GmbH in Deutschland, Österreich und der Schweiz. Damit stellt Connex mit einem Liniennetz von rund 1.000 km und einem SPNV-Volumen von rund 11,7 Mio. Zugkilometern

Nr	Fabrikdaten	Bauart	Vorgeschichte	Bemerkungen
12	Jung 13117/1960	R42C	–	lw von SK
13	Jung 13406/1961	R42C	ex SK 13	defekt
17	Jung 13286/1962	R42C	ex SK 17	abgestellt

Zugbegegnung von BLE VT 114 und 365 122 der DB Cargo am 02.06.2000 im noch mit Formsignalen ausgestatteten Bahnhof Hungen in der Wetterau

pro Jahr den größten privaten SPNV-Betreiber in Deutschland dar. Zu den Tochterunternehmen gehören:

- NOB, Kiel (100%)
- OME, Neubrandenburg (100%)
- NWB, Osnabrück (33%)
- RBE, Mettmann (100%)
- BOB, Holzkirchen (50%)
- WEG, Waiblingen (96,95%).

Connex Verkehr GmbH (Connex), Frankfurt am Main

Die Connex Verkehr GmbH ist ein Teil der in 17 Ländern (unter anderem Frankreich, Schweden und Australien) vertretenen Connex-Gruppe, die wiederum zur Sparte Vivendi Environnement der Vivendi-Gruppe gehört. In Deutschland ist Connex mit über 3.000 Mitarbeitern in 33 Tochtergesellschaften das führende privatwirtschaftliche Nahverkehrs- und Eisenbahnunternehmen. Mit der Umwandlung der vormals als Deutsche Eisenbahn-Gesellschaft mbH (DEG) bekannten Gesellschaft in Connex wurden auch die Geschäftsaktivitäten neu geordnet:

Connex Stadtverkehr GmbH übernimmt zusammen mit der Deutschen Nahver-kehrsgesellschaft GmbH (DNVG, 51%ige Beteiligung) Aufgaben im öffentlichen Personennahverkehr (ÖPNV) im städtischen und regionalen Linienverkehr mit Bussen und Straßenbahnen.

Den Bereich des Schienenpersonennahverkehrs sowie des regionsübergreifenden Schnellverkehres „InterConnex" deckt Connex Regiobahn GmbH ab. Connex Cargo Logistics GmbH bietet logistische Lösungen im Schienengüterverkehr.

Die 100%ige Connex-Tochter Deutsche Eisenbahn-Gesellschaft mbH (DEG), stellt Dienstleistungen im Bereich Bahninfrastruktur bereit. Bei ihr ist auch die NEB angesiedelt, die im Raum Berlin eine eigene Schieneninfrastruktur unterhält.

Zum Jahreswechsel 2001/2002 hat die Connex-Gruppe zudem die Jenbacher-Tochter Integral Verkehrstechnik AG (IVT) mitsamt Patentrechten und Know-how für das Nahverkehrszugsystem „Integral" übernommen. Bei der Connex-Tochter BOB sind bereits 17 Triebwagen dieser Bauart im Einsatz.

Übergeordnete Funktionen werden dabei durch die Connex Verkehr wahrgenommen.

Internet: www.connex-gruppe.de

Einer der am längsten bestehenden Nahverkehrskonzerne ist die heute unter dem Markennamen Connex bekannte Gesellschaft. Die Wurzeln des Unternehmens reichen bis in das Jahr 1897 zurück, als Frankfurter Banken zusammen mit dem Unternehmer A. Sprickerhoff 1897 in Frankfurt/Main die Aktiengesellschaft für Bahn-Bau und -Betrieb (BBB) gründeten. Im darauf folgenden Jahr ging die Deutsche

Eisenbahn Aktien-Gesellschaft (DEAG) als Effekten-Holding-Gesellschaft aus der BBB hervor. Am 13. Mai 1899 wurde die Württembergische Eisenbahn-Gesellschaft AG (WEG) als Aktiengesellschaft unter der Leitung der Firma Artur Koppel, Fabrik schmalspuriger Bahnen in Berlin, in Stuttgart gegründet. Das gesamte Aktienkapital lag bei der BBB. 1922 ging das gesamte Kapital der BBB an die DEAG, die somit auch Besitzerin des WEG-Kapitalanteils wurde. 1929 ging die DEAG eine Fusion mit der Aktiengesell-

schaft für Verkehr (AGV) ein, unter Aufgabe ihres gesellschaftsrechtlichen Status und Übertragung des Namens auf die BBB, die fortan Deutsche Eisenbahn-Gesellschaft AG (DEGA) hieß, 1953 folgte die Umfirmierung in Deutsche Eisenbahn-Gesellschaft mbH (DEG). Die WEG blieb als Betriebsführungsgesellschaft in Stuttgart bestehen, von den 3,6 Mio. Mark Grundkapital waren 95% in DEG-Besitz. Am 31.03.1966 wurde die WEG durch Beschluss der Hauptversammlung in eine GmbH umgewandelt. 1984 erfolgte die Fusion von WEG und Württembergischer Nebenbahnen GmbH (WN, ursprünglich WüNA). Bis dato hatte die WEG im Rahmen einer Verwaltungsgemeinschaft die Geschäfte der WN und der WEG-Kraftverkehrsgesellschaft geführt. 1990 folgte als großer Umgestaltungsschritt dann die Gründung der DEG-Verkehrs-GmbH (DEGV) mit den Betriebsführungsgesellschaften DEG und WEG durch die Aktiengesellschaft für Industrie und Verkehrswesen (AGIV). Mit dem Ausstieg der AGIV 1997 wurden die Unternehmensanteile zu 60% an die Compagnie Genérale des Eaux (CGEA) sowie zu 40 an die Energieversorgung Schwaben AG, (später EnBW) veräußert. Seit dem 01.01.2000

gehört die DEGV-Gruppe zu 100% der CGEA, die im März 2000 die Namensänderung in CGEA-Connex vollzog. Der heute präsente Begriff der Connex-Gruppe wurde ab August 2000 verwendet.

Links:
Seit August 2000 findet das Connex-Logo einheitlich bei allen Tochtergesellschaften Anwendung

Erster Tag des InterConnex: Berlin-Lichtenberg, 01.03.2002

Lok 2 der DKE war am 10.04.99 bei den Umbauarbeiten am Frankfurter Hauptbahnhof als Rangierlok eingesetzt

EVU René Rück (Rück), Darmstadt

Dieses in Darmstadt ansässige Unternehmen sorgt regelmäßig mit neuen Ideen zur Reaktivierung stillgelegter Bahnstrecken (Wächtersbach – Bad Orb, u.A.) für Aufsehen. Durchgeführt werden jedoch zur Zeit nur Sonderfahrten und Arbeitszugeinsätze.

Nr	Fabrikdaten	Bauart	Vorge-schichte	Bemer-kungen
796 739-1	MAN 145130/1960	VT 98	ex DB 796 739	–
798 731-6	MAN 145122/1960	VT 98	ex DB 798 731	–
996 701-9	MAN 145021/1959	VS 98	ex DB 996 701	–
998 744-7	MAN 145064/1960	VS 98	ex DB 998 744	–
701 074-7	WMD 1487/1963	TVT	ex DB 701 074	–
701 082-0	WMD/1502/1963	TVT	ex DB 701 082	–
701 105-9	WMD 1508/1964	TVT	ex DB 701 105	–

Deutsche Museums-Eisenbahn GmbH, Geschäftsbereich Darmstädter Kreis-Eisenbahn (DKE)

Die DKE ist ein rechtlich nicht selbständiger Geschäftsbereich der 1976 gegründeten und 1986 in eine GmbH umgewandelten Deutschen Museums-Eisenbahn GmbH (DME). Die von einem Treuhänder gehaltene Gesellschaft betreibt seit 1976 das Eisenbahnmuseum in Darmstadt-Kranichstein als Gleisanschluss. 1984 folgte die Konzessionierung der Strecke Darmstadt Ost – Bessunger Forsthaus als Anschlussbahn.

Nr	Fabrikdaten	Bauart	Vorgeschichte	Bemer-kungen
V 3	MaK 400045/1962	450C	ex Esso Karlsruhe „206"	–

Seit dem 26.03.1997 ist die DME als EVU zugelassen und damit auch die 1992 zur Abwicklung kommerzieller Eisenbahnverkehre gegründete DKE. Neben der eigenen Lok steht der DKE auch vertraglich die Nutzung aller Fahrzeuge des Eisenbahnmuseums Darmstadt-Kranichstein zu.
Internet: www.museumsbahn.de

Frankfurt-Königsteiner Eisenbahn AG (FKE), Königstein

Die FKE, eine Tochtergesellschaft der HLB, verbindet seit 1902 die namensge-

benden Orte über die 16 km lange Strecke Frankfurt-Höchst – Königstein. Seit den 80er Jahren wurde diese Strecke schrittweise zu einer modernen Vorortstrecke ausgebaut, was die Durchbindung von Zügen nach Frankfurt Hbf einschließt.

Nr	Fabrikdaten	Bauart	Vorgeschichte	Bemerkungen
VT 1	LHB VT01A-B/1987	VT2E	–	–
VT 2	LHB VT02A-B/1987	VT2E	–	–
VT 3	LHB VT03A-B/1987	VT2E	–	–
VT 4	LHB VT04A-B/1987	VT2E	–	–
VT 5	LHB VT05A-B/1987	VT2E	–	–
VT 6	LHB VT06A-B/1987	VT2E	–	–
VT 7	LHB VT07A-B/1987	VT2E	–	–
VT 8	LHB VT08A-B/1987	VT2E	–	–
VT 9	LHB VT09A-B/1987	VT2E	–	–
VT 51	Duewag 91341-2/1994	VT 628	–	–
VT 71	Duewag 91343-4/1995	VT 628	–	–
VT 72	Duewag 91345-6/1995	VT 628	–	–

Güterverkehr wird nicht mehr durchgeführt. Die Werkstatt der FKE befindet sich am Endbahnhof Königstein. 1992 kam als neue Aufgabe die Betriebsführung auf der

1989 vom VHT übernommenen Strecke Friedrichsdorf – Grävenwiesbach (Taunusbahn – TSB), hinzu, auf der VHT- und FKE-Fahrzeuge gemeinsam eingesetzt werden. Am 15.11.1999 wurde diese Strecke von Grävenwiesbach nach Brandoberndorf (rück-) verlängert. 1997 konnte die FKE zudem den SPNV der Verbindung Frankfurt-Höchst – Bad Soden übernehmen. Der FKE ist buchmäßig ein GTW 2/6 aus dem HLB-Pool zugeteilt, der seit Juni 2001 übergangsweise durch einen von der DB angemieteten 628/928 ersetzt ist.   Internet: www.fke-online.de

Groß Bieberau-Reinheimer Eisenbahn GmbH (GBRE), Groß Bieberau

Die GBRE entstand 1964 unter der Regie der Odenwälder Hartstein Industrie (OHI) und übernahm von der Reinheim – Reichelsheimer Eisenbahn (RRE) die Strecke Reinheim – Groß Bieberau (3,7

Als Zug 7460 fährt eine Garnitur VT2E der FKE am 20.02.1992 bei Liederbach in den Sonnenaufgang

Nahe der namensgebenden Stadt Königstein war ein Triebzug der FKE im Frühjahr 2002 unterwegs

km), um dort weiterhin GV zu einem großen Steinbruch durchführen zu können. Das Reststück der RRE (Groß Bieberau – Reichelsheim) wurde stillgelegt. Zum Jahresende 2001 endete jedoch der Güterverkehr der DB Cargo nach Reinheim. Gleichzeitig kündigte der nahezu einzige Schienenkunde des Steinbruchs, DB Netz, an, zukünftig keinen Schotter mehr über den Schienenweg aus Groß Bieberau zu beziehen. Der Güterverkehr musste daher eingestellt werden, die Lok wurde im Frühjahr 2002 in den Steinbruch Nieder-Ofleiden umgesetzt.

GVG Verkehrsorganisation GmbH (GVG), Frankfurt am Main

Nr	Fabrikdaten	Bauart	Vorge-schichte	Bemer-kungen
608 801	WMD 1256/1956	US Army	ex DB 608 801	–
908 801	WMD 1258/1956	US Army	ex DB 908 801	–
ES 64 U2 – 005	KM 20561/2002	ES 64 U2	–	lw von r4c

Bereits am 28.02.1971 wurde GVG als Betreibergesellschaft für internationalen Personenfernverkehr gegründet, als EVU ist sie seit 01.04.1994 zugelassen. Seit

Rechts:
Der ehemalige US-Army-Salontriebwagen Vt 08 801 traf im Sommer 2000 einen damals brandneuen Regionalverkehrstriebwagen der Baureihe X 73 900 „Baleine" im Grenzbahnhof Wissembourg/Alsace

24.09.2000 betreibt man in Zusammenarbeit mit der schwedischen Staatbahn SJ (Wagen) sowie der WAB (Lok und Triebfahrzeugführer) ein täglich verkehrendes Nachtzugpaar EN 110/111 Berlin – Saßnitz Fährhafen – Malmö. Zum 07.04.2001 kam ein weiteres saisonales Zugpaar hinzu. Von Anfang April bis Ende Mai wurde eine Verbindung Bratislava – Prag (– Dresden) – Saßnitz Fährhafen – Malmö angeboten.

Die Umsetzung im Jahr 2002 scheiterte mangels Trassen. Die Verbindung wurde jedoch mittels einer Verstärkung des EN 110/111 sowie einem Reisenübergang in Berlin-Schöneberg auf den EC 171/170 der DB Reise&Touristik realisiert.

Die bis Dato über die WAB von Bombardier gemietete Lok der BR 109 wurde Ende April 2002 durch eine von r4c angemietete Taurus-Lok ersetzt.

Internet: www.berlin-night-express.com

Hessische Landesbahn GmbH (HLB), Frankfurt am Main

Die HLB wurde im Zusammenhang mit dem Sozialisierungsparagraphen der hes-

sischen Landesregierung 1955 gegründet und übernahm mehrheitlich die Anteile der folgenden Kleinbahnen:

● Butzbach-Licher Eisenbahn AG (BLE): 94,4%

Nr	Fabrikdaten	Bauart	Vorgeschichte	Bemerkungen
101	DWA 508001/1999	GTW 2/6	–	–
102	DWA 508002/1999	GTW 2/6	–	–
103	DWA 508003/1999	GTW 2/6	–	–
104	DWA 509001/1999	GTW 2/6	–	–
105	DWA 509002/1999	GTW 2/6	–	–
106	DWA 509003/1999	GTW 2/6	–	–
107	DWA 509004/1999	GTW 2/6	–	–
108	DWA 509005/1999	GTW 2/6	–	–
109	DWA 509006/1999	GTW 2/6	–	–
110	DWA 509007/1999	GTW 2/6	–	–
111	DWA 509008/1999	GTW 2/6	–	–
112	DWA 509009/1999	GTW 2/6	–	–
113	DWA 508004/1999	GTW 2/6	–	–
114	DWA 508005/1999	GTW 2/6	–	–
115	DWA 508006/1999	GTW 2/6	–	„Wetterau"
119	DWA 526001/2000	GTW 2/6	–	–
120	DWA 526002/2000	GTW 2/6	–	–
121	DWA 526003/2000	GTW 2/6	–	–
122	DWA 526004/2000	GTW 2/6	–	–
123	DWA 526005/2000	GTW 2/6	–	–
124	DWA 526006/2000	GTW 2/6	–	–
125	DWA 526007/2000	GTW 2/6	–	–
126	DWA 526008/2001	GTW 2/6	–	–
127	DWA 526009/2001	GTW 2/6	–	–> DB Regio
128	DWA 526010/2001	GTW 2/6	–	–> DB Regio
129	DWA 526011/2001	GTW 2/6	–	–> DB Regio
130	DWA 526012/2001	GTW 2/6	–	–> DB Regio
831	MaK 1000831/1988	DE 1002	ex HKB	Reparatur Moers

- Frankfurt-Königsteiner Eisenbahn AG (FKE): 51%
- Hersfelder Eisenbahn Gesellschaft mbH (HEG): 51% (heute nur noch Busverkehr)
- Kassel-Naumburger Eisenbahn AG (KNE): 51%

Außerdem ist die HLB an der HTB (33,3%) sowie der STB (50%) beteiligt.
Für die vier an DB Regio verliehenen GTW erhält die HLB die Fahrzeuge 628/928 448 – 450 im Austausch.
Internet: www.hlb-online.de

Kassel-Naumburger Eisenbahn AG (KNE), Kassel

Seit ihrer Gründung 1902 betreibt und besitzt die KNE, heute eine Tochtergesellschaft der HLB, die Strecke Kassel Wilhelmshöhe Süd – Naumburg. Bis auf einen von der KNE-Tochter Regionalbahn Kassel GmbH (RBK) betriebenen Abschnitt, auf dem die Straßenbahnlinie Kassel – Baunatal der Kasseler Verkehrsgesellschaft mbH (KVG) die Strecke mitbenutzt, ist der Personenverkehr auf der KNE-Stammstrecke passé. Heute dient sie vor allem der Güterverkehrsanbindung des VW-Werkes Baunatal.

Seit 1998 wird jedoch mit drei HLB-GTW 2/6 SPNV Kassel – Wabern – Bad Wildungen durchgeführt. Die RBK betreibt zudem auch die Strecke Kassel – Hessisch Lichtenau, die von KVG-Straßenbahnen und DB-Cargo Güterzügen befahren wird. Der Streckenteil Großenritte – Naumburg gehört seit 1992 der Regionalmuseum Naumburger Kleinbahn e.V., der Betrieb wird durch den Hessen-Courrier e.V. durchgeführt.
Diese Übersicht enthält nicht die Straßenbahnfahrzeuge der RBK sowie die buchmäßig zugeteilten drei GTW 2/6 aus dem HLB-Pool.
Internet: www.kne-online.de

Nr	Fabrikdaten	Bauart	Vorgeschichte	Bemerkungen
DG 201	KHD 57877/1965	DG2000CCM	–	–
DG 202	KHD 56955/1959	DG2000CCM	–	–

Verkehrsverbund Hochtaunus (VHT), Bad Homburg

Als die damalige Deutsche Bundesbahn Ende der 1980er Jahre plante, die Bahnstrecke Friedrichsdorf - Grävenwiesbach stillzulegen, entschlossen sich der Hochtaunus-Kreis und dessen 13 Städte und Gemeinden zur Gründung des Zweckverbandes „Verkehrsverband Hochtaunus" (VHT). Ein Jahr später, am 14.07.1989, konnte der VHT die 28,8 km lange Strecke für 2,8 Millionen DM von der DB erwerben. Im Dezember 1989 einigten sich der VHT und das Land Hessen über den Ausbau der Strecke und die Beschaffung von zunächst elf modernen Dieseltriebwagen, wobei sich das Land Hessen mit 16,5 Millionen DM an den Gesamtinvestitionen von ca. 70 Millionen DM beteiligte.

Diese Triebwagen kamen ab 27.09.1992 in einem einjährigen Probebetrieb auf der mittlerweile für Geschwindigkeiten von 60-80 km/h ausgebauten Strecke zum Einsatz. Sämtliche Haltepunkte wurden mit Hochbahnsteigen ausgerüstet, zudem entstand in Usingen ein zentrales Stellwerk.

Seit 26.09.1993 wird in dichtem Taktverkehr gefahren, gleichzeitig wurden parallele Busverbindungen eingestellt. Die als „Taunusbahn" bezeichneten Züge sind bis Bad Homburg durchgebunden, einige bis Frankfurt Hbf. Am 15.11.1999 wurde

die von der „Taunusbahn" befahrene Strecke um 8,1 km verlängert, als der Abschnitt Grävenwiesbach – Brandoberndorf der ehemals bis Albshausen führenden Strecke reaktiviert wurde. Die Betriebsführung unterliegt der FKE, die in ihrer Werkstatt in Königstein auch die Wartung der Triebwagen übernimmt. Aus diesem Grund sind die Fahrzeugumläufe der „Taunusbahn"-Triebwagen über Frankfurt Hbf mit denen der FKE-Triebwagen verknüpft. Güterverkehr findet auf der „Taunusbahn" seit 05.11.2000 nicht mehr statt.

Nr	Fabrikdaten	Bauart	Vorge-schichte	Bemer-kungen
VT 11	LHB 11A-B/1992	VT2E	-	–
VT 12	LHB 12A-B/1992	VT2E	-	–
VT 13	LHB 13A-B/1992	VT2E	-	–
VT 14	LHB 14A-B/1992	VT2E	-	–
VT 15	LHB 15A-B/1992	VT2E	-	–
VT 16	LHB 16A-B/1992	VT2E	-	–
VT 17	LHB 17A-B/1992	VT2E	-	–
VT 18	LHB 18A-B/1992	VT2E	-	–
VT 19	LHB 19A-B/1992	VT2E	-	–
VT 20	LHB 20A-B/1992	VT2E	-	–
VT 21	LHB 21A-B/1992	VT2E	-	–

Vor der Kulisse von Kassel-Nordshausen brummte DG 201 der KNE am 26.02.1999 mit einem Güterzug bergwärts

Auf der Friesenheimer Insel in Mannheim war am
03.02.2002 BASF 1002 mit DFG 80172 unterwegs

RHEINLAND-PFALZ
und SAARLAND

BASF AG, GLL/R Servicecenter Schienenverkehr (BASF), Ludwigshafen

Das Chemiewerk der BASF in Ludwigshafen, das zu den größten derartigen Werken in Deutschland zählt, verfügt über eine eigene Werkbahn. Für das Rangieren der ca. 25 täglichen Güterzüge sowie zahllose werksinterne Fahrten verfügt man über 17 Dieselloks und sechs Zweiwegefahrzeuge.

In der zweiten Hälfte der 90er begann BASF, auf DB-Gleisen eigene (Ganz-) Züge zu fahren. Die Mehrzahl dieser Verkehre ging am 04.03.2001 auf die neugegründete rail4chem über, an der die BASF 25% der Anteile hält. Aufgrund eines auf Langstrecken vereinbarten Wettbewerbsverbotes mit der rail4chem verblieben der BASF nur Kurzrelationen von Ludwigshafen BASF nach Mannheim Industriehafen sowie nach Germersheim. Zwischen Mannheim Friedrichsfeld und Germersheim befördert die BASF zudem seit 28.02.2002 werktäglich ein Zubringerzugpaar des NeCoSS-Containerzugsystems. Am 04.03.2002 übernahm die BASF die Bedienung der Firma Duttenhöfer in Haßloch (Pfalz), welche bei Bedarf werktäglich angefahren wird. Seit 17.06.2002 verkehrt vom Ludwigshafener Werkgelände ausgehend an Mo + Mi + Fr ein Zugpaar zum französischen Korrespondenzbahnhof Lauterbourg, wo die Wagen an SNCF-FRET übergeben, bzw. übernommen werden. Internet: www.basf.de

Nr	Fabrikdaten	Bau-art	Vorge-schichte	Bemer-kungen
1001	Adtranz 15084/1998	293	ex DB 201 812	–
1002	Adtranz 72030/1999	293	ex DB ?	–
1003	Adtranz 70110/1999	293	ex DB ?	–

Dampflokmuseum Hermeskeil GbR (DMHK), Hermeskeil

Bereits 1976 begann der Unternehmensberater Bernd Falz mit dem Sammeln von Dampflokomotiven. Größeren Zuwachs erhielt die Sammlung nach der deutschen Wiedervereinigung. Damals kamen auch erstmals einige Dieselloks in den Bestand von Falz. Ein Teil der Dieselloks ist betriebsfähig und steht für Überführungsfahrten, Mieteinsätze, etc. zur Verfügung. Eingestellt sind diese Maschinen mangels eigener EVU-Zulassung bei EBM, ESS und KEG. Die übrigen Loks sind zusammen mit den Dampfloks in Hermeskeil/Hunsrück und Falkenberg abgestellt. Internet: www.dmhk.de

Nr	Fabrikdaten	Bau-art	Vorge-schichte	Bemer-kungen
1	LEW 16969/1980	V 60 D	ex Umform-technik Erfurt 1	–
7	LEW 16974/1980	V 60 D	ex EIB 7	abgestellt
346 594-5	LEW 12393/1969	V 60 D	ex Glaswerke Ilmenau	abgestellt
346 078	LKM 270078/1963	V 60 D	ex DB 346 078	in Falkenberg
346 660	LEW 12630/1970	V 60 D	ex DB 346 660	in Falkenberg
120 355-3	LTS 2087/1974	M 62	ex DB 220 355	–
231 012-6	LTS 0114/1972	TE 109	ex DB 231 012	–> ESS
232 305-P	LTS 0518/1975	TE 109	ex DB 232 305	–
232 375-6	LTS 0610/1976	TE 109	ex DB 232 375	–

Hellertalbahn GmbH (HTB), Betzdorf

Die HTB wurde am 19.07.1999 als gemeinsames Unternehmen der HLB, SK und WEBA gegründet. Die drei Gesellschaften aus Hessen, Nordrhein-Westfalen und Rheinland-Pfalz, die zu gleichen Anteilen an der HTB beteiligt sind, hatten in einer Bietergemeinschaft die Durchführung der SPNV-Leistungen im Dreiländereck zwischen Betzdorf und Dillenburg ab 26.09.1999 gewonnen. Innerhalb der HTB übernimmt die WEBA Geschäftsführung, Betriebsleitung sowie Personal- und Fahrzeugdisposition sowie die Wartung der drei HTB-Triebwagen in der WEBA-Werkstatt in Steinebach-Bindweide. Für Marketing und Vertrieb ist die SK zuständig, die

Nr	Fabrikdaten	Bauart	Vorge-schichte	Bemer-kungen
525 116-0	DWA 525001/1999	GTW 2/6	–	–
525 117-8	DWA 525002/1999	GTW 2/6	–	–
525 118-6	DWA 525003/1999	GTW 2/6	–	–

HLB wird Hauptuntersuchungen und größere Reparaturen an den Triebwagen in ihren Werkstätten durchführen. Die drei GTW 2/6 entstammen der HLB-Serie. Internet: www.hellertalbahn.de

Hochwaldbahn Eisenbahnbetriebs- und Bahnservicegesellschaft mbH (HWB), Trier

Vor rund elf Jahren wurde am 10.10.1991 in Trier der Verein Hochwaldbahn e.V. (HWB) von Eisenbahnfreunden aus Trier und Umgebung zum Betrieb einer Museumsbahn auf der rund 48 km langen DB Strecke Trier – Hermeskeil (Ruwertalbahn, stillgelegt am 10.08.1998) gegründet. Zur Trennung von Verein und kommerziellen Fahrbetrieb wurde zudem am 29.10.2000 durch drei Privatpersonen die Hochwaldbahn Eisenbahnbetriebs- und

Bahnservicegesellschaft mbH gegründet. Die vereinseigenen Fahrzeuge werden im Touristik-, Ausflugs- und Nahverkehr eingesetzt. Seit Auflassung des eigenen EVU 1998 sind die Fahrzeuge der HWB bei mehreren anderen EVU eingestellt. Internet: www.hochwaldbahn.de

Erster Tag der Hellertalbahn im September 1999. Triebwagen VT 118 wartet in Würgendorf auf Fahrgäste

Nr	Fabrikdaten	Bauart	Vorgeschichte	Bemerkungen
VL 1	Jung 12255/1956	R30C	ex BiE Lok 1	–
VL 2	LKM 262412/1972	V 22	ex Umformtechnik Erfurt 4	–
VL 3	LKM 253010/1960	V 22	ex DB 311 009	HU Hermeskeil
VL 5	Deutz 57452/1962	MS530C	ex GME V11	–
VT 50	Uerdingen 72448/1966	VT 98	ex HEG VT 54	HU Hermeskeil
VT 51	Uerdingen 58355/1953	VT 95	ex DB 795 286	HU Hermeskeil
VT 52	MAN 146567/1961	VT 98	ex DB 796 785	->VEB
VT 53	Uerdingen 66555/1959	VT 98	ex DB 798 668	HU Hermeskeil
VT 54	Uerdingen 66692/1960	VT 98	ex DB 798 711	–
VT 55	MAN 145112/1960	VT 98	ex KVG VT 55	–
VT 56	WMD 1212/1956	VT 98	ex DKB 202, ex DB 798 576	–
VT 57	MAN 146590/1962	VT 98	ex DKB 208, ex DB 798 808	–
VM 20	Uerdingen 72913/1966	VM 98	ex HEG VM 56	HU Hermeskeil
VB 21	Orion 142516/1955	VB 95	ex DB 995 516	HU Hermeskeil
VB 22	Rathgeber 20.302-11/1961	VB 98	ex KOE VB 2, ex DB 996 296	–
VB 23	Uerdingen 60841/1955	VB 98	ex KVG VB 23	HU Hermeskeil
VB 24	Rathgeber 20.302-29/1962	VB 98	ex DB 998 314	HU Hermeskeil
VS 30	Uerdingen 72449/1966	VS 98	ex HEG VS 55	HU Hermeskeil
VS 31	WMD 1395/1959	VS 98	ex DB 998 863	–
VS 32	Uerdingen 66496/1959	VS 98	ex DB 996 658	->VEB
VS 33	MAN 145088/1960	VS 98	ex DB 996 768	HU Hermeskeil

MEV Eisenbahn-Verkehrsgesellschaft mbH (MEV), Ludwigshafen

Als Personaldienstleister bietet die MEV qualifiziertes und erfahrenes Betriebspersonal – darunter zählen Betriebsleiter, Lokführer, Wagenmeister, Rangierer, und Fahrdienstleiter/Stellwerkspersonal – in mehreren europäischen Ländern an. Zu den Kunden zählen beispielsweise NetLog (boxXpress.de) und rail4chem, aber auch die Schweizer SBB. Internet: www.m-e-v.de

Ostertalbahn / Kreisverkehrs- und Infrastrukturbetrieb St. Wendel, St. Wendel

Seit Anfang 1998 setzen sich die seit 27.11.1999 als „Arbeitskreis Ostertalbahn (AkO) e.V." zusammengeschlossenen Eisenbahnfreunde für den Erhalt der 21 km langen Bahnverbindung zwischen Ottweiler und Schwarzerden ein, nachdem die DB angekündigt hatte, den Güterverkehr und die Strecke stillzulegen. Auf Initiative des Arbeitskreises übernahm der Landkreis St. Wendel am 01.01.2000 mit Unterstützung der

Anliegergemeinden sowie der saarländischen Landesregierung die Streckeninfrastruktur für vorerst 25 Jahre auf Pachtbasis von DB Netz. Seit 14.04.2001 findet an Sommerwochenenden regelmäßiger Ausflugsverkehr statt. Der Güterverkehr nach Schwarzerden, den DB Cargo auch nach der Übernahme der Strecke durch den Landkreis weitergeführt hatte, endete hingegen im Rahmen des Konzeptes MORA C zum 31.12.2001.

Nr	Fabrikdaten	Bauart	Vorgeschichte	Bemerkungen
1	Jung 13205/1960	Köf II	ex DB 323 837	in HU, gehört AkO
2	O&K 26336/1963	Köf III	ex DB 332 098	in HU, gehört Landkreis

Pfalzbahn GmbH (Pfalzbahn), Frankenthal

Die in der Pfalz ansässige Privatbahn wurde 08.12.1995 von einigen Privatpersonen sowie einem Verein gegründet und erhielt am 29.04.1996 die Zulassung als EVU. Unternehmensinhalt ist das Erbringen von Eisenbahnverkehrsleistungen sowie das Betreiben von Eisenbahninfrastruktur. Für Sonderfahrten verfügt man über einige Schienenbusse, weitere Fahrzeuge sind nicht betriebsfähig am Betriebsstandort Worms abgestellt. Internet: www.pfalzbahn.de

Nr	Fabrikdaten	Bauart	Vorgeschichte	Bemerkungen
798 622-7	Uerdingen 61977/1956	VT 98	ex DB 798 622	–
798 818-1	MAN 146600/1962	VT 98	ex DB 798 818	lw von DBMuseum
998 250-5	Uerdingen 66957/1961	VB 98	ex DB 998 250	HU Hermeskeil
998 746-1	MAN 145066/1960	VS 98	ex DB 998 746	–

Rheinhessische Eisenbahn, Inh. Wolfgang Kissel (RHEB), Kriegsfeld

Bereits 1995 wurde die RHEB als Betriebsabteilung der Verkehrsbetriebe Wolfgang Kissel gegründet, im Oktober 1995 folgte die Zulassung als EVU. Ab 1999 wurde ein kleiner Bestand aus Altbaufahrzeugen

der SWEG aufgebaut, der im Sonderzugverkehr eingesetzt wird. August 2001 erfolgte die Umwandlung der RHEB in ein selbständiges Unternehmen mit Sitz in Kriegsfeld und Betriebsstandort in Langenlonsheim. Internet: www.rheb.de

Nr	Fabrikdaten	Bauart	Vorgeschichte	Bemerkungen
VT 104	ME 23498/1952	Esslingen	ex SWEG VT 104	–
VB 85	MaK 504/1953	GDT	ex SWEG VB 85	–
VS 224	ME 25265/1959	Esslingen II	ex SWEG VS 224	abgestellt
VS 235	ME 25264/1959	Esslingen II	ex SWEG VS 235	–
VS 236	ME 23349/1951	Esslingen	ex SWEG VB 236	abgestellt

Rhenus Keolis GmbH & Co. KG (RK), Mainz

Rhenus Keolis entstand erst am 03.09.2001 aus der am 21.10.1998 gegründeten eurobahn Verkehrsgesellschaft mbH & Co KG. Die Anteile werden von der Dortmunder Rhenus AG & Co. KG (51%) und der französischen Keolis S.A., Paris (49%) gehalten. An Keolis hält die französische Staatsbahn SNCF 43,5%. Die Bezeichnung „eurobahn" lebt auch nach der Gründung von Rhenus Keolis weiterhin als Markenname für die SPNV-Leistungen (Konzessionierung als EVU am 26.10.1999) weiter. Es handelt sich dabei um die seit 30.05.1999 erbrachten Verkehrsleistungen zwischen Alzey und Kirchheimbolanden (18 km) sowie die seit 28.05.2000 in Ostwestfalen-Lippe auf den zusammen 92 km langen Strecken Bielefeld – Rahden und Bielefeld – Lemgo gefahrenen Verkehre. Rhenus Keolis ist darüber hinaus Mehrheitsgesellschafter der sächsischen FEG und Betreiber von Busbetrieben in Bad Kreuznach und Zweibrücken. Internet: www.rhenus-keolis.de

Nr	Fabrikdaten	Bauart	Vorgeschichte	Bemerkungen
VT 1.01	Adtranz 36881/2000	RS 1	–	Alzey
VT 1.02	Adtranz 36882/2000	RS 1	–	Alzey
VT 2.01	Talbot 191300-2/2000	Talent	–	Bielefeld
VT 2.02	Talbot 191303-5/2000	Talent	–	Bielefeld
VT 2.03	Talbot 191306-8/2000	Talent	–	Bielefeld
VT 2.04	Talbot 191309-11/2000	Talent	–	Bielefeld
VT 2.05	Talbot 191312-14/2000	Talent	–	Bielefeld
VT 2.06	Talbot 191315-17/2000	Talent	–	Bielefeld
VT 2.07	Talbot 191395-97/2000	Talent	–	Bielefeld

RP Eisenbahn GmbH (RPE), Wachenheim

Die RPE wurde 1998 gegründet. Der eigentlich angedachte Name „Rheinland-Pfalz Eisenbahn" wurde bei Gründung nicht von der zuständigen Handelskammer genehmigt. Die Gesellschaft ist EIU für die Strecken Alzey – Kirchheimbolanden (18 km, Kauf 01.08.1996) und Freiberg – Holzhau/– Brand Erbisdorf (gepachtet bis 2019). Die ebenfalls seit 12.10.1999 gepachtete Strecke Langenlonsheim – Stromberg – Simmern – Morbach (78,9 km) wurde zum 01.07.2002 wieder an den Eigentümer DB Netz AG zurückgegeben. Die bisher aufgrund des geringen Aufkommens verkehrlich nicht besonders interessante Strecke gewann mit der angedachten SPNV-Reaktivierung zur Anbindung des Flughafens Hahn neues Gewicht. Zusammen mit der Chemnitzer Verkehrs-AG (CVAG) betreibt die RPE außerdem in Sachsen die Unternehmung RIS (siehe dort). In Baden-Württemberg hält die RPE Anteile an der BGW. Internet: www.rp-eisenbahn.de

Nr	Fabrikdaten	Bauart	Vorge-schichte	Bemer-kungen
V 100.01	LEW 13520/1972	V 100.4	ex DB 202 481	Einsatzlok in Mulda

Stadtbahn Saar GmbH (Saarbahn), Saarbrücken

Nach Karlsruher Vorbild verkehrt auch in Saarbrücken die Straßenbahn außerhalb der Innenstadt teilweise auf DB-Gleisen. Anders als in Karlsruhe mußte die Straßenbahn in Saarbrücken jedoch komplett neu aufgebaut werden, nachdem sie ursprünglich bereits am 22.05.1965 stillgelegt worden war. Am 25.10.1997 nahm die Saarbahn auf einer ersten Teilstrecke zwischen Saarbrücken Cottbuser Platz und Saarguemines (F) auf 19 km den Betrieb auf. Ab Brebach wird dabei die DB-Bahnstrecke Saarbrücken – Saarguemines befahren. Am 13.11.2000 wurde die Saarbahnstrecke innerhalb der Stadt Saarbrü-

cken von der Haltestelle Cottbuser Platz bis Siedlerheim verlängert, am 23.09.2001 folgte der Abschnitt nach Riegelsberg Süd. Langfristig soll die Saarbahn im Norden bis Lebach verkehren, wofür Teile der stillgelegten Bahnstrecke Völklingen – Lebach genutzt werden sollen. Ein weiterer Ausbau der Saarbahn ist angedacht. Schon heute verkehrt die Saarbahn bei Sonderveranstaltungen zum Messegelände Saarbrücken, welches an der DB-Strecke nach Fürstenhausen liegt. Nahe der Saarbahn-Haltestelle Ludwigsstr. besteht hierfür eine zweite Verbindung zwischen dem innerstädtischem Saarbahn-Netz und der DB. Internet: www.saarbahn.de

Gut entwickeln sich die Fahrgastzahlen der nach Karlsruher Vorbild aufgebauten Stadtbahn Saar. Einer der Triebwagen konnte bei der Durchfahrt durch die Saarbrücker Innenstadt angetroffen werden

Nr	Fabrikdaten	Bauart	Vorgesch.	Bemerkungen
1001	BWS 1001/1996	–	-	–
1002	BWS 1002/1996	–	-	-> RBK 451 001
1003	BWS 1003/1996	–	-	-> RBK 451 002
1004	BWS 1004/1996	–	-	-> RBK 451 003
1005	BWS 1005/1996	–	-	-> RBK 451 004
1006	BWS 1006/1996	–	-	–
1007	BWS 1007/1996	–	-	–
1008	BWS 1008/1996	–	-	–
1009	BWS 1009/1996	–	-	–
1010	BWS 1010/1996	–	-	–
1011	BWS 1011/1996	–	-	-> RBK 451 005
1012	BWS 1012/1996	–	-	–
1013	BWS 1013/1996	–	-	-> RBK 451 006
1014	BWS 1014/1996	–	-	–
1015	BWS 1015/1996	–	-	–
1016	BWS 1016/2000	–	-	–
1017	BWS 1017/2000	–	-	–
1018	BWS 1018/2000	–	-	–
1019	BWS 1019/2000	–	-	–
1020	BWS 1020/2000	–	-	–
1021	BWS 1021/2000	–	-	–
1022	BWS 1022/2000	–	-	–
1023	BWS 1023/2000	–	-	–
1024	BWS 1024/2000	–	-	–
1025	BWS 1025/2000	–	-	–
1026	BWS 1026/2000	–	-	–
1027	BWS 1027/2000	–	-	–
1028	BWS 1028/2000	–	-	–

Für den Winterdienst verfügt die WEBA über anbaubare Schneepflüge für die „Westerwälder Krokodile". Am 27.01.2002 sind V26.3 und V26.1 bei Steinebach auf der WEBA-Stammstrecke im Einsatz

trans regio Deutsche Regionalbahn GmbH (trans regio), Trier

trans regio wurde 1999 als gemeinsames Unternehmen der Rheinischen Bahngesellschaft AG (Rheinbahn; 50%) und der Moselbahn GmbH (50%) gegründet, um SPNV-Leistungen in Rheinland-Pfalz zu betreiben. Die Moselbahn – bis 1968 Betreiber der gleichnamigen, auf der Südseite der Mosel verlaufenden Bahnstrecke Trier – Bullay – stieg jedoch Anfang 2002 aus der trans regio aus und betreibt künftig ausschließlich Busverkehre. Die Rheinbahn hält derzeit 100% der Gesellschaft, sucht jedoch nach einem Partner. trans regio betreibt seit 28.05.2000 SPNV auf den Strecken (Kaiserslautern -) Landstuhl – Altenglan – Kusel und Andernach – Mayen – Kaisersesch, wobei der Abschnitt Mayen West – Kaisersesch erst am 06.08.2000 reaktiviert wurde. Am 10.06.2001 folgten die in einer Ausschreibung gewonnenen SPNV-Leistungen zwischen Bullay und Traben-Trarbach. Werkstätten unterhält trans regio in Mayen Ost und Altenglan.
Internet: www.trans-regio.de

Nr	Fabrikdaten	Bauart	Vorgesch.	Bem.
VT 001	Adtranz 36859/2000	RS 1	–	–
VT 002	Adtranz 36860/2000	RS 1	–	–
VT 003	Adtranz 36861/2000	RS 1	–	–
VT 004	Adtranz 36862/2000	RS 1	–	–
VT 005	Adtranz 36863/2000	RS 1	–	–
VT 006	Adtranz 36864/2000	RS 1	–	–
VT 007	Adtranz 36865/2000	RS 1	–	–
VT 008	Adtranz 36866/2000	RS 1	–	–
VT 009	Adtranz 36867/2000	RS 1	–	–
VT 010	Adtranz 36868/2000	RS 1	–	–
VT 011	Adtranz 36869/2000	RS 1	–	–
VT 012	Adtranz 36870/2000	RS 1	–	–
VT 013	Adtranz 36871/2000	RS 1	–	–
VT 014	Adtranz 36872/2000	RS 1	–	–
VT 015	Adtranz 36873/2000	RS 1	–	–
VT 016	Adtranz 36874/2000	RS 1	–	–
VT 017	Adtranz 36875/2000	RS 1	–	–
VT 018	Adtranz 36876/2000	RS 1	–	–
VT 019	Adtranz 36877/2000	RS 1	–	–
VT 020	Stadler 37127/2001	RS 1	–	–

Unisped Spedition und Transportgesellschaft mbH (USS), St. Ingbert

Die als Tochterunternehmen der Deutschen Steinkohle AG (DSK) Anfang der siebziger Jahre in Saarbrücken gegründete USS wurde zum 01.09.2000 von der P&O Trans European GmbH (D) übernommen und nach St. Ingbert verlegt. Die Konzentration im Bergbau hat 1995 zu einer Überkapazität an Rangierlokomotiven geführt. Diese hat USS anfänglich im Bereich der Lagerwirtschaft eingesetzt und somit eingekaufte Leistungen der DB Cargo ersetzt. Um über die Anschlussgrenzen hinaus in die DB-Bahnhöfe fahren zu können und somit Schnittstellen zu beseitigen, hat USS die Zulassung als EVU beantragt und am 04.12.1996 erhalten. Ab diesem Zeitpunkt wurde die Übergabe-/-nahme der Züge für/von den Lägern der DSK in die öffentlichen Bahnhöfe verlagert. Die erste Kooperation mit DB Cargo auf öffentlichem Gleis war die Übernahme des Rangierbetriebes im Bf Ensdorf am 05.01.1998. USS bietet Leistungen um und auf der Schiene an, die eigenen Loks werden dabei im Werksverkehr der Bergwerke Ensdorf und Warndt, dem Kraftwerk in Ensdorf und den DSK-Lagern Mellin und Reden eingesetzt. Darüber hinaus ist Unisped mit Rangierleistungen für DB Cargo (Ensdorf, Fürstenhausen) beschäftigt und versieht Bauzugdienste. USS hat am 01.07.2002 auch die Betriebsführung der Hafenbahn Worms übernommen.

Nr	Fabrikdaten	Bauart	Vorgesch.	Bem.
3	KHD 56761/1958	A8L614 R	ex Saarbergwerke 3	–
9	KM 19293/1966	ML 500 C	ex Saarbergwerke 9	–
10	KM 19087/1963	M 700 C	ex Saarbergwerke 10	–
11	Henschel 31681/1973	DHG700C	ex Saarbergwerke 11	–
12	KM 19585/1972	M 500C ex	ex Saarbergwerke 12	–
13	Henschel 31866/1976	DHG700C	ex Saarbergwerke 13	–
14	Henschel 31997/1978	DHG 700	ex Saarbergwerke 14	–
15	Henschel 31993/1979	DHG700C	ex Saarbergwerke 15	–
16	Henschel 32476/1981	DHG700C	ex Saarbergwerke 16	–
17	Henschel 32561/1982	DHG700C	ex Saarbergwerke 17	–
18	Henschel 32721/1982	DHG700C	ex Saarbergwerke 18	–
19	Gmeinder 5281/1964	600 PS	ex RAG 414	–
40	MaK 1000245/1965	V 100 PA	ex HEG V 32	–
412	Gmeinder 5278/1963	600 PS	–	lw von RAG
446	Henschel 30855/1963	DHG500	–	lw von RAG

Vulkan-Eifel-Bahn Betriebsgesellschaft mbH (VEB), Gerolstein

Im Juni 2000 wurde die EBM-Touristik GmbH als Partnerunternehmen der EBM mit Sitz in Gerolstein gegründet. Unternehmensinhalt war zunächst die Erbringung von Sonder- und Ausflugsverkehren für die man neben Schienenbusgarnituren auch Reisezugwagen beschaffte. Im Jahr 2001 wurde erstmals ein vertakteter Ausflugsverkehr auf der von der EBM gepachteten Eifelquerbahn von Gerolstein bis Kaisersesch an Wochenenden durchgeführt.Mit der Konzessionierung als EVU am 13.03.2002 erfolgte die Umfirmierung der EBM Touristik in VEB. Diese bietet seitdem die Sonderzug- und Güterverkehre unter eigenem Namen an. In Kooperation mit der EBM führt die VEB außerdem die zum 02.01.2002 übernommene Bedienung der verbliebenen DB Cargo-Tarifpunkte in der Eifel durch. Seitdem werden die Güterwagen für Derkum, Euskirchen, Zülpich, Meckenheim, Odendorf, Mechernich, Gerolstein und Bitburg in Köln (Bf Köln-Kalk Nord und Gremberg) an DB Cargo übergeben.
Internet: www.veb.de

Nr	Fabrikdaten	Bauart	Vorge-schichte	Bemer-kungen
203 004-7	LEW 13887/1973	V 100.4	ex DB 202 569	HU LSX
203 005-4	LEW 13569/1973	V 100.4	ex DB 202 530	HU LSX
796 784-7	MAN 146566/1961	VT 98	ex EBM Dieringhausen	–
798 670-6	Uerdingen 66561/1959	VT 98	ex DKB, ex EAKJ	–
798 751-4	WMD 1291/1960	VT 98	ex DKB, ex EAKJ	–
996 748-0	MAN 145068/1960	VS 98	ex EBM Dieringhausen	–
998 908-8	Uerdingen 67980/1961	VS 98	ex DKB, ex EAKJ	–

Westerwaldbahn GmbH (WEBA), Steinebach

Die 1999 in eine GmbH umgewandelte WEBA ging 1913 aus der Kruppschen Elbbachtalbahn hervor und gehört dem Landkreis Altenkirchen. Ihre Stammstrecke führt über 16,7 km von Scheuerfeld nach Weitefeld. Der SPNV wurde hier 1966 eingestellt, ebenso wurden der Stre-

ckenabschnitt Weitefeld – Emmerzhausen sowie die abzweigende Strecke Bindweide – Nauroth schrittweise stillgelegt. Die verbliebene Strecke dient dem Güterverkehr. Seit 02.11.1994 betreibt die WEBA wieder SPNV auf der 1994 von der DB übernommenen, 8,3 km langen Strecke Betzdorf – Daaden. Güterverkehr findet dort nicht mehr statt. Von Betzdorf aus wird seit 28.05.1998 die Bedienung der Güterkunden an der Strecke Altenkirchen – Raubach wahrgenommen. In Betzdorf wiederum hat die WEBA am 01.10.2000 den lokalen Rangierdienst übernommen.

Die Betriebswerkstätte der WEBA befindet sich in Bindweide. Dort werden neben den eigenen Fahrzeugen auch die drei Triebwagen der HTB unterhalten. An der HTB hält die WEBA 33,3%.
Internet: www.westerwaldbahn.de

Nr	Fabrikdaten	Bauart	Vorge-schichte	Bemer-kungen
V26.1	Jung 12102/1956	R30B	–	
V26.2	Jung 12103/1956	R30B	–	Unfall-schaden
V26.3	Jung 12748/1957	R30B	–	
V26.4	Jung 12997/1959	R30B	–	Ersatzteil-spender
5	OR DH1004/2/1999	DH 1004	ex DB 211 177	–
6	KM 19454/1968	ML 700 C	ex RAG V 530	–
VT 24	Gmeinder 5443/1968	2x210 PS	ex WEG VT 24	–
VS 23	Gmeinder 5442/1968	2x210 PS	ex WEG VT 23	–
628 677-7	Duewag 91285/1994	VT 628	ex DB 628 677	–
928 677-4	Duewag 91286/1994	VS 928	ex DB 928 677	–

Zugkraft Eisenbahnverkehrs GmbH & Co. KG (Zugkraft), Kottenheim

Als Gemeinschaftsunternehmen der EBM sowie der Kallfelz & Stuch Gleis- und Tiefbau GmbH wurde die Zugkraft im Februar 2002 gegründet. Die Gesellschaft setzt seine Fahrzeuge im Verbund mit denen der EBM im Bauzugdienst ein.
Internet: www.zugkraft-gmbh.de

Nr	Fabrikdaten	Bauart	Vorge-schichte	Bemer-kungen
105 973	LEW 11418/1967	V 60 D	ex WISMUT V 60 08	„Beer-walde"
203 203-5	LEW 12549/1970	V 100.4	ex DB 202 267	–
203 204-3	LEW 12888/1971	V 100.4	ex DB 202 379	–

Vor der nagelneuen Werkstatt der VBG in Neumark konnte an 26.08.2001 eine Parade mit den Triebwagen VT 46, 35, 32 und 07 angetroffen werden

SACHSEN

ASP Schienenfahrzeugdienst GmbH & Co. KG (ASP), Leipzig

Die 1999 gegründete ASP ist aus der rail-management GmbH hervorgegangen und setzt ihre Loks vornehmlich im Bauzugdienst ein.

Am 27.05.2001 war 716 522 der BVO Bahn bei Cranzahl vor dem Sonderzug 80242 unterwegs

Nr	Fabrikdaten	Bau-art	Vorge-schichte	Bemerkungen
220 295-0	LTS 1007/1970	M 62	ex DB 220 295	–
V 200.007	Adtranz 72860/2001	M 62	ex CD 781 349	lw von Bombardier
W 232.05	Adtranz 72610/2000	232	ex DB 231 015	lw von Bombardier

BRG Servicegesellschaft Leipzig mbH, Betriebsteil Freital (BRG)

Diese Tochtergesellschaft der DB betreibt die bei der DB verbliebenen sächsischen

Nr	Fabrikdaten	Bauart	Vorge-schichte	Bemer-kungen
106 560-6	LEW 12315/1969	V 60 D	ex Baywa, Neumarkt/Sa.	-> PRESS

Schmalspurbahnen, das heißt die Strecken Radebeul Ost – Radeburg und Freital-Hainsberg – Kurort Kipsdorf.

Die BRG verfügt zusätzlich über eine meist von Freital aus eingesetzte Normalspur-V 60 D, welche im Bauzugdienst zum Einsatz kommt. Als EVU nutzt man die PRESS.

BVO Bahn GmbH (BVO), Oberwiesenthal

Die BVO Verkehrsbetriebe Erzgebirge GmbH hat als Betreiber des großen Busnetzes im Erzgebirge die BVO Bahn GmbH als Tochterunternehmen im Jahr 1998 gegründet. Seit dem 01.06.1998 betreibt diese als EVU und EIU die ex-DB AG Schmalspurbahn (750-mm-Spur) von Cranzahl nach Kurort Oberwiesenthal.

Nr	Fabrikdaten	Bauart	Vorge-schichte	Bemer-kungen
745 522-8	LEW 16996/1981	V 60 D	ex ENASPOL a.s. (Tschechien)	–

Im regelspurigen Bereich ist eine V 60 D für Arbeitszug- und Sonderzugleistungen vorhanden.
Internet: www.bvo.de

City-Bahn Chemnitz GmbH (CBC), Chemnitz

Auch in Chemnitz soll es bald eine Stadtbahn nach Karlsruher Vorbild geben.
Dazu wurde die City-Bahn Chemnitz
GmbH gegründet, an der neben der
Chemnitzer Verkehrs-AG (CVAG, 80%)
auch die Autobus GmbH Sachsen (20%)
beteiligt ist. Als Vorlaufbetrieb für die
Stadtbahn führte diese zeitweise SPNV
auf der Linie Chemnitz – Stollberg durch,
die seit 10.06.2001 aufgrund der Elektrifi-
zierungsarbeiten gesperrt ist. Die Neu-
eröffnung ist für Herbst 2002 vorgesehen.

Nr	Fabrikdaten	Bauart	Vorge-schichte	Bemer-kungen
411	Adtranz 170979/73/80/2001	NGT-6 LDZ	–	–
412	Adtranz 170981/74/82/2001	NGT-6 LDZ	–	–
413	Adtranz 170983/75/84/2001	NGT-6 LDZ	–	–
414	Adtranz 170987/76/88/2001	NGT-6 LDZ	–	–
415	Adtranz 170985/77/86/2001	NGT-6 LDZ	–	–
416	Adtranz 170989/78/90/2001	NGT-6 LDZ	–	–
511	Stadler 37128/2002	RS 1	–	–
512	Stadler 37129/2002	RS 1	–	–
513	Stadler 37139/2002	RS 1	–	–

Die Strecke Chemnitz – Stollberg wurde
hierfür von der City-Bahn Chemnitz gepachtet. Zukünftig soll die Infrastruktur
jedoch von der RIS betrieben werden, an
der die City-Bahn Chemnitz 50% hält.
Nach der Relation Chemnitz – Burgstädt,
die seit 01.07.2002 bedient wird, soll auch
der SPNV auf den Strecken Niederwiesa
– Hainichen und St. Egidien – Stollberg
übernommen werden.

Döllnitzbahn GmbH (DBG), Mügeln

Die DBG besitzt und betreibt seit Ende
1993 die Schmalspurstrecke Oschatz –
Mügeln – Kemmlitz (18,7 km; 750-mm-
Spur). Nach langen Verhandlungen konnte die Strecke damals von der Deutschen Reichsbahn an die DBG übergeben
werden. An der DBG ist die DRE (25,1%)
und der Landkreis Oschatz beteiligt. Der
SPNV dient hauptsächlich dem Schü-
ler- bzw. dem Ausflugsverkehr, der GV
besteht hauptsächlich aus Kaolin-Trans-
porten von Kemmlitz nach Oschatz
zur Verladung in Normalspurwaggons.
Für den Einsatz auf Normalspurglei-
sen besitzt man aber auch einige Fahrzeuge.

Nr	Fabrikdaten	Bau-art	Vorge-schichte	Bemer-kungen
ESF 10	LKM 252390/1963	V10B	Elektro-V10	–
311 512	LKM 261314/1963	V 22	ex DB 311 512	–
VT 204	WMD 1228/1956	VT 98	ex DKB VT 204	HU OHE Celle
VS 251	Credé 32400/1957	VS 98	ex DKB VS 251	HU OHE Celle

Eisenbahnbau- und Betriebs-gesellschaft Pressnitztalbahn mbH (PRESS), Jöhstadt

Die PRESS wurde im 17.01.2000 mit Sitz in Jöhstadt gegründet und befindet sich teilweise im Besitz der IG Preßnitz-talbahn e.V.. Am 07.06.2000 konnte die Zulassung als EVU für Güter- und Per-sonenverkehr erworben werden. Seitdem engagiert man sich als EVU im öffent-lichen Personen- und Güterverkehr, dem

Nr	Fabrikdaten	Bauart	Vorge-schichte	Bemer-kungen
346 001-6	LEW 11977/1968	V 60 D	ex KUSS 1	–> RAR
312 002-7	LKM 262607/1975	V 22	ex HKW DD-Reick 1	–
346 003-4	LEW 16956/1980	V 60 D	ex MEG 6	–
346 004-3	LEW 15693/1979	V 60 D	ex TOVA Nestemice 716 601	–
204 005-3	LEW 12859/1971	V 100.4	ex DB 202 350	HU LSX
106 560-6	LEW 12315/1969	V 60 D	ex Baywa, BRG	lw von
			Neumarkt/Sa.	
106 992-1	LEW 16579/1979	V 60 D	–	lw von VSE
212 258-8	MaK 1000305/1965	V 100	ex DB 212 258	lw von SFZ
212 305-7	MaK 1000352/1966	V 100	ex DB 212 305	lw von SFZ

Bis zur Betriebs-aufnahme waren die RS 1 der CBC an andere Bahn-gesellschaften ver-liehen. So auch der VT 512, der sich am 17.02.2002 in Bremervörde sonnte

gewerblichen Güterkraftverkehr (Spezialtransporte auf der Straße, insbesondere Eisenbahnfahrzeuge) sowie Eisenbahndienstleistungen aller Art.
Internet: www.pressnitztalbahn.com

Eisenbahn-Logistik-Pirna Nicole und Hans-Jürgen Vogel GbR (ELP), Pirna

Zum 01.05.2001 gründete der ehemalige Geschäftsführer der vor allem durch den Unfall von Haspelmoor im November 2000 bekannten und nach Insolvenz aufgelösten Eisenbahn-Betriebs-Gesellschaft Oberelbe mbH (EBGO) zusammen mit seiner Ehefrau das neue Unternehmen

Nr	Fabrikdaten	Bauart	Vorgeschichte	Bemerkungen
02	LEW 13749/1973	V 60 D	ex Laubag 106-01	lw von Euro Trac
03	LEW 14826/1975	V 60 D	ex Laubag 106-03	lw von Euro Trac
V 170 1125	Nohab 2366/1957	Nohab	ex DSB MY 1125	lw von VSFT
V 170 1131	Nohab 2372/1957	Nohab	ex DSB MY 1131	lw von VSFT
V 170 1143	Nohab 2384/1958	Nohab	ex DSB MY 1143	lw von VSFT
V 170 1142	Nohab 2383/1958	Nohab	ex DSB MY 1142	lw von VSFT

ELP. Als Stützpunkt hat man das ehemalige Bw Pirna angemietet. Bisher betätigte man sich vor allem im eisenbahnlogistischen Bereich und der Personalbereitstellung (wobei EuroRail zu den Kunden zählte), während eine EVU-Zulassung zumindest kurzfristig nicht vorgesehen ist. Für die zwischenzeitlich akquirierten Bauzugleistungen (v.a. für die DGT) hat man bei VSFT und EuroTrac Lokomotiven angemietet.

Freiberger Eisenbahngesellschaft mbH (FEG), Freiberg

Dieses am 07.06.2000 gegründete Tochterunternehmen von Rhenus Keolis, der Kreisverkehrsgesellschaft Freiberg und vier regionaler Busgesellschaften betreibt seit 25.11.2000 für 20 Jahre den SPNV auf der von der RPE gepachteten Strecke Freiberg – Holzhau. Der ursprünglich geplante Starttermin am 05.11.2000 konnte wegen Verzögerungen beim Streckenausbau nicht gehalten werden. Als EVU wurde die FEG am 09.01.2001 zugelassen, die gemäß Sächsischem Landeseisenbahngesetz erforderliche Erlaubnis zur Eröffnung des Betriebes durch den LfB wurde am 22.05.2001 erteilt.

Wartungsarbeiten werden bisher in Mulda durchgeführt, im Jahr 2002 wird eine eigene Werkstatt in Freiberg entstehen.

Internet: www.freiberger-eisenbahn.de

Nr	Fabrikdaten	Bauart	Vorge-schichte	Bemer-kungen
VT 3.01	Adtranz 36883/2000	RS 1	–	„Luisa"
VT 3.02	Adtranz 36884/2000	RS 1	–	„Hanna"
VT 3.03	Adtranz 36885/2000	RS 1	–	–

ITL Eisenbahn GmbH (ITL), Dresden

Die ITL Eisenbahn GmbH mit Sitz in Dresden, gegründet am 17.12.1998, bietet die Gestellung von Arbeitszug- bzw. Strecken-Lokomotiven, Wagen und Per-

Nr	Fabrikdaten	Bauart	Vorge-schichte	Bemer-kungen
102 001	LKM 262367/1972	V 22	ex Elbe-Kies, Mühlberg/Elbe 3	orange
102 002	LKM 262466/1973	V 22	ex Kiesgrube Hermann Leist 2	–
102 003	LKM 262364/1972	V 22	ex VEB Gummiwerk 1	–
102 004	LKM 261128/1962	V 22	ex Materiallager Schwepnitz	–
102 005	LKM ?/?	V 22	ex ?	–
106 001	LEW 11020/1965	V 60 D	ex DR 106 302	–
106 002	LEW 10944/1965	V 60 D	ex FERROPOLIS, Golpa Nord	–
106 003	LEW 11319/1966	V 60 D	ex Kreisbahn Mansfelder Land 3	–
106 004	LEW 10943/1965	V 60 D	ex Kiesgrube Hermann Leist 4	–
106 005	LEW 16680/1979	V 60 D	ex Binnenhäfen Mittelelbe 2	–
106 006	LEW ?/?	V 60 D	ex ?	HU
106 007	LEW 16970/1980	V 60 D	ex DREWAG 2	–
106 008	LEW 14536/1975	V 60 D	ex DREWAG 1	–
106 010	LEW 13810/1973	V 60 D	ex Wacker Chemie Nünchritz „2"	blau
111 001	Deutz 57397/1962	V 100	ex DB 211 160, ex OnRail 23	–
111 002	Deutz 57371/1962	V 100	ex DB 211 134, ex Bothe	orange
118 001	LKM 275106/1965	V 180	ex DB 228 119, ex RBG D 05	–
118 002	LKM 275052/1964	V 180	ex DB 228 552, ex RBG D 06	abgestellt
118 003	LKM 275085/1965	V 180	ex DB 228 585, ex IGE Werrabahn	–
118 004	LKM 275111/1965	V 180	ex DB 228 124, ex BEM	–
120 001	LTS 2006/1973	M 62	ex PKP ST 44 296	–
120 002	LTS 1154/1971	M 62	ex PKP ST 44 204	–
120 003	LTS 1478/1972	M 62	ex PKP ST 44 240	–
120 004	LTS 0837/1970	M 62	ex PKP ST 44 110	HU
120 005	LTS 1147/1971	M 62	ex PKP ST 44 197	–

sonal an. In Kooperation mit den Unternehmen ITL-Recycling und ITL-Baustoffhandel GmbH & Co. KG werden auch komplette Logistikaufgaben, etwa die Versorgung von Gleisbaustellen, übernommen. Zum 01.10.2000 wurde zudem die Anschlussbahn an der Nossener Brücke in Dresden übernommen.

Am 31.12.2001 übernahm man ferner die Bedienung der Anschlussbahn Weinbrand Wilthen. In Dresden und im ehemaligen Bw Kamenz besitzt die ITL eigene Werkstätten, der Standort Königsbrück wurde dagegen Anfang November 2001 aufgegeben.

Internet: www.itl-dresden.de

Regio-Infra-Service Sachsen GmbH (RIS), Chemnitz

Die Regio-Infra-Service Sachsen GmbH wurde am 01.04.2001 als gemeinsame Tochter der Chemnitzer Verkehrs-Aktiengesellschaft (CVAG, 50%) und der rheinlandpfälzischen RPE (50%) gegründet. Sie wird als EIU für die künftig von der CVAG-Tochter City-Bahn Chemnitz betriebenen Strecken fungieren, womit die EU-Auflage der Trennung von Netz und Betrieb erfüllt wird.

Der Pachtvertrag für die ab Herbst 2002 von der CBC befahrenen Strecke Chemnitz – Stollberg läuft derzeit noch mit eben dieser Gesellschaft, soll jedoch bis zur Fertigstellung der Ausbauarbeiten auf die RIS übergehen. Derzeit fungiert die RIS hier bereits als Subunternehmer der CBC. Die RIS führte Anfang 2002 zudem mit DB Netz Verhandlungen über die Pacht der Strecken Stollberg – St.Egidien (ab 09.02.2002 für 20 Jahre) und Niederwiesa – Hainichen.

Internet: www.regio-infra-service.de

Sächsisch-Oberlausitzer Eisenbahngesellschaft mbH (SOEG), Zittau

Die SOEG wurde 1994 als Gesellschaft des Landkreises Löbau/Zittau (69,9%), der Gemeinde Olbersdorf (9,8%), großen Kreisstadt Zittau (7,0%), Gemeinde

Kurort Jonsdorf (6,3%), Gemeinde Kurort Oybin (6,3%) sowie der Gemeinde Bertsdorf-Hörnitz (0,7%) gegründet und im November 1996 als EVU für Personenverkehr zugelassen. Betrieben werden seit 01.12.1996 Infrastruktur und Personenverkehr der Schmalspurstrecken (750 mm Spur) Zittau – Bertsdorf – Kurort Oybin (12,5 km) und Bertsdorf – Kurort Jonsdorf (3,5 km). Zum 01.01.2002 hat die SOEG nach der Zulassung als EVU für Güterverkehr die Bedienung des Tarifpunktes Zittau im Rahmen von MORA C übernommen. Bei den bedarfsweise durchgeführten Fahrten wird eine Lok der Bauart V60D angemietet.

Internet: www.soeg-zittau.de

Vogtlandbahn GmbH (VBG), Zwickau

Die VBG wurde 1994 als Betriebsteil der bayerischen RBG eingerichtet, nachdem die RBG die Ausschreibung der SPNV-Leistungen zwischen Zwickau und Klingenthal sowie Herlasgrün und Adorf gewonnen hatte. Als der Infrastrukturbetreiber der beiden zur Bedienung vorgesehen Strecken, DB Netz, im Jahr 1996 Ausbauarbeiten nicht zum geplanten Termin der Betriebsaufnahme fertigstellen konnte, wurde die VBG vom Freistaat Sachsen beauftragt, mit den bereits abgelieferten acht Triebwagen ab 13.10.1996 SPNV-Leistungen Zwickau – Plauen – Bad Brambach zu erbringen. Mit weiteren zehn im Sommer 1997 beschafften Triebwagen konnte die VBG den Verkehr auf den ursprünglich vorgesehenen Strecken schließlich am 23.11.1997 aufnehmen.

Zum 01.01.1998 wurde der bisherige Betriebsteil der RBG in eine zur Regentalbahn AG gehörende GmbH umgewandelt. Seit 24.05.1998 erbringt die VBG

Neben den Regio-Sprinter-Triebwagen verfügt die Vogtlandbahn inzwischen über einen ansehnlichen Bestand an Desiro. Zwei Exemplare dieser Bauart kreuzen sich hier als VB 27978 und 27981 im Bahnhof Herlasgrün

auch die SPNV-Leistungen zwischen Plauen und Schleiz, wobei sie zwischen Schönberg und Schleiz direkt vom Land Thüringen beauftragt wird, zwischen Plauen und Schönberg hingegen als Subunternehmer von DB Regio fungiert. Ein Jahr später, am 28.05.1999, wurden die VBG-Züge der Relation Klingenthal – Zwickau vom dortigen Hbf in die Innenstadt verlängert. Dabei nutzen die VBG und die Zwickauer Straßenbahn abschnittsweise die selbe Trasse. Am 28.05.2000 übernahm die VBG als Teil des Verkehrsprojekts „EgroNet" zahlreiche neue Leistungen. Die bisher in Bad Brambach endenden VBG-Züge werden meist über das tschechische Cheb ins bayerische Marktredwitz verlängert. Zugleich wird die Verbindung Zwickau – Klingenthal über einen reaktivierten Streckenabschnitt ins tschechische Kraslice ausgedehnt. Zudem übernahm die VBG

Nr	Fabrikdaten art	Bauart	Vorgeschichte	Bemerkungen
Wl 1	LKM 265050/1970	V 22	ex DB 312 150	Verschub Neumark
VT 01	SVT 92385-386/2000	Desiro	–	–
VT 02	SVT 92387-388/2000	Desiro	–	–
VT 03	SVT 92389-390/2000	Desiro	–	–
VT 04	SVT 92391-392/2000	Desiro	–	–
VT 05	SVT 92393-394/2000	Desiro	–	–
VT 06	SVT 92395-396/2000	Desiro	–	–
VT 07	SVT 92397-398/2000	Desiro	–	–
VT 08	SVT 92399-400/2000	Desiro	–	–
VT 09	SVT 92401-402/2000	Desiro	–	–
VT 10	SVT 93046-047/2002	Desiro	–	–
VT 11	SVT 93048-049/2002	Desiro	–	–
VT 12	SVT 93050-051/2002	Desiro	–	–
VT 13	SVT 93052-053/2002	Desiro	–	–
VT 14	SVT 93054-055/2002	Desiro	–	–
VT 15	SVT 93056-057/2002	Desiro	–	–
VT 16	SVT ?/2002	Desiro	–	im Bau
VT 17	SVT ?/2002	Desiro	–	im Bau
VT 18	SVT ?/2002	Desiro	–	im Bau
VT 19	SVT ?/2002	Desiro	–	im Bau
VT 20	SVT ?/2002	Desiro	–	im Bau
VT 21	SVT ?/2002	Desiro	–	im Bau
VT 31	Duewag 91482/1996	RVT	–	–
VT 32	Duewag 91483/1996	RVT	–	–
VT 33	Duewag 91484/1996	RVT	–	–
VT 34	Duewag 91485/1996	RVT	–	–
VT 35	Duewag 91486/1996	RVT	–	–
VT 36	Duewag 91487/1996	RVT	–	–
VT 37	Duewag 91488/1996	RVT	–	–
VT 38	Duewag 91489/1996	RVT	–	–
VT 39	Duewag 91693/1997	RVT	–	Straßenbahnausrüstung
VT 40	Duewag 91694/1997	RVT	–	Straßenbahnausrüstung
VT 41	Duewag 91695/1997	RVT	–	Straßenbahnausrüstung
VT 42	Duewag 91696/1997	RVT	–	Straßenbahnausrüstung
VT 43	Duewag 91697/1997	RVT	–	Straßenbahnausrüstung
VT 44	Duewag 91698/1997	RVT	–	Straßenbahnausrüstung
VT 45	Duewag 91699/1997	RVT	–	Straßenbahnausrüstung
VT 46	Duewag 91700/1997	RVT	–	Straßenbahnausrüstung
VT 47	Duewag 91701/1997	RVT	–	Straßenbahnausrüstung
VT 48	Duewag 91702/1997	RVT	–	Straßenbahnausrüstung

In Zwickau fährt die VBG straßenbahnähnlich durch die Innenstadt. Am Haltepunkt Zwickau Zentrum konnte am 02.10.2000 VT 41 als VB 82069 angetroffen werden

SPNV-Leistungen zwischen Plauen und Hof sowie Mehltheuer und Gera. Wenig später, am 04.07.2000, bezog die VBG zusammen mit der Regental Fahrzeug-werkstätten-GmbH ein neues Werkstatt-gelände in Neumark. Seit 10.06.2001 sind Triebwagen der VBG im Auftrag des Frei-staats Bayern zwischen Hof und Weiden unterwegs. Zum Fahrplanwechsel im De-zember 2002 werden diese Züge über Schwandorf nach Regensburg verlängert.
Internet: www.vogtlandbahn.de

Sachsen:

- KBS 530 Plauen – Hof (28.05.2000)
- KBS 539 Zwickau – Falkenstein – Zwo-tental – Klingenthal – Kraslice (23.11.1997)
- KBS 539 Plauen – Falkenstein – Zwo-tental – Adorf (23.11.1997)
- KBS 541 (Gera –) Elsterberg – Weisch-litz (01.07.2002)
- KBS 543 Plauen – Schönberg (– Schleiz West) (24.05.1998)

Zugkreuzung mit VT 40 und 46 der Vogtlandbahn in Lengenfeld (Vogtl.) am 23.09.1999

- KBS 544 Zwickau – Reichenbach – Plauen – Adorf – Bad Brambach (13.10.1996)

Thüringen:

- KBS 541 Gera – Elsterberg (– Weischlitz) (01.07.2002)
- KBS 543 (Plauen-) Schönberg – Schleiz West (24.05.1998)
- KBS 546 Mehltheuer – Zeulenroda – Weida – Gera (28.05.2000)

Tschechien:

- KBS 544 Bad Brambach – Cheb (– Marktredwitz) (28.05.2000)

Bayern:

- KBS 544 (Bad Brambach –) Cheb – Marktredwitz (28.05.2000)
- KBS 855 Hof – Weiden (10.06.2001)
- KBS 885 Weiden – Regensburg (15.12.2002)

Der VT 104 der
BOB fährt auf dem
Weg nach
München in den
Haltepunkt
Osterhofen ein

BAYERN

Aschaffenburger Hafenbahn/ Hafenverwaltung Aschaffenburg der Bayer. Landeshafenverwaltung München (AH), Aschaffenburg

Die als öffentliches EVU konzessionierte Aschaffenburger Hafenbahn bedient die

Nr	Fabrikdaten	Bauart	Vorge- schichte	Bemer- kungen
L 1	KM 19881/1981	ME 05	ex km Mietlok	–
L 2	Deutz 57501/1963	KG 230 B	–	–
L 3	Deutz 57500/1963	KG 230 B	–	–

Gleisanlagen im Mainhafen Aschaffenburg, die eine Gesamtlänge von etwa 20 km aufweisen. Zudem ist die Hafenbahn auch Eigentümer der 2,2 km langen Strecke Aschaffenburg - Nilkheim – Aschaffenburg - Hafenbahnhof, deren Bedienung jedoch ausschließlich von DB Cargo abgewickelt wird.

Eigentümer der Aschaffenburger Hafenbahn ist der Freistaat Bayern, der die Bahn der Bayerischen Hafenverwaltung München zugeteilt hat. Diese ist auch für die Hafenbahnen in Bamberg, Nürnberg, Regensburg und Passau zuständig.

Am 05.09.1999 hatten sich anlässlich der Feier zum 110-jährigen Jubiläum der Augsburger Lokalbahn alle seinerzeit vorhandenen Betriebsloks zum Stelldichein eingefunden

Augsburger Localbahn GmbH (AL), Augsburg

Schon Ende des 19. Jahrhunderts hatte die aufstrebende Industriestadt Augsburg mit ähnlichen Problemen wie heute zu kämpfen: Der innerstädtische Individualverkehr – damals freilich mit Pferdefuhrwerken – nahm stetig zu, da die an den Flüssen Wertach und Lech entstehenden Industrien ihre Fracht quer durch die Stadt zum Bahnhof beförderten.
Der größte Gesellschafteranteil der AL (39,63%) entfällt heute auf Streubesitz,

Nr	Fabrikdaten	Bauart	Vorge-schichte	Bemer-kungen
21	KM 18325/1956	ML 400 C	–	abge-stellt
22	KM 18326/1956	ML 400 C	–	–
23	KM 18327/1956	ML 400 C	–	–
24	KM 18328/1956	ML 400 C	–	–
25	KM 18329/1956	ML 400 C	–	–
26	KM 18383/1956	ML 400 C	ex Dortmund-Hoerder-Hütten-Union AG	abge-stellt
31	Allrad 180/1997	DH 440	–	abge-stellt
41	LEW 14892/1975	293	ex DB 201 828	–
42	LEW 16378/1978	293	ex DB 201 884	–
43	LEW 16385/1978	293	ex HSB 199 891	–
44	Adtranz 72580/2000	293	ex ?	–

Am 15.05.1999
haben AL 41 und
42 mit Üg 69859
Schongau gerade
verlassen und
müssen sich so-
gleich die Steigung
bei Hohenfurch
emporkämpfen

31,37% auf die MAN B&W Diesel AG, 15% auf die OSRAM GmbH sowie 14% auf die Stadt Augsburg.

Ab 1890 entstanden daher unter Regie der neu gegründeten Augsburger Local-bahn eine Ringstrecke um den Stadt-kern von Augsburg sowie mehrere Stich-strecken, welche allerdings bis 1913 von der damaligen Bayerischen Staatsbahn bedient wurden. Die seit 1928 aus-schließlich dem Güterverkehr dienenden Strecken binden bis heute auf einer Länge von 19,35 km zahlreiche Industrie-betriebe an. Wochentags werden hierfür

zwei der km-Loks eingesetzt. Am Bahn-hof Augsburg Ring besitzt die AL eine eigene Werkstatt, in der neben den eige-nen Fahrzeugen vor allem Privatgüter-wagen unterhalten werden. Auf Initiative der Haindl Papier GmbH & Co KG, wel-che auch an der AL beteiligt ist, über-nahm die AL 1998 in Kooperation mit DB Cargo die Bedienung der Güterverkehrs-stellen Asch-Leeder, Denklingen, Schwab, Kinsau, Schonau und Peiting Ost. Für Aufkommen sorgt hier vor allem eine Pa-pierfabrik der Fa. Haindl. Werktags ver-kehren zwei AL-Zugpaare, die jeweils mit

zwei oder drei V 100 bespannt sind, zwischen Augsburg und Schongau.

Bahnbetriebsgesellschaft Stauden mbH (BBG Stauden), Augsburg

Die BBG Stauden wurde im April 2000 durch Aktive des Vereins Staudenbahn-freunde e.V. gegründet. Dieser Verein hat es sich zum Ziel gesetzt, die 1991 im Personen- und 1996 südlich von Fischach im Gesamtverkehr eingestellte Neben-bahn Gessertshausen – Fischach – Markt Wald (27 km) wieder für den Regel-

verkehr zu reaktivieren. Der Verein führt daher schon seit Jahren Sonderfahrten auf der landschaftlich reizvollen, „Stau-denbahn" genannten, Strecke durch – wenngleich nur bis Fischach. Seit 09.11.2000 finden diese auf der durch den Staudenbahn-Schienenweg-Trägerverein e.V. übernommenen Infrastruktur statt, die BBG dient hier als EIU. Gleichzeitig gelang es der BBG Stauden, einen neuen Güterkunden in Fischach zu gewinnen und diesen an DB Cargo zu vermitteln. Zum 28.07.2001 konnte die BBG Stauden zudem den Abschnitt Fischach – Langen-

neufnach für den Sonder- und Ausflugsverkehr reaktivieren. Für Fahrten steht
eine von der RBG erworbene Esslinger-
Einheit zur Verfügung, die bei der ESG-A
eingestellt ist.

Zum Jahreswechsel 2001/2002 übernahm
die BBG Stauden im Rahmen von Mora C
die östlich von Gessertshausen gelegenen
Gütertarifpunkte Diedorf und Westheim
von DB Cargo. Deren Bedienung erfolgt
weiterhin mit einer DB Cargo-Lok, allerdings unter Regie und mit Personal der
BBG Stauden.

Nr	Fabrikdaten	Bauart	Vorge-schichte	Bemer-kungen
VT 03	ME 23350/1951	Esslingen	ex AKN VT 7	–
VS 11	ME 23440/1952	Esslingen	ex BE VS 21	–

Bayerische CargoBahn GmbH (BCB), Holzkirchen

Mit der Handelsregistereintrag vom
16.12.2001 wurde die Bayerische Cargo-
Bahn GmbH (BCB) mit Sitz in Holzkirchen gegründet.

Dort befindet sich bereits mit der Bayerischen Oberlandbahn GmbH (BOB) eine
Tochterunternehmung der ConnexGrup-
pe. Zum Leistungsspektrum der BCB
als 100%ige Tochter der CCL gehören
Leistungen als Eisenbahnverkehrsunternehmen (EVU) im Schienengüterverkehr
sowie ergänzende logistische Dienstleistungen im Verkehrsraum Bayern.

Zusätzlich bietet die BCB auch die Organisation und Durchführung von nach-
gelagerten Verkehren auch über die
Grenzen des Freistaates hinaus an. Die
Zulassung als EVU erfolgte bereits am
16.11.2001.

Für Arbeitszug- und Schneeräumdienste
verfügt die BCB über die Lok „Weiser
Beer" des Bombardier-Lokpools.

Ende Februar 2002 wurde eine Connex-
G1206 von der WEG zur BCB umgesetzt,
die seit 28.02.2002 den NeCoSS-Flügel-
zug Friedberg – Schweinfurt bespannt.
Die Wartung erfolgt jedoch nach wie vor
bei der WEG.

Nr	Fabrikdaten	Bauart	Vorge-schichte	Bemer-kungen
Weiser Beer	Adtranz 72350/1999	293	ex ?	lw von Bombardier
V 1001-021	VSFT 1001021/2000	G 1206	ex RAG 826	lw von LS

Bayerische Oberlandbahn GmbH (BOB), Holzkirchen

Die erste Ausschreibung von SPNV-Leistungen im Freistaat Bayern umfasste
1997 die Strecken München – Holzkirchen – Schaftlach – Lengries, Schaftlach –
Tegernsee und Holzkirchen – Bayrischzell. Vergeben wurden die Leistungen an
eine Bietergemeinschaft zwischen der
damaligen DEG (heute Connex) und der
Bayerischen Zugspitzbahn AG. Der zweite Bewerber, eine Bietergemeinschaft zwi-

schen DB Regio und Tegernseebahn, gab zwar das günstigere Angebot ab, ging aber leer aus. Die Entscheidung für die DEG, die zum Betrieb der Oberlandstrecken im Juni 1998 die BOB gründete (EVU-Zulassung August 1998), fiel vor allem aufgrund des innovativen Betriebskonzepts der Flügelzugbildung. Hierbei startet in München ein aus drei Triebwagen bestehender Zug, der in Holzkirchen und Schaftlach in einzelne Flügelzüge zu den Endpunkten Bayrischzell, Tegernsee und Lengries geteilt wird. Dieses Betriebskonzept führte jedoch zu schwerwiegenden Problemen. Die nötigen Triebwagen standen zum anvisierten Starttermin, dem 30.05.1998, nicht zur Verfügung, so dass übergangsweise weiterhin lokbespannte Züge von DB Regio im Oberland zum Einsatz kamen. Am

Nr	Fabrikdaten	Bauart	Vorgeschichte	Bemerkungen
VT 101	J3156/01-J3160/01/1998	Integral	–	–
VT 102	J3156/02-J3160/02/1998	Integral	–	–
VT 103	J3156/03-J3160/03/1998	Integral	–	–
VT 104	J3156/04-J3160/04/1998	Integral	–	„Bayrischzell"
VT 105	J3156/05-J3160/05/1998	Integral	–	–
VT 106	J3156/06-J3160/06/1998	Integral	–	–
VT 107	J3156/07-J3160/07/1998	Integral	–	–
VT 108	J3156/08-J3160/08/1998	Integral	–	–
VT 109	J3156/09-J3160/09/1998	Integral	–	–
VT 110	J3156/10-J3160/10/1998	Integral	–	„Holzkirchen"
VT 111	J3156/11-J3160/11/1998	Integral	–	„Tegernsee"
VT 112	J3156/12-J3160/12/1998	Integral	–	–
VT 113	J3156/13-J3160/13/1998	Integral	–	„Lenggries"
VT 114	J3156/14-J3160/14/1998	Integral	–	„Fischbachau"
VT 115	J3156/15-J3160/15/1998	Integral	–	–
VT 116	J3156/16-J3160/16/1998	Integral	–	„Schliersee"
VT 117	J3156/17-J3160/17/1998	Integral	–	–

29.11.1998 übernahm die BOB den Betrieb schließlich selbst.

Dabei stellte sich heraus, daß die modernen Triebwagen nicht ausreichend getes-

Nach dem Debakel in der Startphase sind die Integrale der BOB mittlerweile zuverlässig. Ein Solo-VT der BOB rollt auf dem Weg nach Bayrischzell durch das Voralpenland

tet worden waren. Probleme mit Notbremsen, Türen, Toilettensystem, Motoren und Kupplungen führten zu Verspätungen und Zugausfällen. Daher wurden abermals lokbespannte DB Regio-Züge eingesetzt. Die Integral-Triebwagen wurden im Herstellerwerk Jenbach umfassend modernisiert und kehrten im Jahr 2001 schrittweise wieder in den Plandienst im Oberland zurück.

Zum 10.06.2001 übernahm die BOB die Leistungen nach Lenggries und Tegernsee wieder selbst, seit 01.01.2002 wird wieder nach dem ursprünglichen Betriebskonzept gefahren.

Mit den Einsätzen von DB Regio-Zügen ab 1999 begannen auch Verhandlungen über eine Beteiligung von DB Regio an der BOB, welche letztendlich nach zweijähriger Verhandlungsphase im Dezember 2001 zustande kam. Die BOB-Anteile sind seitdem zu je 50% auf Connex und DB Regio verteilt.
Internet: www.bayerischeoberlandbahn.de

BayernBahn Betriebsgesellschaft mbH (BayBa), München und Nördlingen

Die heute als BayBa bekannte Gesellschaft wurde am 22.12.1987 als Museumsbahnen im Donau-Ries Betriebs-GmbH gegründet. Die Gesellschaft bestehend aus dem Bayerisches Eisenbahnmuseum e.V. (BEM) sowie einer Privatperson erlangte im folgenden Jahr die Konzession als EVU sowie EIU. Im Dezember 1999 erfolgte die Umfirmierung zur BayernBahn Betriebsgesellschaft mbH (BayBa).

Neben der Betriebsführung auf den beiden Bahnstrecken Nördlingen – Dinkelsbühl – Dombühl und Nördlingen – Gunzenhausen (Personen- und Güterverkehr) zeichnet die BayBa auch für die Reststrecke Landshut – Arth der Nebenbahn Landshut – Rottenburg verantwortlich. Ferner sind neben zahlreichen eigenen auch alle betriebsfähigen Fahrzeuge des BEM sowie der DZF bei der BayBa eingestellt. Einsätze erfolgen regelmäßig im

Sonderzugverkehr in ganz Süddeutschland und Österreich.
Internet: www.bayernbahn.de

Eisenbahn- und Sonderwagen-Betriebsgesellschaft mbH (ESG-A), Augsburg

Die in Augsburg ansässige, am 07.02.1997 gegründete, ESG führt mit einer dunkelblau lackierten Wagengarnitur im süddeutschen Raum Sonderfahrten unter dem Leitsatz „Reisen und Speisen in stilvollen Eisenbahnwagen" durch. Angeboten werden beispielsweise Fahrten zum König-Ludwig II-Musical in Füssen. Die Bespannung der Sonderzüge übernimmt meist DB Regio, die ESG ist aber selber seit September 1997 als EVU konzessioniert. Zwei DB Regio-Loks wurden in diesem Zusammenhang mit Werbebeschriftungen für Musicals versehen.
Internet: www.blaue-wagen.de

Nr	Fabrikdaten	Bauart	Vorgeschichte	Bemerkungen
1020 034-3	AEG 5720/1943	E94	ex ÖBB 1020 034	Ersatzteilspender
1020 041-8	AEG 5728/1943	E94	ex ÖBB 1020 041	–

Frankenbahn GmbH (Frankenbahn), Würzburg

Die Frankenbahn wurde am 07.05.1996 als gemeinsames Tochterunternehmen der VAG Verkehrs-Aktiengesellschaft, Nürnberg und der Würzburger Versorgungs- und Verkehrsgesellschaft mbH (WVV) gegründet. Gegenstand des Unternehmens ist die Durchführung von Schienenverkehr auf eigenen und fremden Trassen als Eisenbahnverkehrsunternehmen zur Beförderung von Personen und zum Transport von Gütern. Die Zulassung als EVU erfolgte im Mai 1996. Nach der Gründung existierte die Unternehmung zunächst praktisch nur im Handelsregister.

Versuche, Nebenstrecken in Unterfranken oder die Gräfenbergbahn zu übernehmen, scheiterten. Seit 02.01.2002 übernimmt die Frankenbahn als regionaler Kooperationspartner von rail4chem die Bespannung der Shell-Züge im nicht elektrifizierten Abschnitt zwischen Rangierbahnhof Würzburg und der Entladestelle des Shell-Tanklagers im Würzburger Hafen. Als Eisenbahnverkehrsunternehmen nutzt die Frankenbahn die Gleisanlagen zweier Eisenbahninfrastrukturunternehmen, den Rangierbahnhof Würzburg-Zell der DB Netz AG und die Schieneninfrastruktur der Hafeneisenbahn der Würzburger Hafen GmbH.

Nr	Fabrikdaten	Bauart	Vorgeschichte	Bemerkungen
RAR 1	LEW 12363/1969	V 60 D	ex EKO 35	lw von RAR, Würzburg Hafen

GSG Knape Gleissanierung GmbH (GSG), Kirchheim

Unter der 1997 gegründeten GSG ist eine Gruppe von Beteiligungsunternehmen des Gleisbaus, der Fahrwegmessung, der Eisenbahnvermessung sowie der Bauvorbereitung und -durchführung zusammengeführt. Im Jahr 2000 beschaffte man insgesamt vier modernisierte LEW-V 100, die ursprünglich für die Logistik (MfS40-Wagen und Baustofftransportwagen BA 251/255) der schweren Planumsverbesserungsmaschinen PM 200 der EURO-POOL GmbH Hochleistungstecnik im Bahnbau & Co. KG, einer 100%igen GSG-Tochter, eingesetzt wurden.

Veränderte Bedingungen und damit verbundene Änderungen in der Baustofflogistik führten zu wesentlich erhöhten Zuglasten und verhinderten grundsätzlich den Einsatz der Loks. Seitdem sind die Maschinen an die EVS vermietet, die sie für Gleisbauarbeiten an andere Unternehmen weiter vermietet. Nach

Keine schwere Last hatte diese V100 der GSG am 05.04.2002 auf der rechten Rheinstrecke bei Kamp-Bornhofen am Zughaken

Rechte Seite: Noch fahren NE 81 auf der Kahlgrundbahn, doch die Ablösung in Form von modernen Desiro-Triebwagen wird ständig stärker spürbar. Am 13.03.2002 verlässt ein Pärchen gerade die Ortschaft

einer kurzzeitigen Einstellung bei der PEG sind die Loks auch bei EVS eingestellt.

Internet: www.gsg-knape.de

Nr	Fabrikdaten	Bauart	Vorgeschichte	Bemerkungen
V 150.01	Adtranz 72440/2000	293	ex DGT 710 961	-> EVS
V 150.02	Adtranz 72450/2000	293	ex DGT 710 962	-> EVS
V 150.03	Adtranz 72460/2000	293	ex DGT 710 963	-> EVS
V 150.04	Adtranz 72470/2000	293	ex DGT 710 966	-> EVS

Kahlgrund-Verkehrs-GmbH (KVG), Schöllkrippen

Die KVG wurde 1951 als Auffanggesellschaft für die in Konkurs gegangene Kahlgrund-Eisenbahn AG gegründet. Gesellschafter der KVG sind neben dem Freistaat Bayern (67%), DB Regio (28%) und der Landkreis Aschaffenburg (5%).Die KVG ist Eigentümer der 1898 gebauten 23 km langen Strecke Schöll-

krippen – Kahl, auf der nach der Ende 1997 erfolgten Einstellung des Güterverkehrs ausschließlich SPNV durchgeführt wird. Die werktags stündlich, am Wochenende alle zwei Stunden verkehrenden Züge sind über Kahl hinaus bis Hanau durchgebunden. Die Werkstatt der KVG befindet sich am Streckenendpunkt in Schöllkrippen.

Zusätzlich zum vorhandenen VT 2000 wurden zwei weitere Triebwagen des Typs „Desiro" bestellt, die im August 2002 und August 2003 erwartet werden.

Internet: www.kvg-bahn.de

Nr	Fabrikdaten	Bauart	Vorgeschichte	Bemerkungen
VT 80	WU 30903/1981	NE 81	–	„Spessart"
VT 81	WU 30904/1981	NE 81	–	„Kahltal"
VT 82	WU 36099/1993	NE 81	–	
VT 97	Adtranz 36603/1997	RS 1	–	
VT 2000	SFT 92403-4/2000	Desiro	–	
VS 183	WU 33627/1985	NE 81	–	
VS 184	WU 33628/1985	NE 81	–	

Zusammen mit
vielen anderen
DB-Lokomotiven
stand Lokomo-
tion-ES 64 U2-001
am 03.01.2002
im Bh München
abgestellt

Werkstattstütz-
punkt der Ober-
pfalzbahn ist Lam,
wo am 28.08.2001
neben dem Esslin-
ger VT 07 auch die
RegioShuttle VT 41
und 36 ange-
troffen werden
konnten

Lokomotion Gesellschaft für Schienentraktion GmbH (Lokomotion), München

Das Unternehmen Lokomotion wurde im Jahr 2000 von der Bayerischen Trailerzug GmbH (BTZ) und der Kombiverkehr GmbH als gemeinsame Projektgesellschaft gegründet. Als Aktivitätsbereich hatte man bereits damals den Kombinierten Verkehr im Auge.

Nachdem bereits am 24.05.2000 die Genehmigung als EVU für Güterverkehr erteilt worden war folgte erst am 17.08.2001 die Genehmigung zur Betriebsaufnahme, zudem wurde per Beschluß am 17.09.2001 der bis zu diesem Zeitpunkt verwendete Name „Lokomotion Projektgesellschaft mbH" in den heutigen umgewandelt.

Zum Jahreswechsel 2001/2002 ergaben sich Veränderungen in der Gesellschafterstruktur. Die Lokomotion-Anteile verteilen sich nun auf Kombiverkehr (20%),

DB Cargo AG (30%), die italienische Privatbahn RTC (30%) sowie mit 20% auf die italienische STR (Tochter der Brennerautobahngesellschaft). Als erste Zugverbindung unter Lokomotion-Regie wurden am 15.10.2001 zwei werktägliche Containerzugpaare zwischen München und Verona eingerichtet. Lokomotion befördert die Züge dabei bis zum Brenner, während auf dem Abschnitt südlich des Brenners die italienische RTC zum Zuge kommt Zum 02 04.2002 kamen zwei weitere Zugpaare auf der selben Relation hinzu, bei denen es sich aber nicht um Containerzüge, sondern um Ganzzüge fabrikneuer Autos handelt. Im Gegensatz zu den Containerzügen, die im Prinzip keine bestehenden Schienenverkehre

ersetzen, wurden die Autozüge von den

Nr	Fabrikdaten	Bauart	Vorge-schichte	Bemer-kungen
ES 64 U2 – 001	SGP 90940/2001	ES 64 U2	–	–
ES 64 U2 – 002	SGP 90970/2001	ES 64 U2	–	–
ES 64 U2 – 013	KM 20569/2002	ES 64 U2	–	–

Waldbahn VT21 passierte am 30.08.2001 ein hübsches Viadukt nahe Zwiesel

Staatsbahnen DB, ÖBB und FS übernommen. Lokomotion verfügt derzeit nicht über eigenes Fahrpersonal. Dieses wird von DB Cargo und ÖBB eingekauft. Die ÖBB stellt zudem Vorspannloks für die Fahrt zum Brenner zur Verfügung.
Internet: www.lokomotion-rail.de

Passauer Eisenbahn GmbH (PaEG), Passau

Unter diesem Namen firmiert das EVU der Passauer Eisenbahnfreunde e.V. (PEF), Anteilseigner sind neben den Eisenbahnfreunden auch der

Landkreis Passau (10%). Zum 05.04.2001 hat man den Betrieb der Strecken Erlau – Hauzenberg (11,8 km, Kauf) und Passau-Grubweg – Obernzell (12,0 km, Pacht) übernommen.

Internet: www.passauer-eisenbahn.de

Regental Bahnbetriebs-GmbH (RBG), Viechtach

Die RBG entstand 1988 durch die Ausgliederung des unmittelbaren Bahnbetriebs aus der 1928 gegründeten und mehrheitlich (76,8%) im Eigentum

des Freistaats Bayern befindlichen Regentalbahn AG (RAG). Neben der RBG hat die RAG mit der Regental Kraftverkehrs GmbH (RKG), der Regental Fahrzeugwerkstätten GmbH (RFG), der Granitwerk Prünst GmbH und nicht zuletzt der Vogtlandbahn GmbH vier weitere 100%ige Tochtergesellschaften. Die Mehrzahl der Verkehrsleistungen der RBG wird abseits ihrer eigenen Strecken erbracht.

Auf der RBG-eigenen Strecke Kötzting – Lam (17,9 km) findet SPNV im Zweistundentakt statt, der Güterverkehr wurde 1993 eingestellt. Die zweite verbliebene RBG-Strecke, Gotteszell – Viechtach (39,6 km) dient nach der Einstellung des SPNV im Jahr 1991 und dem Ende des Regelgüterverkehrs im Juni 2001 nur noch den Überführungsfahrten zur RFG-Werkstatt Viechtach. Auch regelmäßige Ausflugsfahrten des Wanderbahn e.V. finden hier noch statt.

Die RBG-Tochter RFG führt am Standort Viechtach für Bombardier Arbeiten aus. Am 29.08.2001 konnte dort neben der unfallbeschädigten ex WAB 27 auch die V180 001 des Bombardier-Pools angetroffen werden

Nr	Fabrikdaten	Bauart	Vorgeschichte	Bemerkungen
D 03	MaK 1000789/1980	G1202BB	–	–
D 04	MaK 1000791/1980	G1202BB	–	–
VT 02	WU 30905/1981	NE 81	–	–
VT 07	ME 23436/1952	Esslingen	ex BE VT 1	–
VT 08	WU 33626/1985	NE 81	–	–
VT 09	O&K 320009/4/1959	515D	ex DB 515 511	–
VT 10	O&K 320010/3/1959	515D	ex DB 515 523	–
VT 15	Adtranz 36523/1996	RS 1	–	–
VT 16	Adtranz 36524/1996	RS 1	–	–
VT 17	Adtranz 36525/1996	RS 1	–	–
VT 18	Adtranz 36526/1996	RS 1	–	–
VT 19	Adtranz 36527/1996	RS 1	–	„Frauenau"
VT 20	Adtranz 36604/1997	RS 1	–	„Deggendorf"
VT 21	Adtranz 36605/1997	RS 1	–	„Regen"
VT 22	Adtranz 36528/1996	RS 1	–	„Plattling"
VT 23	Adtranz 36529/1996	RS 1	–	„Gotteszell"
VT 24	Adtranz 36530/1996	RS 1	–	–
VT 25	Adtranz 36531/1996	RS 1	–	„Bayrisch Eisenstein"
VT 26	Adtranz 36534/1996	RS 1	ex Adtranz-Leihfahrzeug VT 300	
VT 31	Adtranz 36888/2001	RS 1	–	–
VT 32	Adtranz 36889/2001	RS 1	–	–
VT 33	Adtranz 36890/2001	RS 1	–	–
VT 34	Adtranz 36891/2001	RS 1	–	–
VT 35	Adtranz 36892/2001	RS 1	–	–
VT 36	Adtranz 36893/2001	RS 1	–	–
VT 37	Adtranz 36894/2001	RS 1	–	–
VT 38	Adtranz 36895/2001	RS 1	–	–
VT 39	Adtranz 36896/2001	RS 1	–	–
VT 40	Adtranz 36897/2001	RS 1	–	–
VT 41	Adtranz 36898/2001	RS 1	–	–
VB 27	Bautzen 1939	–	–	–
VB 28	ME 24892/1956	Esslingen	ex KS VS 161	–
VS 29	WU 33624/1985	NE81	–	
VS 30	WU 33625/1985	NE81	–	

Auf DB-Gleisen ist die RBG deutlich aktiver. Bereits seit den 70er Jahren sind RAG- bzw. RBG-Züge zwischen Kötzting und Cham unterwegs. Seit 10.06.2001 ist diese Strecke als Teil der Verbindung Lam – Cham zusammen mit den SPNV-Leistungen der Strecken Schwandorf – Cham – Furth im Wald sowie Cham – Waldmünchen in das RBG/DB Regio-JointVenture „Oberpfalzbahn" eingebunden. Hier kommen die RegioShuttles VT 31 – 41 zum Einsatz.

1993 hatte die RBG im Auftrag der DB die SPNV-Leistungen von Zwiesel nach Bodenmais und Grafenau übernommen. Zum 01.06.1997 folgte die Strecke Plattling – Gotteszell – Zwiesel – Bayerisch Eisenstein. Alle drei Verbindungen werden seitdem unter dem Markennamen „Waldbahn" im Auftrag von DB Regio betrieben.

Internet: www.regentalbahn.de

Tegernsee-Bahn Betriebsgesellschaft mbH (TBG), Tegernsee

Als am 29.11.1998 die BOB den SPNV der Strecke Schaftlach – Tegernsee übernahm und zum gleichen Zeitpunkt der dort ohnehin kaum mehr vorhandene Güterverkehr eingestellt wurde, gab die Tegernsee-Bahn den selbständigen Zugbetrieb auf. Seitdem ist die Tochter der Tegernsee Immobilien- und Beteiligungs-AG (TAG) nur noch als Schieneninfrastrukturbetreiber tätig. Für die Streckenunterhaltung verfügt die TBG seit April 2002 über eine Köf III.

Internet: www.tag-ag.com

Nr	Fabrikdaten	Bauart	Vorge-schichte	Bemer-kungen
TAG 332-15	Gmeinder 5350/1965	Köf III	ex DB 332 210	„Ottokar 2"

Ein farbenfroher Oberpfalzbahn-Triebwagen der RBG passiert am 13.10.2001 Runding auf der Strecke Cham – Kötzting als RB 70587

BADEN-WÜRTTEMBERG

Zwei HzL-RegioShuttle am 30.05.1997 als
RE 3481 bei Hechingen

Albtal-Verkehrs-Gesellschaft mbH (AVG), Karlsruhe

Die mehrheitlich im Eigentum von Stadt und Landkreis Karlsruhe sowie weiterer Kommunen der Region befindliche AVG betreibt das bekannte Karlsruher Stadtbahnsystem, das die Innenstadt von Karlsruhe mit den umliegenden Unter- und Mittelzentren verbindet. Diese Verknüpfungsfunktion wurde in Karlsruhe deutlich günstiger als mit den aus anderen Städten bekannten S-Bahn und U-Bahnsystemen verwirklicht, da größtenteils bestehende Gleise genutzt werden – innerhalb von Karlsruhe die Straßenbahngleise der Karlsruher Verkehrsbetriebe (VBK), außerhalb davon Eisenbahnstrecken. Einen Teil dieser Strecken hat die AVG gekauft oder gepachtet, darunter beispielsweise auch die „BMO-Bahn" der SWEG zwischen Bruchsal, Menzingen und Odenheim, die am 27.05.1994 inklusive der dort eingesetzten Fahrzeuge an die AVG überging.

Begonnen hatte die Geschichte der AVG bereits Ende des 19. Jahrhunderts, als die „Albthal-Bahn" als 1000 mm-Bahn von Karlsruhe und Ettlingen aus ins namensgebende Tal gebaut wurde. Zeitweise bestand auch eine Verbindung nach Pforzheim, welche aber bis zum 28.01.1931 westlich von Ittersbach an die Stadt Pforzheim verkauft und 1968 stillgelegt wurde. Der Albtalbahn blieb die Stilllegung hingegen erspart. Sie wurde von 1958 bis 1975 auf Normalspur umgebaut und expandierte in den Folgejahren – insbesondere seit den neunziger Jahren – zur heutigen Form. Weitere Ausbauten sind im Gange, aktuell beispielsweise im Murgtal. Heute sind folgende Strecken im Besitz der AVG:

- Karlsruhe Albtalbf. – Bad Herrenalb (Albtalbahn, 25,8 km)
- Busenbach – Ittersbach (14,1 km)

Nr	Fabrikdaten	Bauart	Vorgeschichte	Bemerkungen	Nr	Fabrikdaten	Bauart	Vorgeschichte	Bemerkungen
452	ME 25206/1958	Esslingen II	ex SWEG VT 108	Reserve Ettlingen	830	Duewag 38067/1994	GT8-100C/2S	–	–
461	Esslingen 5294/1962	V 100	ex DB 211 358	–	831	Duewag 38359/1995	GT8-100C/2S	–	–
462	MaK 1000802/1982	G1203BB	ex SWEG V 101	–	bis	bis			
463	KM 19819/1975	M500C	ex Krupp Stahl AG, Bochum 536	–	836	Duewag 38364/1995	GT8-100C/2S	–	–
464	MaK 1000799/1982	G1203BB	ex VKP V 103	–	837	Duewag 38602/1997	GT8-100D/2S-M	–	–
465	MaK 1000387/1966	V 100	ex DB 213 340	–	848	Duewag 38613/1997	GT8-100D/2S-M	–	–
466	MaK 1000037/1961	V 100	ex DB 211 019	Esp Busenbach	849	Duewag 38752/1997	GT8-100D/2S-M	–	–
467	VSFT 1001132/2001	G 1206	–	–	bis	bis			
470	WU 33629/1985	NE 81	ex SWEG VS 200	–> SWEG	857	Duewag 38760/1997	GT8-100D/2S-M	–	–
471	WU 33630/1985	NE 81	ex SWEG VS 201	–> WEG	858	Duewag 38992/1999	GT8-100D/2S-M	–	–
477	WU 33635/1985	NE 81	ex SWEG VB 241	–> WEG	bis	bis			
501	WU 32638/1983	GT6-80C	–	–	870	Duewag 39004/1999	GT8-100D/2S-M	–	–
bis	bis				871	Duewag 39005/2000	GT8-100D/2S-M	–	–
505	WU 32642/1983	GT6-80C	–	–	872	Duewag 39316/2000	GT8-100D/2S-M	–	–
506	WU 32643/1984	GT6-80C	–	–	877	Duewag 39321/2000	GT8-100D/2S-M	–	–
bis	bis				bis	bis			
510	WU 32647/1984	GT6-80C	–	–	878	Duewag 41670/2002	GT8-100D/2S-M	-	-
511	WU 32731/1984	GT6-80C	–	–	879	Duewag 41667/2002	GT8-100D/2S-M	-	-
bis	bis				880	Duewag 41669/2002	GT8-100D/2S-M	-	-
520	WU 32740/1984	GT6-80C	–	–	881	Duewag 41671/2002	GT8-100D/2S-M	-	-
551	Duewag 37474/1989	GT6-80C	ex AVG 581/851	–	882	Duewag 41672/2002	GT8-100D/2S-M	-	-
bis	bis		bis		883	Duewag 41673/2002	GT8-100D/2S-M	-	-
560	Duewag 37483/1989	GT6-80C	ex AVG 590/860	–	884	Duewag 41668/2002	GT8-100D/2S-M	-	-
571	Duewag 37304/1987	GT6-80C	ex AVG 531/871	–	885	Duewag 41674/2002	GT8-100D/2S-M	-	-
bis	bis		bis		bis	bis			
580	Duewag 37313/1987	GT6-80C	ex AVG 540/880	–	889	Duewag 41678/2002	GT8-100D/2S-M	-	-
581	Duewag 37342/1987		ex AVG 521	–	890	Duewag 41780/2002	GT8-100D/2S-M	-	-
bis	bis		bis		bis	bis			
590	Duewag 37351/1987		ex AVG 530	–	899	Duewag 41789/2002	GT8-100D/2S-M	-	-
801	Duewag 37554/1991	GT8-100C/2S	–	–					
bis	bis				Bemerkungen				
810	Duewag 37563/1991	GT8-100C/2S	–	–	- 817 – 820: Eigentum der DB AG und dort als 450 001 bis 004 eingereiht.				
811	Duewag 38048/1994	GT8-100C/2S	–	–	- 845 – 848: Fahrzeuge mit Bistro-Wagen „RegioBistro"				
bis	bis				- ab 868: Panoramawagen				

Seit 2001 fahren die Züge der AVG bis in die Heilbronner Innenstadt. Am ersten Betriebstag, dem 21.07.2001, pendelte die Garnitur 871 und 873 zwischen der Endhaltestelle Harmonie und dem Hauptbahnhof

- Ettlingen West – Ettlingen Stadt (2,2 km)
- Hochstetten – Karlsruhe Nordweststadt (Hardtbahn, 24,0 km)
- Kraichtalbahn Bruchsal – Ubstadt – Menzingen (19,6 km, ex SWEG)
- Ubstadt – Odenheim (11 km, ex SWEG)
- Wörth (Rhein) – Wörth Rathaus (1,8 km)
- Karlsruhe Grötzingen – Eppingen (ab 01.01.1996 für 10 Jahre von DB Netz gepachtet; 40,8 km)
- Eppingen – Heilbronn (ab 15.12.1997 für acht Jahre von DB Netz gepachtet; 22,8 km)
- Pforzheim – Wildbahn (ab 24.03.2000 von DB Netz gepachtet; 22,7 km)
- Rastatt – Forbach-Gausbach – Freudenstadt (von DB Netz gepachtet; 58,2 km)

Zudem verkehren AVG-Stadtbahnen auf Teilen des Straßenbahnnetzes der VBK sowie auf folgenden DB-Strecken:
- Söllingen (b. Karlsruhe) – Pforzheim – Mühlacker – Bietigheim-Bissingen
- Karlsruhe Rheinbrücke – Wörth
- Karlsruhe – Rastatt – Baden-Baden
- Karlsruhe – Bruchsal
- Bruchsal – Bretten – Mühlacker

Im Vergleich zum SPNV fällt der Güterverkehr der AVG eher bescheiden aus. Er wird auf den eigenen Strecken durchgeführt, zudem verkehren ein Müllzug zwischen der Deponie Ubstadt und dem Hafen Karlsruhe und Schotterzüge von der Anst Schauffele in Hagenbach. Zum 01.01.2002 übernahm die AVG einige Güterverkehrsleistungen von DB Cargo, wozu neben den auf eigenen Gleisen gefahrenen Leistungen im Murgtal sowie im Raum Eppingen auch Fahrten zwischen Karlsruhe und Rastatt sowie Bruchsal und Bretten zählen.
Internet: www.karlsruhe.de/Stadt/Ver/avg.htm

Bahngesellschaft Waldhof AG (BGW), Mannheim

Die heute im Besitz der Rhenus AG & Co. KG (75%) sowie der RPE (25%) befindliche BGW entstand 1900 zunächst als Nebenbahn Waldhof – Sandhofen, welche die namensgebenden Orte (heute Stadtteile von Mannheim) über eine 4,5 km lange Strecke verband. Diese verlor bereits 1922 ihren SPNV und befindet sich nach wie vor im Besitz der BGW.

Oben:
Die letzten Ein-
sätze vor dem
BGW-Müllzug
DFG 80021 fuhr
die dispolok
ME 26-10. Krefeld-
Linn, 25.02.2001

Unten:
In Krefeld-Linn
rangierten am
07.05.2000 die
dispolok 152 902
und die
BGW DH 110.02.

Östlich der Papierfabrik SCA-Hygiene-papiere in Waldhof wird sie jedoch nicht mehr befahren. Zur Bedienung der Papierfabrik sowie des Altrheinhafens kommen in der Regel Zweiwegefahrzeu-ge anstelle der in Waldhof stationierten Lok 495 zum Einsatz.

1996 begann sich die BGW in weiteren Regionen im regionalen und überregio-nalen Güterverkehr zu engagieren. Zu nennen ist hierbei das Müllzugpaar Hil-desheim – Krefeld, das einen der ersten Langstreckengüterzüge einer NE-Bahn darstellte. Krefeld wurde später durch das deutlich näher an Hildesheim gelege-ne Buschhaus als Ziel abgelöst. Ende 2001 endete der Verkehr nach Vertragsablauf komplett. Die BGW hatte den Betrieb dort bereits im Sommer 2001 an die OHE übergeben, welche hier als Subunterneh-mer fungierte.

Andere Projekte entwickelten sich nicht wie geplant, beispielsweise die Strecke Ebern – Maroldsweisach in Franken, wel-che von der BGW gepachtet wurde, je-doch nie einen Zug sah und im Jahr 2001 nach §11 AEG zur Übernahme bzw. Still-legung ausgeschrieben wurde. Als einzi-ge Verkehrsleistung abseits der Stamm-strecke in Mannheim betreibt die BGW derzeit ein mehrmals wöchentlich ver-kehrendes Kalkzugpaar zwischen Strom-berg und Ludwigshafen BASF.

Nr	Fabrikdaten	Bauart	Vorge-schichte	Bemer-kungen
495	KM 19400/1969	M275B	ex Guilini Chemie	–
DH 110.01	Jung 13304/1961	V 100	ex DB 211 030	–
DH 110.02	Krupp 4381/1962	V 100	ex DB 211 271	–> SE
DE 300.02	LTS 0248/1974	TE 109	ex DB 232 057	–

Breisgau-S-Bahn GmbH (BSB), Freiburg

Im Dezember 1995 wurde die BSB als gemeinsam von SWEG und Freiburger Verkehrs AG (jeweils 50% der Anteile)

Nr	Fabrikdaten	Bauart	Vorge-schichte	Bemerkungen
VT 001	Adtranz 36606/1998	RS 1	–	–
VT 002	Adtranz 36607/1998	RS 1	–	–
VT 003	Adtranz 36608/1998	RS 1	–	–
VT 004	Adtranz 36609/1998	RS 1	–	„Wasenweiler"
VT 005	Adtranz 36610/1998	RS 1	–	„Ihringen"
VT 006	Adtranz 36611/1998	RS 1	–	„Gottenheim"
VT 007	Adtranz 36612/1998	RS 1	–	„Stadt Freiburg im Breisgau"
VT 008	Adtranz 36613/1998	RS 1	–	„Breisach"
VT 009	Adtranz 36614/1998	RS 1	–	„March"

für die Erbringung von SPNV-Leistungen im Raum Freiburg gegründet. Ab Dezember 2002 wird sie die im Rahmen einer Preisanfrage vergebenen Zugleistungen zwischen Freiburg und Elzach erbringen,

wofür bereits im Dezember 2001 zehn weitere RS1 bestellt wurden.

Die Wartung der BSB-Triebwagen erfolgt im SWEG-Depot Endingen. Einzelne BSB-Züge verkehren daher über Breisach hinaus über SWEG-Gleise bis Endingen.
Internet: www.breisgau-s-bahn.de

Bodensee-Oberschwaben Bahn GmbH & Co. KG (BOB), Friedrichshafen

Die BOB war eine der ersten NE-Bahnen, die ihre Verkehrsleistungen ausschließlich auf DB-Gleisen abwickelte. Eigentümer der am 15.10.1991 gegründeten BOB

sind die Technischen Werke Friedrichs-hafen GmbH (27,5%), die Stadtwerke Ravensburg (25%), die Landkreise Bodenseekreis (20%) und Ravensburg (17,5%) sowie die Gemeinde Meckenbeuren (10%).

Im März 2002 wurde die bisher als GmbH firmierende Gesellschaft aus fiskalischen Gründen in eine GmbH & Co. KG mit gleichen Gesellschafteranteilen über-

Nr	Fabrikdaten	Bauart	Vorge-schichte	Bemer-kungen
VT 60	WU 36107/1993	NE 81	–	–
VT 61	WU 36108/1993	NE 81	–	–
VT 62	ABB 36239/1994	NE 81	–	HU Gmeinder
VT 63	ADtranz 36782/1998	RS 1	–	–
VT 64	ADtranz 36783/1998	RS 1	–	–
VT 65	ADtranz 36784/1998	RS 1	–	–
VT 66	ADtranz 36785/1998	RS 1	–	–

führt. Die Betriebsführung der BOB unterliegt der HzL. Bereits seit 01.07.1993 verbinden die BOB-Triebwagen Friedrichshafen und Ravensburg (19 km) und bedienen dabei auch von der DB aufgelassene Zwischenstationen.

Zum 01.06.1997 kamen Leistungen zwischen Ravensburg und Aulendorf (22 km) sowie Friedrichshafen Stadt und –Hafen (0,8 km) hinzu.

Die Wartung der BOB-Triebwagen erfolgt im ehemaligen DB-Betriebswerk Friedrichshafen. Größere Arbeiten wer-den in der HzL-Werkstätte Gammertingen ausgeführt.

Internet: www.bob-fn.de

ConTrain GmbH (ConTrain), Mannheim

Die am 13.03.2001 ins Handelsregister Mannheim eingetragene ConTrain ist eine 100%ige Tochtergesellschaft der RegioRail Verkehrssysteme GmbH, welche wiederum eine Tochter der Mannheimer MVV GmbH ist. ConTrain selbst verfügt über keine EVU-Zulassung, doch können

Am 04.07.2000 stand die V 332 01 der EMN in Kornwestheim Pbf für den Verschub der Autozugwagen bereit

Bei Meckenbeuren
passierten VT 65
und 64 der BOB
am 03.09.2001
das Einfahrsignal

sowohl die Zulassung der MVV als auch Leistungen von Dritten genutzt werden. ConTrain will Coburg und Hof über ein mehrmals wöchentlich verkehrendes Containerzugpaar mit dem Seehafen Hamburg verbinden.

Ursprünglich war vorgesehen, bereits im Jahr 2001 zu starten. Verzögerungen beim Bau der Terminals in Coburg und Hof sorgten jedoch für eine Verschiebung. Im April 2002 begannen jedoch die Bauarbeiten in Hof. Betreiber dieses Terminals wird die Container-Terminal Hof GmbH (CTH), eine gemeinsame Gesellschaft von ConTrain und der Spedition Pöhland, Döhlau.

Internet: www.contrain-verkehr.de

Eisenbahnbetriebe Mittlerer Neckar GmbH (EMN), Kornwestheim

Die am 10.11.1996 gegründete EMN als ist aktiv in den Bereichen Überführung von Schienenfahrzeugen, Güterverkehr, Lokführer-, Lotsendienstleistung, Rangierdienste sowie Bauzugdienste / Baustellenlogistik. Eigentümer der EMN ist die Stuttgarter Gesellschaft zur Erhaltung von Schienenfahrzeugen e.V. (GES). Seit Mai 1998 führt die EMN die Verlade- und

Rangiertätigkeiten für DB Autozug in Kornwestheim Pbf durch. Ebenso ist die EMN für die Rangierdienste der boxXpress-Züge im Ubf Kornwestheim zuständig. Des weiteren sind zahlreiche Fahrzeuge, beispielsweise Fahrzeuge der ESG, bei den EMN eingestellt, welche am 05.11.1996 die Zulassung als EVU für Güter- und Personenverkehr erhalten hat. Im Dezember 2001 konnten die EMN den ehemaligen Brückenbauhof Kornwestheim als Werkstattstandort anmieten.

Internet: www.e-mn.de

Nr	Fabrikdaten	Bauart	Vorgeschichte	Bemerkungen
V 211 01	Jung 13305/1961	V 100	ex DB 211 031	Kornwestheim
V 220 01	MaK 2000015/1957	V 200	ex DB 220 015	abgestellt Gmeinder
V 220 02 Gmeinder	MaK 2000016/1957	V 200	ex DB 220 016	abgestellt
Köf 6624	O&K 26031/1960	Köf II	ex Dampfeisenbahn Weserbergland	iA Kornwestheim
V 332 01	Jung 13802/1964	Köf III	ex MWB, ex DB 332 189	Kornwestheim
V 360 01	MaK 600171/1959	V 60	ex DB 360 413	Kornwestheim
V 346 01	LEW 15584/1977	V 60 D	ex Kraftwerk Hagenwerder 1	abgestellt Hagenwerder
V 346 02	LEW 11346/1967	V 60 D	ex Kraftwerk Hagenwerder 5	abgestellt Hagenwerder
701 052-3	WMD 1467/1962	TVT	ex DB 701 052	iA Enzweihingen
701 072-1	WMD 1495/1963	TVT	ex DB 701 072	–

Erms-Neckar-Bahn Eisenbahn-infrastruktur AG (ENAG), Bad Urach

Anfang der 90er Jahre begannen Anlieger der 10,4 km langen Strecke Metzingen – Bad Urach, sich für die Reaktivierung des hier am 26.05.1976 eingestellten SPNV einzusetzen. 1995 wurde daraufhin die ENAG gegründet, welche am 31.05.1996 die Infrastruktur der zu diesem Zeitpunkt nur im Güterverkehr genutzten Strecke übernahm.

Am 24.05.1998 wurde ein regelmäßiger Ausflugsverkehr an Wochenenden aufgenommen, zum 01.06.1999 folgte der reguläre SPNV. Betreiber dieser Leistungen ist die DB ZugBus Regionalverkehr-Alb-Bodensee GmbH. Der Güterverkehr wird seit 01.01.2002 von der HzL durchgeführt.

Seit 01.05.1999 hat die ENAG zudem die Infrastruktur der Strecke Oberheutal – Kleinengstingen für 25 Jahre gepachtet, auf der an Wochenenden Ausflugszüge verkehren. Gelegentlich wird auch die Güterverkehrsstelle Marbach durch die HzL bedient.

Nr	Fabrikdaten	Bauart	Vorgeschichte	Bemerkungen
ESG 1	MaK 600154/1960	650D	ex TBG V65-12	„Chrissi" –> WEG Nürtingen
ESG 2	LEW 16377/1978	V 100.4	ex DWU 14, ex 201 883	–
ESG 3	Jung 13630/1963	Köf III	ex DB 332 046	„kleiner Pit" –> Az Pforzheim
ESG 4	O&K 26427/1966	Köf III	ex DB 332 312	„Richy" –> Az Gaggenau
ESG 5	KM 15444/1934	Köf II	ex DB 323 912	„Johny" HU Enzwaihingen
–	Esslingen 5169/1957	V 60	ex DB 360 328	abgestellt Enzweihingen
VT 11	Esslingen 25058/1958	Esslinger II	ex SWEG VT 112	abgestellt Kornwestheim
VT 114	ME 23497/1952	Esslinger	ex SWEG VT 114	Totalschaden, Gaildorf West
VT 402	ME 23343/1951	Esslinger	ex WEG VT 402	abgestellt Kornwestheim
VB 225	ME 23780/1955	Esslinger	ex SWEG VB 225	abgestellt Rudersberg
VB 238	ME 23788/1955	Esslinger	ex SWEG VB 238	abgestellt Rudersberg
T 09	Auwärter 1963	–	ex WEG T 09	abgestellt Enzweihingen
VS 111	Auwärter 1963	–	ex WEG VS 111	abgestellt Kornwestheim
VB 112	Auwärter 1963	–	ex WEG VB 112	abgestellt Untergröningen

Eisenbahn-Service-Gesellschaft (ESG), Rudersberg

Seit seiner Gründung 1998 vermietet dieses in Rudersberg ansässige Unternehmen Eisenbahnfahrzeuge. Zusätzlich zu den links gelisteten Fahrzeugen sind noch einige Wagen und Skl vorhanden. Als Einsteller bedient man sich der Firma EMN.

EuroRail (Deutschland) GmbH (ER), Lörrach

Nur insgesamt anderthalb Jahre hatte dieses am 23.01.2001 gegründete deutsche Tochterunternehmen der in Zug ansässigen EuroRail (Schweiz) AG Bestand. Zu den Geschäftsfeldern hatten neben Mineralöltransporten auch Holz- und Bauzüge gehört. Nach dem Konkursantrag der Schweizer Muttergesellschaft musste auch die deutsche Tochter im Januar 2002 Konkurs anmelden. Die geliehenen Loks gingen zu diesem Zeitpunkt an die Vermieter zurück.
Zwischenzeitlich hat am 02.04.2002 das Amtsgericht Lörrach den Antrag auf Eröffnung des Insolvenzverfahrens über das Vermögen der EuroRail (Deutschland) mangels Masse zurückgewiesen.

Gerhard Lang Recycling GmbH & Co. KG (Lang), Gaggenau

Die Firma Lang setzt am Standort Gaggenau/Bad Rotenfels mehrere ex DB-Loks ein. Die bei der AVG eingestellte V 60 verkehrt auch im Auftrag der AVG zwischen Gaggenau und Rastatt vor Güterzügen.
Internet: www.lang-recycling.de

Nr	Fabrikdaten	Bauart	Vorgeschichte	Bemerkungen
228	Gmeinder 5236/1960	Köf II	ex Papierfabrik Holtzmann & Cie	Ersatzteilspender
477	KM 15398/1933	Köf II	ex DB 321 504	Reserve
507	Jung 13577/1963	Köf III	ex DB 332 035	–
V 60-793-4	Henschel 30082/1960	V 60	ex DB 360 793	–

Hohenzollerische Landesbahn AG (HzL), Gammertingen

Die HzL wurde 1899 als „Actiengesellschaft Hohenzollern´sche Kleinbahngesellschaft" gegründet. In den Folgejahren entstand das heutige Streckennetz Sigmaringen – Hanfertal – Gammertingen – Hechingen – Haigerloch – Eyach (78,1 km), Hanfertal – Sigmaringendorf (9,7 km) und Gammertingen – Kleinengstingen (19,7 km) umfaßt.
SPNV findet hier nur zwischen Sigmaringen und Hechingen statt, wobei die HzL-Züge hierbei an den Endpunkten seit 1994 bzw. 1997 nicht mehr die Bahnhöfe

Vielfach kommen Loks der ESG für das Gleisbauunternehmen Leonhard Weiss zum Einsatz. So auch am 04.11.2001 als ESG 2 im Bahnhof Oberesslingen Schotterwagen verschiebt

der HzL ("Landesbahnhof"), sondern die DB-Bahnhöfe nutzen. Im Güterverkehr spielt vor allem das Salzbergwerk in Stetten (b. Haigerloch) eine tragende Rolle, dessen Erzeugnisse über Gammertingen und Sigmaringendorf nach Ulm abgefahren werden. In Gammertingen verfügt die HzL über eine moderne Betriebswerkstätte.

Auf DB-Gleisen ist die HzL seit Herbst 1990 tätig. Seit diesem Zeitpunkt werden im Auftrag des Landkreises Tuttlingen SPNV-Leistungen zwischen Sigmaringen und Tuttlingen gefahren, die mehrere von

Nr	Fabrikdaten	Bauart	Vorgeschichte	Bemerkungen	Nr	Fabrikdaten	Bauart	Vorgeschichte	Bemerkungen
V 25	MaK 220018/1954	240B	Bayer AG,	Reserve Uerdingen V 1	VT 205	ADtranz 36568/1997	RS 1	–	–
V 34	Gmeinder 5651/1985	D25B	–	Einsatz Salz-werk Stetten	VT 206	ADtranz 36569/1997	RS 1	–	–
V 118	KM 19855/1978	M1200BB	–	–	VT 207	ADtranz 36570/1997	RS 1	–	–
V 119	KM 19856/1978	M1200BB	–	–	VT 208	ADtranz 36571/1997	RS 1	–	–
V 122	MaK 1000247/1963	G1300BB	–	Reserve	VT 209	ADtranz 36572/1997	RS 1	–	–
V 124	MaK 1000258/1969	G1300BB	–	–	VT 210	ADtranz 36573/1997	RS 1	–	–
V 150	Gmeinder 5649/1985	D100BB	–	HU Gmeinder	VT 211	ADtranz 36574/1997	RS 1	–	–
V 151	Gmeinder 5650/1985	D100BB	–	–	VT 212	ADtranz 36575/1997	RS 1	–	–
V 152	Gmeinder 5701/1992	D100BB	–	–	VT 213	ADtranz 36576/1997	RS 1	–	–
VT 4	MAN 145274/1960	VT 2	–	–	VT 214	ADtranz 36577/1997	RS 1	–	–
VT 5	MAN 145275/1960	VT 2	–	–	VT 215	ADtranz 36578/1997	RS 1	–	–
VT 6	MAN 146631/1962	VT 2	–	–	VT 216	ADtranz 36579/1997	RS 1	–	–
VT 7	MAN 146632/1962	VT 2	–	–	VT 217	ADtranz 36580/1997	RS 1	–	–
VT 8	MAN 145163/1961	VT 2	–	–	VT 218	ADtranz 36581/1997	RS 1	–	–
VT 9	MAN 151129/1966	VT 2	–	–	VT 219	ADtranz 36582/1997	RS 1	–	–
VT 41	WU 36100/1993	NE 81	–	–	VT 220	ADtranz 36583/1997	RS 1	–	–
VT 42	WU 36101/1993	NE 81	–	–	VT 221	ADtranz 36584/1997	RS 1	–	–
VT 43	WU 36102/1993	NE 81	–	–	VS 12	MAN 143411/1957	VS 2	–	–
VT 44	ADtranz 36585/1997	RS 1	–	–	VS 13	MAN 143550/1958	VS 2	–	–
VT 45	ADtranz 36586/1997	RS 1	–	–	VS 14	MAN 148021/1962	VS 2	–	–
VT 200	ADtranz 36563/1997	RS 1	–	–	VS 15	MAN 148022/1962	VS 2	–	–
VT 201	ADtranz 36564/1997	RS 1	–	–	VS 16	WU 36103/1993	NE 81	–	–
VT 202	ADtranz 36565/1997	RS 1	–	–	VB 18	MAN 150120/1963	VB 2	–	–
VT 203	ADtranz 36566/1997	RS 1	–	–	VB 19	MAN 150121/1963	VB 2	–	–
VT 204	ADtranz 36567/1997	RS 1	–	–	VB 21	MAN 142784/1956	VB 2	–	–

der DB aufgelassene Zwischenhalte wieder bedienen. Die Fahrten dienen werktags vor allem dem Schülerverkehr, am Wochenende dem Ausflugsverkehr. 1991 begann die HzL, ihre Salzzüge über Sigmaringendorf hinaus bis Ulm selbst zu befördern. Seit 01.03.1997 betreibt die HzL SPNV-Leistungen zwischen Tübingen und Aulendorf. Zwischen Tübingen und Sigmaringen geschieht dies im Auftrag des Landes Baden-Württemberg, östlich von Sigmaringen im Rahmen einer Kooperation mit der DB ZugBus Regionalverkehr-Alb-Bodensee GmbH. Auch im Güterverkehr ergaben sich weitere Leistungen, als die HzL zum Jahreswechsel 2001/2002 die Bedienung von 17 Gütertarifpunkten zwischen Plochingen, Tübingen und Sigmaringen im Rahmen einer Kooperation mit DB Cargo übernahm. Die für die Region Neckar-Alb/

Oberschwaben bestimmten Waggons werden nun werktäglich in Plochingen und Ulm von DB Cargo an die HzL übergeben, für die Bespannung bedient man sich auch gemieteter Maschinen der BR 294 von DB Cargo.

Künftig wird die HzL auch als Betreiber für den „Ringzug" fungieren. Dabei handelt es sich um SPNV-Leistungen auf den DB-Strecken Sigmaringen – Tuttlingen – Immendingen, Tuttlingen – Rottweil und Rottweil – Schwenningen – Villingen (Schw.) – Donaueschingen – Hüfingen, den im Besitz der jeweiligen Gemeinden befindlichen Strecken Hintschingen – Leipferdingen – Zollhaus-Blumberg und Hüfingen – Bräunlingen sowie der TE-Strecke Trossingen Bahnhof – Trossingen Stadt im Umfang von 1,26 Mio. Zugkilometer pro Jahr. Die Betriebsaufnahme, für die im Dezember 2001 20 neue

VT 4 der HzL konnte am 24.05.2000 mit einem kurzen Güterzug
zwischen Jungingen und Veringenstadt angetroffen werden

Regioshuttle geordert wurden, ist für Dezember 2003 vorgesehen. In Immendingen wird für die Fahrzeugwartung eine neue Werkstätte entstehen.
Internet: www.hzl-online.de

HUPAC Deutschland GmbH (HUPAC), Singen

HUPAC betreibt bereits seit Jahren europaweit ein sehr erfolgreiches Netzwerk von intermodalen Transporten. Als Marktführer in diesem Bereich verfügt die HUPAC-Gruppe über 2.400 eigene Waggons für unter anderem Container, Wechselbrücken oder ganze Sattelauflieger.

In Kooperation mit der HGK betreibt man seit 12.06.2001 je ein Zugpaar zwischen Köln und Basel sowie Ludwigshafen und Basel, wobei auch das Kölner Zugpaar einen Rangieraufenthalt in Ludwigshafen einlegt. Das Zugpaar Köln –

Zwei HzL-Regio-Shuttle am 30.05.1997 als RE 3481 bei Hechingen

Nach einer Revision im örtlichen Ausbesserungswerk stand Hupac ES 64 U2-102 am 12.04.2002 in Dessau Hbf abgestellt

Eine enge Zusammenarbeit besteht mit der MWB, von der man entsprechend dem Bedarf Loks anmietet.

Mittelthurgaubahn (Deutschland) GmbH (MThB), Konstanz

Die MThB ist eine alteingesessene schweizerische Regionalbahn, die ihren Betrieb nun auch Richtung Deutschland ausgedehnt hat. Seit Mai 1994 fährt sie Personenzüge von Konstanz (z. T. schon von Kreuzlingen/Schweiz) über Radolfzell und Singen auf der elektrifizierten Linie nach Engen. Seit September 1996 ist die deutsche Tochterunternehmung auf der (nicht elektrifizierten) Linie Radolfzell – Stockach „Seehas" unterwegs.

Nr	Fabrikdaten	Bauart	Vorge-schichte	Bemer-kungen
596 671-8	DWA/Stadler ?/1996	GTW 2/6	–	–
596 672-6	DWA/Stadler ?/1996	GTW 2/6	–	–
596 673-4	DWA/Stadler ?/1996	GTW 2/6	–	–

Basel wird in Basel von der SBB übernommen und nach Italien befördert. Vorläufer dieser Verbindung existierten bereits seit 21.01.2001. Als EVU wird in Deutschland die Firma SRE genutzt. Über die 2002 gegründete gemeinsame Gesellschaft mit der HGK, Swiss Rail Cargo, soll das Engagement im Transitland Deutschland ausgebaut werden. Internet: www.hupac.de

Nr	Fabrikdaten	Bauart	Vorge-schichte	Bemer-kungen
ES 64 U2 – 101	SGP ?/2001	ES 64 U2	-	–
ES 64 U2 – 102	SGP ?/2001	ES 64 U2	-	–
ES 64 U2 – 901	KM 20445/2000	ES 64 U2	-	–> DLC

LUT Logistik GmbH & Co. KG (LUT), Karlsruhe

Als Einzelunternehmen hat die in Karlsruhe ansässige LUT am 01.04.2001 ihre Geschäftstätigkeit aufgenommen. LUT steht hierbei für Logistik und Transport. Geschäftsinhalt der zum 01.05.2002 in eine GmbH & Co. KG umgewandelten Unternehmung sind die Organisation und Durchführung von Schienenverkehrstransporten und Bauzugdiensten.

Neckar-Schwarzwald-Alb Eisenbahnbetriebsgesellschaft mbH (NeSA), Tübingen

Die NeSA wurde im November 1998 als Eisenbahnunternehmen von neun Privatpersonen aus dem Umfeld der Eisenbahnfreunde Zollernbahn e.V. (EFZ) gegründet. Im Juni 1999 folgte die Zulassung als EVU, bei dem neben den eigenen Loks auch alle betriebsfähigen Fahrzeuge der EFZ eingestellt sind. Eingesetzt werden die Fahrzeuge vornehmlich im Arbeitszugdienst sowie bei Sonderfahrten. E-Mail: efz-nesa@t-online.de

Nr	Fabrikdaten	Bau-art	Vorge-schichte	Bemer-kungen
V 100 1041	Jung 13315/1962	V 100	ex DB 211 041	–
V 100 2335	MaK 1000382/1966	V 100	ex DB 213 335	–

Wochenendruhe
am 08.08.1999
von 4 RS I im
von der OSB mit-
benutzten Bh
Offenburg der
DB AG

Ortenau-S-Bahn GmbH (OSB), Offenburg

Die OSB wurde am 30.07.1997 als Tochter (100%) der landeseigenen SWEG gegründet. Sie betreibt seit 24.05.1998 SPNV-Leistungen zwischen Offenburg und Kehl, Offenburg und Bad Gries-bach sowie Offenburg und Hausach. Da die OSB-Fahrzeuge im SWEG-Depot Ottenhöfen gewartet werden, kommen sie mit einzelnen Leistungen auch zwischen Offenburg, Achern und Ottenhöfen zum Einsatz.

Internet:
www.sweg.de/html/22_verkehrdetail.cfm?id=16

Nr	Fabrikdaten	Bau-art	Vorge-schichte	Bemerkungen
VT 509	Adtranz 36615/1998	RS 1	–	„Oberhamersbach"
VT 510	Adtranz 36616/1998	RS 1	–	„Stadt Oberkirch"
VT 511	Adtranz 36617/1998	RS 1	–	„Kappelrodeck"
VT 512	Adtranz 36618/1998	RS 1	–	„Stadt Oppenau"
VT 513	Adtranz 36619/1998	RS 1	–	„Achern"
VT 514	Adtranz 36620/1998	RS 1	–	„Bad Peterstal-Griesbach"
VT 515	Adtranz 36621/1998	RS 1	–	„Stadt Haslach"
VT 516	Adtranz 36622/1998	RS 1	–	„Zell am Harmersbach"
VT 517	Adtranz 36623/1998	RS 1	–	„Steinach"
VT 518	Adtranz 36624/1998	RS 1	–	„Stadt Hausach"
VT 519	Adtranz 36625/1998	RS 1	–	„Ottenhöfen im Schwarzwald"
VT 520	Adtranz 36626/1998	RS 1	–	„Stadt Offenburg"
VT 521	Adtranz 36627/1998	RS 1	–	„Kreisstadt Kehl"
VT 522	Adtranz 36628/1998	RS 1	–	„Gengenbach"
VT 523	Adtranz 36629/1998	RS 1	–	„Lautenbach"
VT 524	Adtranz 36630/1998	RS 1	–	„Biberach"
VT 525	Adtranz 36631/1998	RS 1	–	„Willstädt"
VT 526	Adtranz 36632/1998	RS 1	–	„Appenweier"

Die im histo-
rischen Outfit
aufgearbeitete
NeSA V100 2335
steht am
12.07.2001 im
Bh Tübingen
abgestellt

Die Fahrgastzahlen der SWEG-Tochter BSB entwickeln sich besser als erwartet, am 05.09.1999 reichte aber für die Leistung 82817, hier aufgenommen bei Löcherberg, noch ein einzelner RegioShuttle aus

RAR Eisenbahn Service AG (RAR), Ellwangen

Die RAR wurde im August 2000 als Joint-Venture mehrerer mittelständischer Unternehmen gegründet. Sie ist im Bereich Lokvermietung & Service-/Wartungsleistungen tätig und bietet als Alternative zu den vergleichsweise kostenintensiven, modernen Fahrzeugen der großen Lok-

pools gebrauchte, aber generalüberholte und modernisierte Fahrzeuge an. Im Bestand finden sich auch Güterwagen, beispielsweise Containerwagen, die an die WEG und boxXpress vermietet sind. Für die WEG führt die RAR auch Rangierdienste in Amstetten durch. Ähnliche Leistungen werden für NetLog in Augsburg-Oberhausen, Dingolfing, München-Milbertshofen und Regensburg Ost abge-

Nr	Fabrikdaten	Bauart	Vorge-schichte	Bemerkungen
V130.01	KHD 57291/1959	Köf II	ex DB 323 146	„323 146-1", lw von privat
V130.02	Gmeinder 5153/1960	Köf II	ex DB 323 719	„323 719-5", lw von privat
V140.01	Deutz 57788/1965	KK140B	ex Ulmer Weißkalk 812	–
V240.101	O&K 263328/1963	Köf III	ex DB 332 090 (MWB V249)	lw von MWB –> boxXpress Augsburg
V240.102	Gmeinder 5291/1963	Köf III	ex DB 332 050 (MWB V248)	w von MWB –> I WEG Amstetten
V650.01	LEW 12363/1969	V 60 D	ex EKO 35	„Bettina" –> Frankenbahn
V650.02	LEW 12255/1969	V 60 D	ex 346 545	„Andrea" –> NetLog München-Milbertshofen
V650.03	LEW 13760/1973	V 60 D	ex EKO 32¨	„Bärbel" –> NetLog Dingolfing
V650.103	LEW 11977/1968	V 60 D	ex KUSS 1, PRESS 346 001-6	lw von PRESS –> NetLog Regens-burg Ost
V650.104	LEW 11026/1965	V 60 D	ex BKK Lauch-hammer Di 242- 60-B4	lw von PEG, Az
V650.105	LEW 13783/1973	V 60 D	ex Eichsfelder Zement-werk 2, TLG 3	lw von TLG –> NetLog München-Milbertshofen
228 672	LKM 280072/1967	V 180	ex DR 118 672, ex AMP	abgestellt
–	Deutz 56163/1956	KK140B	ex Pfeifer & Langen Zuckerfabrik	Ersatzteilspender

wickelt, wobei teilweise Personal der MEV eingesetzt wird.
Internet: www.rent-a-rail.de

SRS RailService GmbH (SRS), Krumbach

Das bisherige Schienenfahrzeug-Handelsunternehmen SRS (Gründung am 18.01.2000) ist seit 26.02.2002 als EVU für Personen- und Güterverkehrsleistungen zugelassen. Seit der Gründung der RAR, bei der die SRS einer der Gesellschafter ist, wurde das Handelsgeschäft weitgehend eingestellt. Genutzt wird die Konzession vor allem für Überführungsfahrten, eigene Verkehre und damit Konkurrenzangebote gegenüber Mietkunden der RAR sind derzeit nicht vorgesehen. Grundsätzlich steht das EVU auch zur bahnrechtlichen Einstellung Fahrzeuge Dritter zur Verfügung.

S-Rail Europe GmbH (SRE), Singen

Im Dezember 1999 wurde dieses gemeinsame Unternehmen der SBB Cargo AG (75%) sowie der HUPAC Deutschland GmbH (25%) mit Sitz in Singen gegründet und als EVU in Deutschland zugelassen. Die Gesellschaft soll dabei nicht selber am Markt agieren, sondern ausschließlich im Auftrage von SBB Cargo Transportleistungen auf dem deutschen Schienennetz durchführen. Personal und Loks werden ausschließlich auf dem freien Markt (z. B. Meysiek) beschafft bzw. bei Partnerunternehmen der SBB Cargo (HGK, BASF, HUPAC) angemietet. Dies ist z. B. bei dem von SBB, HUPAC und HGK betriebenen Zügen nach Basel der Fall.

Südwestdeutsche Verkehrs AG (SWEG), Lahr

Die SWEG entstand am 01.10.1971 durch die Fusion der zum damaligen Zeitpunkt bereits als SWEG bezeichneten südwestdeutschen Betriebe der ehemaligen DEBG mit der Mittelbadischen Eisenbahnen AG (MEG). Die Übernahme der DEBG-Bahnen durch die SWEG hatte bereits am 01.05.1963 stattgefunden. Das Land Baden-Württemberg hält 100% der SWEG-Aktien. Betrieblich ist die SWEG in die zehn Verkehrsbetriebe Dörzbach,

Auch die SWEG setzte lange Zeit Schienenbusse von MAN ein. Inzwischen hat das Unternehmen jedoch den Triebwagenpark verjüngt

Einen gemischten Güterzug mit gedeckten Wagen und Rübentransport zieht V102 am 01.10.1993 bei Burkheim-Bischoffingen Richtung Endingen

Endingen, Müllheim, Lahr, Ottenhöfen, Rheinmünster-Schwarzach, Staufen, Waibstadt, Weil am Rhein, Wiesloch und Zell am Harmersbach unterteilt, wobei in Dörzbach, Müllheim, Lahr, Weil am Rhein und Wiesloch mittlerweile nur noch Busverkehr abgewickelt wird. Zudem hält die SWEG sämtliche Anteile der OSB und ist Gesellschafter der BSB (50%). Der Verkehrsbetrieb Endingen stammt von der früheren MEG und umfasst die Strecken Riegel DB – Riegel Ort – Endingen – Breisach (26,4 km) und Riegel Ort – Gottenheim (13,1 km). Beide auch als Kaiserstuhlbahnen bezeichnete Strecken weisen dichten SPNV sowie Güterverkehr auf. Sowohl im Personen- als auch im Güterverkehr existieren durchgehende Züge bis Freiburg. In Endingen befindet sich eine große Werkstattanlage, in der auch die Schienenfahrzeuge des Verkehrsbetriebs Staufen sowie die Regio-Shuttles der BSB gewartet werden. Zum Verkehrsbetrieb Ottenhöfen – ex DEBG – zählt die 10,4 km lange Strecke Achern – Ottenhöfen. Der SPNV wird mit Triebwagen des Typs NE 81 sowie OSB-

RegioShuttles abgewickelt. Letztere kommen regelmäßig nach Ottenhöfen, da sie in der dortigen Werkstatt unterhalten werden. Für den vergleichsweise hohen Güterverkehr ist eine Lok in Ottenhöfen stationiert.

Im Verkehrsbetrieb Rheinmünster-Schwarzach wird heute vor allem Busverkehr abgewickelt. Vom einst über 100 km langen Schmalspurnetz der MEG zwischen Rastatt und Lahr ist nur die Strecke Bühl – Schwarzach – Söllingen (14,9 km) geblieben, welche zwischen 1971 und 1973 auf Normalspur umgebaut wurde und bis heute dem Güterverkehr dient.

Der Verkehrsbetrieb Staufen – ehemals DEBG – ist heute betrieblich eng mit dem Verkehrsbetrieb Endingen verknüpft. Die im SPNV auf der 12,8 km langen Münstertalbahn Bad Krozingen – Staufen – Untermünstertal eingesetzten Fahrzeuge werden in Endingen unterhalten. Einzelne Zugpaare verkehren bis/ab Freiburg. Güterverkehr findet nur sporadisch statt. Der Verkehrsbetrieb Waibstadt umfasst die Strecken Meckesheim – Neckarbi-

Nr	Fabrikdaten	Bauart	Vorge-schichte	Bemer-kungen
V 23-01	Gmeinder 5491/1972	D25B	Schwarzach	–
V 70-01	Gmeinder 5117/1959	D65BB	Kaiserstuhlbahn	–
V 100	MaK 1000801/1982	G1203BB	Ottenhöfen	–
V 102	Gmeinder 5647/1985	D75BB	Schwarzach	–
V 103	Gmeinder 5648/1985	D75BB	Kaiserstuhlbahn	–
VT 9	MAN 151436/1969	VT 2	Waibstatt	–
VT 26	MAN 146643/1962	VT 2	Waibstatt	–
VT 27	MAN 151132/1966	VT 2	Waibstatt	–
VT 28	MAN 151210/1967	VT 2	Münstertalbahn	–
VT 120	WU 30895/1981	NE 81	Waibstatt	–
VT 121	WU 30896/1981	NE 81	Waibstatt	–
VT 122	WU 30897/1981	NE 81	Waibstatt	–
VT 125	WU 30900/1981	NE 81	Ottenhöfen	–
VT 126	WU 33637/1985	NE 81	Kaiserstuhlbahn	–
VT 127	WU 33638/1985	NE 81	Kaiserstuhlbahn	–
VT 501	Adtranz 36555/1997	RS 1	Kaiserstuhl-/Münstertalbahn	„Endingen"
VT 502	Adtranz 36556/1997	RS 1	Kaiserstuhl-/Münstertalbahn	„Eich-stetten"
VT 503	Adtranz 36557/1997	RS 1	Kaiserstuhl-/Münstertalbahn	„Bahlingen"
VT 504	Adtranz 36558/1997	RS 1	Kaiserstuhl-/	–
VT 505	Adtranz 36559/1997	RS 1	Kaiserstuhl-/Münstertalbahn	„Bötzingen"
VT 506	Adtranz 36560/1997	RS 1	Kaiserstuhl-/Münstertalbahn	–
VT 507	Adtranz 36561/1997	RS 1	Kaiserstuhl-/Münstertalbahn	„Riegel"
VT 508	Adtranz 36562/1997	RS 1	Kaiserstuhl-/Münstertalbahn	„Nimburg"
VS 50	MAN 150118/1964	VS 2	abg. Königschaff-hausen	–
VS 51	MAN 150119/1964	VS 2	Waibstatt	–
VS 142	MAN 143548/1958	VS 2	Waibstatt	–
VS 202	WU 33631/1985	VS 4	Kaiserstuhlbahn	–
VS 203	WU 33632/1985	VS 4	Kaiserstuhlbahn	–
VS 204	WU 33633/1985	VS 4	Waibstatt	–
VS 240	WU 33634/1985	VS 4	Kaiserstuhlbahn	–
VS 242	WU 33636/1985	VS 4	Kaiserstuhlbahn	–
VS 470	WU 33629/1985	NE81	Ottenhöfen	lw von AVG

schofsheim Nord – Aglasterhausen (19,1 km) und Neckarbischofsheim Nord –

Hüffenhardt (17,0 km). Letztere ist dabei die „echte" Privatbahnstrecke (ehemals DEBG), während die Strecke nach Aglasterhausen erst 1982 von der DB auf die SWEG überging. Die ehemalige Staatsbahnstrecke weist heute mehr SPNV auf als die Strecke nach Hüffenhardt, deren wichtigstes Standbein der Schülerverkehr ist. Der Güterverkehr ist auf beiden Strecken eher schwach und wird mit den vorhandenen Triebwagen abgewickelt.

Die einzige Strecke des Verkehrsbetriebes Zell am Harmersbach führt über 10,6 km von Biberach nach Oberharmersbach-Riesbach. Sie dient vor allem dem SPNV, wofür RegioShuttles der OSB genutzt werden. Nachts werden weitere OSB-Triebwagen in Oberharmersbach-Riesbach abgestellt. Regelmäßiger Güterverkehr findet hier nicht statt.

Internet: www.sweg.de

Trossinger Eisenbahn (TE), Trossingen

Bereits seit 14.12.1898 verbindet die TE, deren Eigentümer die Stadt/Gemeinde Trossingen ist, den Bahnhof Trossingen an der Strecke Rottweil – Villingen mit dem Ort Trossingen. Die 4,3 km lange Strecke ist dabei seit Beginn mit 600 V= elektrifiziert und stellt heute die älteste noch in Betrieb befindliche elektrische

Nahe Trossingen Stadt fährt am 21.05.2001 der T5 der TE am Fotografen vorbei

Nebenbahn in der Bundesrepublik dar. Für den täglichen Betrieb werden in der Regel die Triebwagen 5 oder 6 eingesetzt. Güterverkehr findet seit 30.05.1996 nicht mehr statt.

Nr	Fabrikdaten	Bauart	Vorge-schichte	Bemer-kungen
Lina	AEG 160/1902	–	-	–
ET 1	MAN 369/1898	–	-	–
ET 5	ME 24836/1956	–	-	–
ET 6	Rastatt 21-3/1968	–	-	–

Ab Dezember 2003 wird die TE in das Ringzug-Konzept eingebunden, welches deutliche Verbesserungen im SPNV der Region vorsieht. Die Ringzug-Leistungen werden von der HzL mit RegioShuttles betrieben, doch soll die TE ihre Oberleitung behalten.

UEF – Eisenbahnverkehrsgesellschaft mbH (UEF), Ettlingen

Mit der Gründung der UEF Eisenbahnverkehrsgesellschaft am 20.02.1997 wurden für die Ulmer Eisenbahnfreunde e.V. (UEF) die rechtlichen Voraussetzungen für das Betreiben der Bahnstrecken und Fahrzeuge in Eigenregie geschaffen. Gesellschafter des Unternehmens sind neben den UEF (72%) auch das Göppin-

ger Bauunternehmung Leonhardt Weiss GmbH & Co. sowie die AVG. Aufgaben sind Erbringung von Transportleistungen und touristische Angebote. Die Gesellschaft betreibt auch die Infrastruktur der 1997 von der WEG übernommenen Strecke Amstetten – Gerstetten. Güterzüge werden meist von einer DB 335 bespannt. Seit 16.06.2002 fährt die DB Regionalbahn Alb-Bodensee GmbH an Sonn- und Feiertagen vier Zugpaare mit Triebwagen der BR 628/928 auf der Strecke.

Württembergische Eisenbahn – Gesellschaft mbH (WEG), Waiblingen

Die WEG betreibt fünf eigene Nebenbahnen in Baden-Württemberg und ist darüber hinaus für die Betriebsführung auf zwei Strecken von Zweckverbänden zuständig. Gesellschafter des Unterneh-

mens ist neben der Connex Regiobahn GmbH (96,95%) auch die Oppenheimer Beteiligungs-GmbH (3,05%).

Die Strohgäubahn Korntal – Weissach (21,9 km) gelangte erst 1984 zur WEG, als der vorige Besitzer, die Württembergische Nebenbahnen AG (WNB), mit der WEG fusionierte. Heute weist die Strecke

Mittlerweile hat eine G 2000 die Bespannung des WEG-Güterzuges Ulm – Mannheim übernommen. V 1001-033 passiert am 08.04.2002 vor Reichenbach ein altes Bahnwärterhaus

Rechte Seite link oben: VT 04 der WEG wartet als Zug 219 am 12.07.2001 in Vaihingen Stadt auf Fahrgäste.

WEG VT 442 ist am 07.12.2000 als Zug 28 Nürtingen – Neuffen bei Linsenhofen auf der Tälesbahn unterwegs

starken SPNV auf, der vor allem im Abschnitt Korntal – Hemmingen abgewickelt wird. In den Hauptverkehrszeiten verkehren durchgehende Züge ab/bis Stuttgart Feuerbach. Der Güterverkehr spielt eine geringere Rolle und wird von Triebwagen abgewickelt. In Weissach unterhält die WEG eine Werkstatt, die auch für die Unterhaltung der auf DB-Gleisen eingesetzten Dieselloks zuständig ist.

Die Tälesbahn Nürtingen – Neuffen (8,4 km) weist ebenfalls dichten SPNV auf. Die im Jahr 2001 generalüberholte Strecke wird werktags halbstündlich befahren. Güterverkehr findet nahezu ausschließlich zwischen Nürtingen und Nürtingen Roßdorf statt. In Neuffen befindet sich eine Betriebswerkstätte.

Die Talgangbahn Albstadt Ebingen – Albstadt Onstmettingen (8,2 km) befindet sich derzeit in einem Dornröschenschlaf, nachdem der Verkehr hier am 01.08.1998 eingestellt worden war. Zuvor hatte die Strecke über Jahre hinweg nur dem Schülerverkehr gedient. Eine Reaktivierung der Strecke ist vorgesehen. Sie soll dann halbstündlich im Wechsel von HzL-Zügen (durchgehend Tübingen – Albstadt Onstmettingen) und WEG-Zügen (Pendel Talgangbahn) befahren werden.

Die Stadtbahn Vaihingen (Enz) Nord – Enzweihingen (7,1 km) entstand ursprünglich als Zubringer zum außerhalb des Ortes gelegenen Staatsbahnhof Vaihingen Nord. Nachdem der DB-Bahnhof 1990 mit dem Bau der NBS Stuttgart – Mannheim weiter nach Süden verlegt wurde, wird Vaihingen Nord im SPNV ausschließlich von der WEG angefahren. Dieser ist auf der Stadtbahn jedoch eher schwach, der betriebliche Schwerpunkt liegt auf dem Güterverkehr. Der werktägliche Betrieb wird in der Regel von einem einzigen Triebwagen abgewickelt.

Die Obere Kochertalbahn Gaildorf West – Untergröningen (18,3 km) dient seit 2001 ausschließlich dem Güterverkehr. Dieser findet im unteren Abschnitt bis Schönberg statt, wo Holzhackschnitzel verladen werden. Untergröningen wird nur sporadisch erreicht. Die auf dieser Strecke eingesetzte Lok bedient auch die Güterverkehrsstellen Sulzbach(Murr) und Fichtenberg an der DB-Strecke Backnang – Gaildorf.

Seit 01.12.1996 betreibt die WEG im Auftrag des Zweckverbandes Schönbuchbahn (ZVS) die Strecke Böblingen – Dettenhausen, die im dichten Takt mit RegioShuttles befahren wird. Das Zugangebot wird überaus gut angenommen, so dass die Fahrgastprognosen weit übertroffen werden. Die Schönbuchbahn gilt gemeinhin als das Musterbeispiel für die Reaktivierung einer Nebenbahn. Güterverkehr findet nur in vergleichsweise

Oben:
In Ermangelung einer eigenen Lok werden Güterzüge auf der Strohgäubahn meist mit den dort vorhandenen NE 81 bespannt, so auch am 19.06.2000 in Weissach

Nr	Fabrikdaten	Bauart	Vorgeschichte	Bemerkungen	Nr	Fabrikdaten	Bauart	Vorgeschichte	Bemerkungen
V 1001-033	VSFT 1001033/2001	G 2000	–	–	*Schorndorf – Rudersberg*				
V 1001-130	VSFT 1001130/2001	G 1206	–	–	V 23	Gmeinder 5124/1959	Köf III	ex DB 332 801	–
Gaildorf – Untergröningen					VT 421	WU 36235/1994	NE 81	–	–
V 125	Krupp 4383/1962	V 100	ex DB 211 273	–	VT 422	WU 36236/1994	NE 81	–	–
VB 109	Auwärter	–	–	abg. Unter-gröningen	VT 440	Adtranz 36846/1999	RS 1	–	„Wiesel"
VS 240	ME 23779/1955	Esslinger	–	abg. Unter-gröningen	VT 441	Adtranz 36847/1999	RS 1	–	„Wiesel"
Vaihingen – Enzweihingen					VS 425	WU 36237/1994	NE 81	–	-
VT 04	Wegmann 35254/1927	–	ex DB VT 70 901	–	VS 426	WU 36238/1994	NE 81	–	–
VT 36	Fuchs 9058/1956	–	ex Meterspur	Reserve	*Böblingen – Dettenhausen*				
VS 208	Auwärter	–	–	–	VT 415	Adtranz 36457/1996	RS 1	–	„Schaichtal"
Korntal – Weissach					VT 423	Adtranz 36554/1997	RS 1	–	„Schönbuch"
VT 410	WU 30901/1981	NE 81	–	–	VT 430	Adtranz 36459/1996	RS 1	–	„Dettenhausen"
VT 411	WU 30902/1981	NE 81	–	–	VT 431	Adtranz 36460/1996	RS 1	–	„Weil im Schönbuch"
VT 412	WU 36104/1993	NE 81	–	–	VT 432	Adtranz 36461/1996	RS 1	–	„Holzgerlingen"
VT 413	WU 36105/1993	NE 81	–	–	VT 433	Adtranz 36462/1996	RS 1	–	„Böblingen"
VT 414	Adtranz 36456/1996	RS 1	–	–	*Nürtingen – Neuffen*				
VT 416	Adtranz 36458/1996	RS 1	–	–	V 62	MaK 600129/1956	600D	–	HU Neuffen
VT 420	WU 36234/1994	NE 81	–	–	V 122	MaK 1000057/1961	1200D	–	Reserve
VS 220	WU 30906/1981	NE 81	–	–	VT 442	Adtranz 36848/1999	RS 1	–	„Katja", Reserve
VS 250	WU 36106/1993	NE 81	–	–	VT 445	Adtranz 36878/2000	RS 1	–	„Alice"
VS 471	WU 33630/1985	NE 81	ex SWEG VS 201	lw von AVG	VT 446	Adtranz 36879/2000	RS 1	–	„Agnes"
VB 477	WU 33635/1985	NE 81	ex SWEG VB 241	lw von AVG	VT 447	Adtranz 36880/2000	RS 1	–	„Maren"

An Sonntagen pendelt ein Solo-Triebwagen auf der Schönbuchbahn zwischen Böblingen und Dettenhausen. Am 03.02.2002 war dies VT 433, hier als T29 bei Weil im Schönbuch

geringem Umfang im Stadtgebiet von Böblingen statt. Bereits seit 01.01.1995 hat die WEG die Betriebsführung der Strecke Schorndorf – Rudersberg Nord (10,6 km) im Auftrag des Zweckverbandes Verkehrsverband Wieslauftalbahn (ZVVW) inne. Anders als bei der Schönbuchbahn wurde der

SPNV auf der Wieslauftalbahn nicht reaktiviert, sondern von DB Regio übernommen. Ebenso wie im Schönbuch wurden auch hier die erwarteten Fahrgastzahlen deutlich übertroffen. Regelmäßiger Güterverkehr findet auf der Wieslauftalbahn nicht statt, doch hat die WEG am 01.10.2001 die Bedie-

nung der Güterkunden im Bahnhof Schorndorf von DB Cargo übernommen.

Auch auf DB-Gleisen fährt der WEG-Logistikzug Mannheim Rheinhafen – Wiesloch – Kornwestheim – Amstetten – Neu Ulm. Er wurde am 01.02. 2001 zum Containertransport von Mannheim nach Kornwestheim eingerichtet, am 14.05.2001 bis Neu-Ulm verlängert. Seit Okt. 2001 dient er zwischen Wiesloch und Amstetten im Zwischenwerksverkehr der Fa. Heidelberg. Seit 28.02.2002 bespannt die WEG werktags das NeCoSS-Flügelzugpaar Friedberg – Mannheim – Kornwestheim.

Zürcher Gleisbau GmbH, Meißenheim

Die im schwäbischen Meißenheim ansässige Gleisbaufirma Zürcher besitzt
schon seit 1995 eine eigene gelb lackierte
Köf III. Die offiziell im Jahr 1996 beim Bh
Osnabrück ausgemusterte 332 152 erhielt
im April und Mai 1998 bei der Teutobur-
ger Wald-Eisenbahn-AG (TWE) in Lengerich ihre letzte HU und ist unter der
Inventarnummer 11000050 in den
Bestand eingereiht. Die Lok wird im Bauzugdienst eingesetzt (z. B. Hauptbahnhof
Kaiserslautern, Stadtbahn Heilbronn),
Überführungen zu den Baustellen fan-
den bisher aufgrund zu hoher Geld-
forderungen von DB Cargo stets per
Straßentieflader statt.

Nr	Fabrikdaten	Bauart	Vorge-schichte	Bemer-kungen
11000050	O&K 26389/1965	Köf III	ex DB 332 152	–

Zweckverband ÖPNV im Ammertal (ZÖA), Tübingen

Zur Übernahme der von der Stillegung
bedrohten Nebenbahn Tübingen – Gült-
stein gründeten die Landkreise Tübingen
(80%) und Böblingen (20%) am 26.07.1995
den ZÖA. Die 20 km lange Gesamtstrecke
Tübingen – Herrenberg konnte in einem
zweiten Schritt am 02.12.1996 käuflich erworben werden, wenig später begannen
die Sanierungs- und Rekonstruktions-
arbeiten. Der Betrieb der nach der Gene-
ralsanierung auch wieder durchgehend
bis Herrenberg befahrbaren Strecke wurde europaweit ausgeschrieben, den Zuschlag erhielt die DB ZugBus Regionalverkehr-Alb-Bodensee GmbH, die die
Strecke seit Mai 1999 mit modernen
RegioShuttles bedient.

Zweckverband Schönbuchbahn (ZVS), Dettenhausen

Die am 10.01.1967 stillgelegte steigungs-
und kurvenreiche Bahnstrecke Böblingen

– Dettenhausen durch den namensgebenden Schönbuch konnte auf Initiative der
Landkreise Böblingen und Tübingen in
Zusammenarbeit mit der WEG am
28.09.1996 für den Personen- und Güterverkehr reaktiviert werden. Die Übernahme der 17 km langen Strecke durch
den ZVS erfolgte bereits am 28.12.1993,
in den folgenden Jahren wurden rund
27 Mio. DM in die Infrastrukturreakti-
vierung investiert. Aufgrund von Fahr-

zeugschäden an den gerade frisch aus-
gelieferten RegioShuttle ruhte der Verkehr zunächst vom 30.09. bis 30.11.1996.

Zweckverband Verkehrsverband Wieslauftalbahn (ZVVW), Rudersberg

Der durch den Rems-Murr-Kreis, die
Stadt Schorndorf und die Gemeinde
Rudersberg gegründete ZVVW konn-

te zum 01.01.1995 die Strecke Schorndorf – Welzheim (22,8 km) von der
DB übernehmen. Als betriebsführende Gesellschaft bedient man sich der
WEG, die im Abschnitt Schorndorf –
Ruderberg Nord SPNV betreibt (siehe auch unter WEG). Vor der Inbetriebnahme wurde die Strecke für
rund 10,5 Mio. DM grundlegend saniert.

Internet: www.rudersberg.de/freizeit/dampf.htm

**Bei der Einfahrt
in den Bahnhof
Haubersbronn
konnte der aus
VT 421 und VS 426
gebildete Zug 73
Rudersberg –
Schorndorf
abgepasst werden**

UNTERNEHMEN AUS DEM EUROPÄISCHEN AUSLAND

Dillen & Lejeune Cargo NV (DLC), Boom (Belgien)

DLC ist eine inhabergeführte Bahngesellschaft und befindet sich seit der Firmengründung im April 2000 mehrheitlich im Eigentum der Firmengründer Ronny Dillen und Jeroen Lejeune (jeweils 30% der Anteile). Im Rahmen einer Kapitalerhöhung im Oktober 2001 konnte sich außerdem der schweizerische Kombioperateur Hupac SA, Chiasso/Schweiz an DLC beteiligen. Die Zulassung als EVU erhielt DLC bereits im September 2000 durch das belgische Verkehrsministerium.

Diese wurde auf Basis der EU-Richtlinie 91/440 „über die Entwicklung der Eisenbahnunternehmen in der europäischen Union" erteilt und berechtigt DLC, in allen Mitgliedsstaaten der EU Güterverkehrsleistungen auf der Schiene anzubieten. Die Ausstellung des für den Zugang zum belgischen Schienennetz benötigten Sicherheitszertifikates durch die belgische Staatsbahn SNCB/NMBS verzögerte sich allerdings bis März 2002. Erste Zugleistung der Gesellschaft ist seit 02.04.2002 ein drei bis vier Mal pro Woche verkehrender Container-Shuttle vom BMW-Werk im oberpfälzischen Wackersdorf zum Hafen Antwerpen. Die durch die in Genf (Schweiz) ansässige Reederei Mediterenean Shipping Company (MSC) organisierte Zugleistung befördert für ein südafrikanisches BMW-Montagewerk bestimmte Fahrzeugteile zum Hafen Antwerpen. Die vertragliche Basis zwischen MSC und DLC ist zunächst auf ein Jahr begrenzt.

In der Relation Aachen West – Antwerpen u.z. setzt DLC eigene Triebfahrzeugführer ein, für die Verkehre in Deutschland bedient man sich des Personaldienstleisters MEV. Die E-Lok wird zwischen den Punkten Aachen und Nürnberg eingesetzt, auf dem weiteren Linienweg die PB 03 (Aachen – Antwerpen) bzw. 1001-035 von Nürnberg nach Wackersdorf.

Internet: www.dlcargo.com

Nr	Fabrikdaten	Bauart	Vorge-schichte	Bemer-kungen
1001-035	VSFT 1001035/2001	G 2000	–	–
PB 03	GMD 20008254-5/2001	JT42CWR	–	–
ES 64	ES 64 U2	–		lw von
U2 – 901	KM 20445/2000			Hupac

EuroLuxCargo S.A. (ELC), Luxemburg (Luxemburg)

Seit Anfang März 2002 ist die ELC, eine Tochtergesellschaft der luxemburgischen

Die DLC PB 03 steht abfahrbereit mit ihrem Zug im Güterbahnhof von Antwerpen Nord in Richtung Wackersdorf

Staatsbahn CFL, im grenzüberschreitenden Güterzugverkehr zwischen dem Raum Trier und Wasserbillig (und weiter nach Luxemburg) tätig. Vor dem Zug aus dem Trierer Hafen nach Luxemburg (Ladegut u.a. Schrott) kommt die von VSFT gemietete ehemalige Lok 2 der Seehafen Kiel GmbH & Co. KG zum Einsatz. In Deutschland fungiert dabei die am 01.09.2001 von ELC erworbene NEG als EVU.

Nr	Fabrikdaten	Bauart	Vorgeschichte	Bemerkungen
407	VSFT 1001018/2000	G 1206	ex NEG 07	lw von VSFT

ShortLines bv (SL), Rotterdam (Niederlande)

ShortLines wurde im Frühjahr 1997 als Kooperationsunternehmen der Rail Develop Partners bv (78,1%) sowie HGK (21,9%) gegründet. Im Juli 1998 konnte SL mit einem intermodalen Shuttlezug zwischen Rotterdam und Born eine erste Verkehrsrelation in den Niederlanden aufnehmen, im März 1999 folgte ein Zug von Rotterdam nach Köln. Eingesetzt werden vor diesem Zug hauptsächlich Loks des Gesellschafters HGK. Im Jahr 2001 erhielt SL über den Leasinggeber Porterbrook außerdem zwei Class 66. Für Verschubaufgaben in den Niederlanden hat SL außerdem einige LEW-V 60 D im Bestand, die aber nicht auf dem deutschen Schienennetz zum Einsatz kommen.

Internet: www.shortlines.nl

Nr	Fabrikdaten	Bauart	Vorgeschichte	Bemerkungen
PB 01	GMD 20008254-1/2001	JT42CWR	–	–
PB 02	GMD 20008254-2/2001	JT42CWR	–	–

POOLS

Auf dem Weg von Stuttgart Hafen nach Bremerhaven passiert 152 901 mit ihrem boxXpress DFG 80060 am 27.07.2001 Northeim am Neckar

Mit dem stetigen Anwachsen der Transportvolumen privater Eisenbahngesellschaften stieg der Bedarf an Schienenfahrzeugen massiv an. Waren es zunächst aufgearbeitete Altfahrzeuge, gewann die Vermietung von Neubaufahrzeugen stetig an Bedeutung. Vor allem im Bereich des Güterverkehres sind Mietfahrzeuge heute nicht mehr wegzudenken. Der har-

Einsatz stehen. 2001 folgte die Bestellung von zehn Doppelstockzügen (Lok ähnlich BR 146 sowie sechs Doppelstockwagen) bei Alstom und Bombardier samt Wartung und Instandhaltung über 15 Jahre. Im Jahr 2003 werden außerdem sechzehn weitere LINT erwartet, die ersten sechs werden den Bestand der NWB verstärken.

Nachschub für den Bombardier-Lokpool? 231 035, 052 und 058 am 01.04.2002 im Bh Nordhausen

te Preiskampf sowie ungewisse Transportaufkommen lassen ein längerfristiges Leasing meist nicht zu.

Doch auch im SPNV wird über alternative Modelle nachgedacht. Waren es bisher zumeist die Betreiber, die mit eigenen Fahrzeugen die Strecken befahren haben, überlegen mittlerweile zahlreiche Aufgabenträger, einen eigenen Pool zu beschaffen, der an die Verkehrsunternehmen vermietet wird. Vorreiter ist hier das Land Niedersachsen, das 2000 zunächst 23 LINT für das Teilnetz Weser-Ems beschaffte, die heute bei der NWB im

Bombardier Transportation (Bombardier), Berlin

Nr	Fabrikdaten	Bauart	Vorgeschichte	Bemerkungen
109-1	LEW 15116/1975	109	ex DB 109 084	abgestellt Seddin
128 001-5	AEG 22500/1994	128	ex DB 128 001	Testfahrten Schweiz
143 001-6	LEW 16323/1983	143	ex DB 143 001	-> EKO
Blue Cat	LEW 11913/1968	293	ex DB 201 075	-> Hafenbahn Magdeburg
Weiser Beer	Adtranz 72350/1999	293	ex ?	-> BCB
V 200.007	Adtranz 72860/2001	M 62	ex CD 781 349	-> ASP
W 232.05	Adtranz 72610/2000	232	ex DB 231 015	-> ASP
Blue Tiger	Adtranz 33293/1996	DE-AC33C	ex DB 250 001	-> RBH

Standort Kassel

Nr	Fabrikdaten	Bau-art	Vorge-schichte	Bemer-kungen
109-2	Adtranz 72420/2000	109	ex DB 109 013	-
109-3	LEW 15105/1975	109	ex DB 109 073	-
109-4	LEW 9937/1963	109	ex DB 109 026	HU
109-5	LEW 9943/1963	109	ex DB 109 032	HU
109-28	LEW 9939/1963	109	ex DB 109 028	-
Grashopper	Adtranz 14897/1997	293	ex DB 201 833	-
DH 41	LEW 11212/1967	293	ex DB 201 004	HU
1807	LEW 11894/1968	293	ex DB 201 056	Getriebeschaden
228 104	LKM 275091/1965	228	ex DR 118 104	abgest. KS-Wil-helmshöhe Süd
V 200.008	Adtranz 72870/2001	M 62	ex CD 781 448	abgest. Werk
37	LTS 1690/1973	M 62	ex CD 781 469	abgest. Werk
41	LTS 1218/1971	M 62	ex CD 781 344	abgest. Werk
43	LTS 1209/1971	M 62	ex CD 781 335	abgest. Werk
47	LTS 3381/1979	M 62	ex CD 781 555	abgest. Werk
W 232.03	Adtranz 72090/1999	232	ex DB 242 005	-
W 232.06	Adtranz 72620/2001	232	ex DB 231 004	-
W 232.07	LTS 0113/1972	232	ex DB 231 011	-
W 232.08	LTS 0120/1973	232	ex DB 231 018	HU
W 232.10	Adtranz 72910/2001	232	ex TE 109 033	HU
W 232.12	LTS 0847/1978	232	ex TE 109 020	HU
-	LTS 0037/1971	232	ex TE 125 001	abgest. KS-Wil-helmshöhe Süd
-	LTS 0184/1973	232	ex DB 231 070	abgest. KS-Wil-helmshöhe Süd
-	LTS 0293/1974	232	ex TE 129 001	abgest. KS-Wil-helmshöhe Süd

Standort Nordhausen

Nr	Fabrikdaten	Bauart	Vorge-schichte	Bemer-kungen
V 200.005	Adtranz 72840/2000	M 62	ex CD 781 365	-
V 200.006	Adtranz 72850/2000	M 62	ex CD 781 324	-
V 200.009	Adtranz 72880/2000	M 62	ex CD 781 545	-
V 200.010	Adtranz 72890/2000	M 62	ex CD 781 450	-
38	LTS 1708/1973	M 62	ex CD 781 487	-
44	LTS 3417/1979	M 62	ex CD 781 591	-

Standort ZOS Nymburk a.s. (Tschechien)

Nr	Fabrikdaten	Bauart	Vorge-schichte	Bemer-kungen
39	LTS 3383/1979	M 62	ex CD 781 557	abgestellt
40	LTS 3424/1979	M 62	ex CD 781 598	abgestellt
42	LTS 3376/1979	M 62	ex CD 781 550	abgestellt
45	LTS 1764/1973	M 62	ex CD 781 540	abgestellt
46	LTS 1705/1973	M 62	ex CD 781 484	abgestellt
48	LTS 3406/1979	M 62	ex CD 781 580	abgestellt
-	Krupp 4831/1966	V 160	ex DB 216 068	HU
-	KHD 58144/1967	V 160	ex DB 216 122	HU

Bombardier unterhält seit 1995 einen eigenen Lokpool wobei die Finanzierung

Nur kurz währte das Gastspiel der W 232.03 aus dem Bombardier-Pool bei der mkb, hier am 31.03.2002 aufgenommen in Minden

Bombardier-
Leihlok 13
bespannte am
30.05.2001 den
WEG-Container-
zug, der nahe
Mannheim Hbf
im letzten Licht
festgehalten
werden konnte

der einzelnen Fahrzeuge sehr unterschiedlich gelöst ist. 2002 gab Bombardier bekannt, sich aus dem Vermietungsgeschäft zurückziehen zu wollen. Kerngeschäft werde in Zukunft die Fertigung von Neubaufahrzeugen sein. Nicht aufgeführt sind die zahlreichen Fahrzeuge, die per Leasing- oder Mietkaufvertrag fest an Unternehmen gebunden sind.
Internet: www.transportation.bombardier.com

DB Regio AG Schienenfahrzeug-
zentrum Stendal (SFZ), Stendal

Das aus dem ehemaligen RAW Stendal hervorgegangene SFZ bietet neben der Ausführung von Hauptuntersuchungen aufgearbeitete Loks der Bauart V 100

zum Verkauf an. Bereits seit längerem wird über einen Verkauf des durch die DB AG zur Schließung vorgesehenen Werkes an den Schienenfahrzeughersteller Alstom verhandelt. Für die kurzzeitige Bereitstellung unterhält man einen Pool an Mietlokomotiven der Baureihen 203 und 212.

Nr	Fabrikdaten	Bauart	Vorge-schichte	Bemer-kungen
203 001-3	LEW 12858/1971	V 100.4	ex DB 202 349	–> EBM
203 501-2	LEW 12542/1970	V 100.4	ex DB 202 260	–> EBM
203 502-0	LEW 13522/1972	V 100.4	ex DB 202 483	–> UAT
203 503-8	LEW 14844/1975	V 100.4	ex DB 202 787	–> OHE
203 504-6	LEW 12546/1970	V 100.4	ex DB 202 264	–> EBM
203 505-3	LEW 12835/1971	V 100.4	ex DB 202 326	–> EBM
212 097-0	MaK 1000233/1964	V 100	ex DB 212 097	–> NVAG
212 258-8	MaK 1000305/1965	V 100	ex DB 212 258	–> PRESS
212 261-2	MaK 1000308/1965	V 100	ex DB 212 261	–> NVAG
212 270-3	MaK 1000317/1965	V 100	ex DB 212 270	–> NVAG
212 305-7	MaK 1000352/1966	V 100	ex DB 212 305	–> PRESS

EuroTrac Verkehrstechnik GmbH (EuroTrac), Kiel

1997 ursprünglich in Düsseldorf gegründet, gehört EuroTrac inzwischen zum Werdohler Vossloh-Konzern.
EuroTrac bietet vor allem Dienstleistungen bei der Wartung und Instandhaltung von Fahrzeugen an. So betreibt EuroTrac beispielsweise das NOB-Depot in Kiel Süd und einen Wartungsstützpunkt im ehemaligen Bw Haldensleben (bis 31.05.2001 zur NEG gehörig). Die einst vorhandenen Streckendieselloks, darunter die bekannten NoHABs, wurden an VSFT abgegeben. Die Zulassung als EVU erfolgte am 20.07.2000, jene als EIU (Anschlussgleise Werkstatt) einen Tag später.
Internet: www.eurotrac-vt.de

Gamma Mineralölhandels Ges.m.b.H (Gamma)

Aus dem Engagement in der EuroRail (Schweiz) AG und deren Konkurs heraus verfügt der österreichische Mineralölhandel Gamma über insgesamt fünf NoHAB-Dieselloks (ex NEG). Als einstellendes EVU fungiert seit Februar 2002 die NeSA. Die Loks standen auch noch im Mai 2002 ohne Mieter in Haldensleben bzw. Dortmund abgestellt.
Internet: www.gammaoil.at

Nr	Fabrikdaten	Bau-art	Vorge-schichte	Bemerkungen
01	MaK 220095/1962	240B	ex Bayer AG, Brunsbüttel 1	Verschub Haldensleben
02	LEW 13749/1973	V 60 D	ex Laubag 106-01	-> ELP
03	LEW 14826/1975	V 60 D	ex Laubag 106-03	-> ELP

V200.06 und 08 brummen am 06.03.2002 mit ihrem langen Zement- und Braunkohlestaub- zug durch Berlin- Landsberger Allee

Nr	Fabrikdaten	Bau-art	Vorge-schichte	Bemer-kungen
V170 1127	Nohab 2368/1957	MY	ex DSB MY 1127	abg. Haldensleben
V170 1138	Nohab 2379/1958	MY	ex DSB MY 1138	abg. Dortmund
V170 1149	Nohab 2600/1964	MY	ex DSB MY 1149	abg. Haldensleben
V170 1151	Nohab 2602/1965	MY	ex DSB MY 1151	abg. Haldensleben
V170 1155	Nohab 2606/1965	MY	ex DSB MY 1155	abg. Haldensleben

ImoTrans GmbH (ImoTrans), Ratzeburg

Die am 01.07.1999 gegründete ImoTrans ist ein 100%iges Tochterunternehmen der

Nr	Fabrikdaten	Bau-art	Vorge-schichte	Bemer-kungen
V 60.01	LEW 15147/1976	V 60 D	ex PCK Schwedt V 60.41	–> PEG
V 60.06	LEW 10875/1964	V 60 D	Di206-65-B4 BKK Senftenb./Lok 14	HU Witten-berge
V 200.04	LTS 1211/1971	M 62	ex CD 781 335	–> PEG
V 200.06	LTS 1891/1973	M 62	ex PKP ST 44-281	–> PEG
V 200.07	LTS 3518/1979	M 62	ex PKP ST 44-934	–> PEG
V 200.08	LTS 2558/1976	M 62	ex Wismut V 200 507, EBM 120 506	–> PEG
V 200.09	LTS 0683/1969	M 62	ex DB 220 281	–> PEG

PEG. Zunächst als Handelsgesellschaft für Eisenbahnimmobilien gegründet übernahm die ImoTrans auch sukzessive die Güterwagen der PEG, welche diese größtenteils wieder zurückmietete. Ab 18.12.2000 folgte mit dem Erwerb von PEG V200.04 das erste Triebfahrzeug, heute umfasst der Bestand mehrere V 200 und V 60.

Internet: www.imotrans.de

Locomotion Service GmbH (LS), Kiel

LS ist ein Gemeinschaftsunternehmen der Kieler Lokschmiede VSFT (90%) und des britischen Leasingunternehmens Angel Trains Ltd. (10%). Das zweite Gemeinschaftsunternehmen der beiden Firmen, die Locomotion Capital Ltd. (LC), weist hingegen eine gegensätzliche Verteilung der Anteile auf – hier hält Angel Trains 90% und VSFT 10%. Während LC die Beschaffung und Vermietung von Lokomotiven – insbesondere Diesellokomotiven – als Geschäftszweck sieht, ist LS vor allem Servicedienstleister, etwa für Wartung, Instandhaltung und kundenspezifische Umbauten. Dennoch vermietet auch LS Fahrzeuge, allerdings im Gegensatz zu LC nur für vergleichsweise kurze Zeiträume. LS ist zudem kein Eigentümer von Lokomotiven: Die vermieteten Fahrzeuge sind entweder VSFT-Eigentum oder sie werden durch die LS von Locomotion Capital geleast und dann weitervermietet.

Internet: www.locomotion-service.de

OnRail Gesellschaft für Eisenbahnausrüstung und Zubehör mbH (OnRail), Mettmann

OnRail besteht seit 1982 und ist ein Handels- und Dinstleistungsunternehmen im Schienenfahrzeugsegment. Die Hauptaktivitäten der OnRail sind der Handel mit und die Vermietung von gebrauchten, modernisierten und neuen Waggons und Lokomotiven. Als Reserve hält man zur Zeit zwei eigene Loks bereit.

Internet: www.on-rail.com

Nr	Fabrikdaten	Bauart	Vorgeschichte	Bemerkungen
352 001	SFT 220139/1996	G400	–	–> DB Reise& Touristik
651	MaK 1000793/1981	DE 1002	ex RAG 651	zum Verkauf
406	VSFT 1001017/2000	G 1206	ex NEG 06	–> -
407	VSFT 1001018/2000	G 1206	ex NEG 07	–> LEC
1001 022	VSFT 1001022/2000	G 1206	–	–> mkb
G 2000.01	VSFT 1001028/2000	G 2000	–	–> ?
G 2000.02	VSFT 1001029/2001	G 2000	–	–> ?
1001034	VSFT 1001034/2001	G 2000	–	–> mkb
1001117	VSFT 1001117/2000	G 1206	–	–> MWB
1001119	VSFT 1001119/2001	G 1206	–	–> ACT (Italien)
1001120	VSFT 1001120/2001	G 1206	–	–> LTE (Österreich)
1001123	VSFT 1001123/2001	G 1206	–	–> LTE (Österreich)
1001125	VSFT 1001125/2001	G 1206	–	–> NIAG
1001127	VSFT 1001127/2001	G 1206	–	–> NVAG
1001131	VSFT 1001131/2001	G 1206	–	–> InfraLeuna
1001133	VSFT 1001133/2001	G 1206	–	–> HRS
1001139	VSFT 1001139/2002	G 1206	–	–> NIAG
V 170 1125	Nohab 2366/1957	Nohab	ex DSB MY 1125	–> ELP
V 170 1131	Nohab 2372/1957	Nohab	ex DSB MY 1131	–> ELP
V 170 1142	Nohab 2383/1958	Nohab	ex NEG, ex DSB MY 1142	–> ELP
V 170 1143	Nohab 2384/1958	Nohab	ex DSB MY 1143	–> ELP
V 170 1147	Nohab 2598/1964	Nohab	ex DSB MY 1147	Dortmund, Motorschaden

Nr	Fabrikdaten	Bauart	Vorgeschichte	Bemerkungen
36	LHB 3160/1973	1300BB	ex VPS 1152	–> NIAG
37	MaK 800186/1973	G1100BB	ex WHE 20	–> Stahlwerke Bremen

Von ihren Leiheinsätzen bei der RCB trägt die Lok V 200.007 der Imotrans noch die entsprechende Beschriftung, als sie am 08.04.2001 mit einem Bauzug in Kottenforst pausiert

Siemens dispolok GmbH (dispolok), München

dispolok als Lokpool von Siemens Verkehrstechnik wurde Anfang 2000 gegründet. Bemerkenswert bei dispolok ist das umfangreiche Internetangebot des Pools, das sogar ein Onlinebestellformular beinhaltet.

Der Lokbestand wird künftig noch beträchtlich anwachsen, da zur Zeit mehrere Loks des Typs ES 64 F (=1116) im Bau sind.

Aufgrund der anhaltend hohen Nachfrage nach Neubauloks, plant Siemens, den Bestand seines Lokpools weiter aufzustocken. Noch im Jahr 2002 sollen auch Fahrzeuge des Typs ES 64 F4 (dies entspricht DB-BR 189) in den Pool gelangen.

Linke Seite: Zusammen mit der Lok 7 der duisport rail steht Lok 1001117 der Locomotion Service am 01.04.2002 in Duisburg Hafen

Nr	Fabrikdaten	Bauart	Vorge-schichte	Bemerkungen
ES 64 P – 001	KM 20075/1992	ES 64 P	ex DB 127 001	–> NetLog
ES 64 F – 901	KM 20448/2000	ES 64 F	–	–> NetLog
ES 64 F – 902	KM 20449/2000	ES 64 F	–	–> NetLog
ES 64 U2 – 902	KM 20446/2000	ES 64 U2	–	–> NetLog
ES 64 U2 – 903	KM 20447/2000	ES 64 U2	–	–> NetLog
ES 64 U2 – 001	SGP 90940/2001	ES 64 U2	–	–> Lokomotion
ES 64 U2 – 002	SGP 90970/2001	ES 64 U2	–	–> Lokomotion
ES 64 U2 – 003	KM 20559/2001	ES 64 U2	–	–> NetLog
ES 64 U2 – 004	KM 20560/2001	ES 64 U2	–	–> NetLog
ES 64 U2 – 005	KM 20561/2001	ES 64 U2	–	–> r4c
ES 64 U2 – 006	KM 20562/2001	ES 64 U2	–	–> NetLog
ES 64 U2 – 007	KM 20563/2001	ES 64 U2	–	–> NetLog
ES 64 U2 – 008	KM 20564/2001	ES 64 U2	–	–> NetLog
ES 64 U2 – 009	KM 20565/2001	ES 64 U2	–	–> NetLog
ES 64 U2 – 010	KM 20566/2001	ES 64 U2	–	–> NetLog
ES 64 U2 – 011	KM 20567/2002	ES 64 U2	–	–> NetLog
ES 64 U2 – 012	KM 20568/2002	ES 64 U2	–	–> NetLog
ES 64 U2 – 013	KM 20569/2002	ES 64 U2	–	–> Lokomotion
ES 64 U2 – 014	KM 20570/2002	ES 64 U2	–	–> NetLog
ES 64 U2 – 015	KM 20571/2002	ES 64 U2	–	–> NetLog
ES 64 U2 – 016	KM 20572/2002	ES 64 U2	–	–> CargoServ (Österreich)
ES 64 U2 – 017	KM 20573/2002	ES 64 U2	–	–> RAG
ES 64 U2 – 018	KM 20574/2002	ES 64 U2	–	–> NetLog
ME 26 – 01	MaK 30005/1996	ME 26	ex NSB Di 6.661	–> CFL
ME 26 – 02	MaK 30006/1996	ME 26	ex NSB Di 6.662	–> NetLog
ME 26 – 03	MaK 30007/1996	ME 26	ex NSB Di 6.663	–> CFL
DE 2650 – 04	MaK 30008/1996	ME 26	ex NSB Di 6.664	–> CFL
ME 26 – 05	MaK 30009/1996	ME 26	ex NSB Di 6.665	–> CFL
ME 26 – 06	MaK 30010/1996	ME 26	ex NSB Di 6.666	Reserve Hagenow Land
ME 26 – 07	MaK 30011/1996	ME 26	ex NSB Di 6.667	–> NetLog
ME 26 – 08	MaK 30012/1996	ME 26	ex NSB Di 6.668	–> CFL
ME 26 – 09	MaK 30013/1996	ME 26	ex NSB Di 6.669	–> CFL
ME 26 – 10	MaK 30014/1996	ME 26	ex NSB Di 6.670	–> NetLog
ME 26 – 11	MaK 30015/1996	ME 26	ex NSB Di 6.671	–> NetLog
ME 26 – 12	MaK 30016/1996	ME 26	ex NSB Di 6.672	–> CFL

Im ersten Quartal des Jahres 2003 sollen mit Loks des Typs ER 20 („Eurorunner", entspricht ÖBB-BR 2016) auch weitere Großdieselloks in den Dispolok-Pool aufgenommen werden.
Internet: www.dispolok.com

Vossloh Schienenfahrzeugtechnik GmbH (VSFT), Kiel

Die heutige VSFT geht ursprünglich auf die nach dem Ersten Weltkrieg gegründeten Deutschen Werke Kiel DWK zurück, die ab dem 25.05.1948 dann als Maschinenbau Kiel GmbH (MaK) firmierten. Nach der Beteiligung der Krupp AG an MaK erfolgt 1992 die Umbenennung in Krupp Verkehrstechnik GmbH und Im Jahre 1994 nach dem Verkauf an Siemens in Siemens Schienenfahrzeugtechnik (SFT). Zum 1. Oktober 1998 übernahm die Vossloh AG die ehemalige MaK, nachdem Siemens kein Interesse mehr an diesem Geschäftszweig hatte.
Heute fertigt die seitdem als VSFT bekannte Unternehmung unter dem Markennamen „MaK-Lokomotiven" weiterhin Schienenfahrzeuge. Für die Vermietung wird noch eine Anzahl an Dieselloks vorgehalten, die entweder über VSFT direkt oder die Tochterunternehmung LS vertrieben werden.

Nr	Fabrikdaten	Bauart	Vorge-schichte	Bemer-kungen
800 190	MaK 800190/1978	G 1100 BB	ex SK 2	-> HU
800 166	MaK 800166/1970	G1100BB	ex AKN V 2.016	–

Hinzu kommt noch etwa ein halbes Dutzend gebrauchter Rangierloks und Mitte Mai eine G1100BB, zwei G500C und zwei Gmeinder DH50C. Als Langzeitmietloks sind außerdem fünf G1206 bei der RBH (821 – 825) im Einsatz.
Internet: www.vsft.de

Linke Seite:
Die an NetLog vermietete
ES 64-U2 009 war am 22.04.2002 mit einem BMW-Zug für ARS bei Vollmerz unterwegs

Abkürzungen allgemein

Abkürzung	Bedeutung
ABB	Asea-Brown-Boverie AG
abg.	abgestellt
Abzw	Abzweig(-stelle)
ACTS	Abroll-Container-Transport-system
ADtranz	Adtranz – DaimlerChrysler Rail Systems (Deutschland) GmbH
AEG	Allgemeines Eisenbahngesetz
AEG	AEG AG (einst Allgemeine Electricitäts-Gesellschaft AG)
Anschl	Anschluss
Anst	Anschlussstelle
ARGE	Arbeitsgemeinschaft
ASF	Akku-Schlepp-Fahrzeug
Ast	Außenstelle
Auwärter	Ernst Auwärter KG
AW	Ausbesserungswerk
Awanst	Ausweichanschlussstelle
Az	Arbeitszug
B	Bedarf / Bedarfszug
BASA	Bahnselbstwählanschluss (ehemaliges) bahneigenes Telefonnetz
Bf	Bahnhof
Bh	Betriebshof (ehemals Bw)
BMAG	Berliner Maschinenbau AG
BOA	Bau- und Betriebsordung für Anschlussbahnen
Bombardier	Bombardier Transportation
BOStrab	Bau- und Betriebsordnung für Straßenbahnen
BR	Baureihe
Breuer	Maschinen- & Armaturen-fabrik H. Breuer
BSchwAG	Bundesschienenwege-ausbaugesetz
BSG	Bahnservicegesellschaft DB-Gesellschaft für Reinigung, Schutz
BÜ	Bahnübergang
Bw	Bahnbetriebswerk (mittler-weile Bh – Betriebshof)
Bww	Bahnbetriebswagenwerk
CKD	Ceskomoravská-Kolben-Danek

Abkürzung	Bedeutung
DB	Die Bahn (Deutsche Bahn AG) bis 1994: Deutsche Bundes-bahn
DBImm	Deutsche Bahn Immobilien-gesellschaft
Dessau	Waggonbau Dessau
Deutz	Motorenfabrik Deutz AG
DEV	Deutscher Eisenbahn-Verein e.V.
Duewag	Düsseldorfer Waggonfabrik AG
DWA	Deutsche Waggonbau AG
DWK	Deutsche Werke Kiel AG
EBA	Eisenbahnbundesamt
EBO	Eisenbahn Bau- und Betriebs-ordnung
EBuLa	Elektronischer Buchfahrplan und La Datendisplay auf mod. Führerständen
EIU	Eisenbahninfrastruktur-unternehmen
EMD	Electro-Motive Division (General Motors)
Esp	Ersatzteilspender
Esslingen	Maschinenfabrik Esslingen AG
Est	Einsatzstelle
ET	Elektrotriebwagen
EVO	Eisenbahnverkehrsordnung
EVU	Eisenbahnverkehrs-unternehmen
Fdl	Fahrdienstleiter
FFS	Funkfernsteuerung
Fpl	Fahrplan
FTZ	Forschungs- und Technologie-zentrum
Fuchs	Fuchs Waggonbau AG
Gbf	Güterbahnhof
GM	General Motors
Gmeinder	Gmeinder GmbH & Co. KG
GSM-R	Global System for Mobile Communication – Rail
GTW	Gelenktriebwagen
GV	Güterverkehr
GVFG	Gemeindeverkehrs-

Abkürzung	Bedeutung	Abkürzung	Bedeutung
zu GVFG	finanzierungsgesetz	O&K	Orenstein & Koppel AG
Gvst	Güterverkehrsstelle	OBL	Oberster Betriebsleiter bei NE-Bahnen
GVZ	Güterverkehrszentrum	OR	OnRail Gesellschaft für Eisenbahnausrüstung und Zubehör mbH
Gz	Güterzug		
Hbf	Hauptbahnhof		
Hg	Höchstgeschwindigkeit		
Hgbf	Hauptgüterbahnhof	ÖPNV	Öffentlicher Personennahverkehr
Hp	Haltepunkt		
Hst	Haltestelle Kombination Hp und Anst / AwAnst	Pbf	Personenbahnhof
		PFA	Partner für Fahrzeugausstattung, Weiden
HU	Hauptuntersuchung		
HVZ	Hauptverkehrszeit Berufsverkehr	Rastatt	Rastatt Waggonfabrik AG
		Rbf	Rangierbahnhof
Indusi	Induktive Zugsicherung	Regent	Regionalnetzentwicklung (DB)
ITF	Integraler Taktfahrplan		
KBS	Kursbuchstrecke	REV	Revision
KHD	Klöckner-Humboldt-Deutz AG	SEV	Schienenersatzverkehr
		SFT	Siemens Schienenfahrzeug-Technik GmbH
KLV	Kombinierter Ladungsverkehr		
KM	Krauss-Maffei	SGP	SGP Verkehrstechnik GmbH (einst Simmering-Graz-Pauker AG)
Köf	Kleinlok, (diesel-)ölgetrieben, mit Flüssigkeitsgetriebe		
Krupp	Friedrich Krupp Maschinenfabrik	Skl	Schwerkleinwagen
		SPFV	Schienenpersonen-Fernverkehr
LfB	Landesbevollmächtigter f. Bahnsaufsicht	SPNV	Schienenpersonen-Nahverkehr
LHB	Linke-Hofmann-Busch	Stw	Stellwerk
LINT	Leichter innovativer Nahverkehrstriebzug	t	Tonnen
		Talbot	Waggonfabrik Talbot GmbH & Co. KG
LKM	Lokomotivbau Karl Marx		
LSX	DB Werk Stendal	TVT	Verbrennungsturmtriebwagen
LTS	Diesellokfabrik Woroschilowgrad (bis 1973: Lugansk)	VB	Beiwagen zu Verbrennungstriebwagen
MaK	Maschinenbau Kiel AG	VS	Steuerwagen zu Verbrennungstriebwagen
MAN	MAN AG (einst: Maschinenfabrik Augsburg-Nürnberg AG)		
		VSFT	Vossloh Schienenfahrzeug-Technik GmbH
ME	Maschinenfabrik Esslingen AG		
		Wegmann	Waggonfabrik Gebr. Wegmann
MORA	Marktorientiertes Angebot		
NE	nichtbundeseigene Eisenbahn	Windhoff	Rheiner Maschinenfabrik Windhoff AG
NL	Niederlassung auch: Nutzlänge	WMD	Waggon- und Maschinenbau GmbH Donauwörth
Nohab	Nydqvist och Holm Aktiebolag	WU	ABB Henschel Waggon Union GmbH

Die Namen der Privatbahnen

Abkürzung	Bedeutung
AAE	Ahaus Alstätter Eisenbahn GmbH, Ahaus-Ahlstätte; 62
AB	Angeln Bahn GmbH, Flensburg; 15
ABE	Ankum – Bersenbrücker Eisenbahn GmbH, Ankum; 32
ABG	Anhaltische Bahn Gesellschaft mbH, Dessau; 111
ADAM	Uwe Adam Eisenbahn-verkehrsunternehmen GmbH, Sattelstädt; 135
AH	Aschaffenburger Hafen-bahn/Hafenverwaltung Aschaffenburg der Bayer. Landeshafenverwaltung München, Aschaffenburg; 170
AHG	AHG Handel & Logistik GmbH, Cottbus; 50
AKN	AKN Eisenbahn AG, Hamburg; 14
AL	Augsburger Localbahn GmbH, Augsburg; 171
AML	Adam & MaLoWa Lokvermie-tungs-GmbH, Benndorf; 110
AMP	AMP Bahnlogistik GmbH, Großenlupnitz; 126
ASP	ASP Schienenfahrzeugdienst GmbH & Co. KG, Leipzig; 158
AVG	Albtal-Verkehrs-Gesellschaft mbH, Karlsruhe; 190
B&S	Bahn & Service GmbH, Walburg; 138
BASF	BASF AG, GLL/R Service-center Schienenverkehr, Ludwigshafen; 150
BayBa	BayernBahn Betriebsgesell-schaft mbH, München; 176
BBG	Bahnbetriebsgesellschaft Stauden mbH, Augsburg; 173
BCB	Bayerische CargoBahn GmbH, Holzkirchen; 174
BE	Bentheimer Eisenbahn AG, Bad Bentheim; 32
BGW	Bahngesellschaft Waldhof AG, Mannheim; 191
BH	Bremische Hafeneisenbahn, Bremen; 33
BiE	Birkenfelder Eisenbahn

Abkürzung	Bedeutung
BLB	Burgenlandbahn GmbH, Zeitz; 112
BLE	Butzbach-Licher Eisenbahn AG, Butzbach; 138
BOB	Bayerische Oberlandbahn GmbH, Holzkirchen; 174
BOB	Bodensee-Oberschwaben Bahn GmbH & Co. KG, Friedrichshafen; 193
Bombardier	Bombardier Transportation, Berlin; 222
boxX press.de	BoxXpress.de, Bad Honnef; 62
BRG	BRG Servicegesellschaft Leipzig mbH, Betriebsteil Freital; 158
BSB	Breisgau-S-Bahn GmbH, Freiburg; 192
BSM	Bahnen der Stadt Monheim GmbH, Monheim; 62
BTE	Bremen-Thedinghauser Eisenbahn GmbH, Bremen; 33
BuH	RAG Bahn- und Hafen GmbH, Gladbeck; 81
BVO	BVO Bahn GmbH, Oberwiesenthal; 159
CBC	City-Bahn Chemnitz GmbH, Chemnitz; 160
Chemion	Chemion Logistik GmbH – Bahnbetriebe, Leverkusen; 63
CCL	Connex Cargo Logistics GmbH, Berlin; 50
Connex	Connex Regiobahn GmbH, Frankfurt am Main; 139
Connex	Connex Verkehr GmbH, Frankfurt am Main; 140
contrain	Contrain GmbH, Mannheim; 194
CTT	Classic Train Tours AG, Düsseldorf; 63
D&D	D&D Eisenbahngesellschaft mbH, Hagenow; 24
DB	Deutsche Bundesbahn / Deutsche Bahn AG
DBG	Döllnitzbahn GmbH, Mügeln; 160
DE	Dortmunder Eisenbahn GmbH, Dortmund; 63

Abkürzung	Bedeutung
DEV	Deutscher Eisenbahn-Verein e.V.
DGT	Deutsche Gleis und Tiefbau GmbH, Berlin; 50
DHE	Delmenhorst – Harpstedter Eisenbahn GmbH, Harpstedt; 34
dispolok	Siemens dispolok GmbH, München; 229
DKB	Dürener Kreisbahn GmbH, Düren; 65
DKE	Deutsche Museums-Eisen-bahn GmbH, Geschäftsbereich Darmstädter Kreis-Eisenbahn, Darmstadt; 142
DLC	Dillen & Lejeune Cargo B.V.; 218
DME	Dortmund – Märkische Eisen-bahn GmbH, Dortmund; 64
DMHK	Dampflokmuseum Hermes-keil GbR, Hermeskeil; 150
DRE	Deutsche Regionaleisenbahn GmbH, Berlin; 51
duisport rail	duisport rail GmbH, Duisburg; 64
DVE	Dessauer Verkehrs- und Eisenbahngesellschaft mbH, Dessau; 113
EBG	Eisenbahn Betriebs-Gesellschaft mbH, Altenbeken; 67
EBM	Eisenbahn-Verkehrs-Ge-sellschaft mbH im Bergisch-Märkischen Raum, Dieringhausen; 68
EEB	Emsländische Eisenbahn GmbH, Meppen; 36
EfW	EfW-Eisenbahntours GmbH, Köln; 66
EfW-V	EfW-Verkehrsgesellschaft mbH, Köln, 66
EGOO	Eisenbahngesellschaft Ostfriesland-Oldenburg mbH, Aurich; 34
EH	Eisenbahn und Häfen GmbH, Duisburg; 69
EIB	Erfurter Industriebahn GmbH, Erfurt; 126

Abkürzung	Bedeutung
EKML	Eisenbahn Köln-Mülheim-Leverkusen, Leverkusen; 68
EKO TRANS	EKO Transportgesellschaft mbH, Eisenhüttenstadt; 51
ELC	Euro-Lux-Cargo (ELC), Luxemburg (Luxemburg); 218
ELP	Eisenbahn-Logistik-Pirna Nicole und Hans-Jürgen Vogel GbR, Pirna; 162
EMN	Eisenbahnbetriebe Mittlerer Neckar GmbH, Kornwestheim; 195
ENAG	Erms-Neckar-Bahn Eisen-bahninfrastruktur AG, Bad Urach; 196
ESG	Eisenbahn-Service-Gesellschaft, Rudersberg; 196
ESG-A	Eisenbahn- und Sonder-wagen- Betriebsgesellschaft mbH, Augsburg; 178
ESS	Ernst Schauffele Schienen-verkehrs GmbH & Co KG, Lübbenau; 53
EuroRail	EuroRail (Deutschland) GmbH, Lörrach; 197
EuroTrac	EuroTrac Verkehrstechnik GmbH, Kiel; 225
EVB	Eisenbahnen und Verkehrs-betriebe Elbe-Weser GmbH, Zeven; 34
EVG	Eifelbahn Verkehrsgesellschaft mbH, Linz; 67
EVS	EUREGIO Verkehrsschienen-netz GmbH, Stolberg; 71
FEG	Freiberger Eisenbahngesell-schaft mbH, Freiberg; 162
Franken-bahn	Frankenbahn GmbH, Würzburg; 178
FKE	Frankfurt-Königsteiner Eisen-bahn AG, Königstein; 142
FVE	Farge-Vegesacker Eisenbahn GmbH, Bremen; 36
Gamma	Gamma Mineralölhandels Ges.m.b.H; 225
GBRE	Groß Bieberau – Reinheimer Eisenbahn GmbH, Groß Bieberau; 143

Abkürzung	Bedeutung
GET	Georgsmarienhütten – Eisenbahn und Transport GmbH, Georgsmarienhütte; 37
GKB	Geilenkirchener Kreisbahn, Geilenkirchen; 72
GSG	GSG Knape Gleissanierung GmbH, Ismaning; 179
GVG	GVG Gleis- und Verkehrslogistik GmbH, Delmenhorst; 38
GVG	GVG Verkehrsorganisation GmbH, Frankfurt am Main; 144
Hanserail	Ecotrans Hanserail eK, Hamburg; 15
HEG	Hersfelder Eisenbahn Gesellschaft mbH
HGK	Häfen und Güterverkehr Köln AG, Köln; 72
HHB	Hamburger Hafenbahn, Hamburg; 16
HHPI	Heavy Haul Power International GmbH, Erfurt; 127
HKM	Hüttenwerke Krupp-Mannesmann
HLB	Hessische Landesbahn GmbH, Frankfurt am Main; 145
HOCHBAHN	Hamburger Hochbahn AG, Hamburg; 16
HRS	Hoyer RailServ GmbH, Hamburg; 17
HTB	Hörseltalbahn GmbH, Eisenach; 131
HTB	Hellertalbahn GmbH, Betzdorf; 150
HUPAC	HUPAC Deutschland GmbH, Singen; 201
HWB	Hochwaldbahn Eisenbahnbetriebs- und Bahnservicegesellschaft mbH, Trier; 151
HzL	Hohenzollerische Landesbahn AG, Gammertingen; 197
IGENO	IGENO Schienenfahrzeug GmbH, Niedersachswerfen; 131
ILM	Ilmebahn GmbH, Einbeck; 38
ImoTrans	ImoTrans GmbH, Ahrenhoop; 226

Abkürzung	Bedeutung
InfraLeuna	InfraLeuna Infrastruktur und Service GmbH, Leuna; 113
ITB	ITB Industrietransportgesellschaft mbH, Brandenburg; 53
ITL	ITL Eisenbahn GmbH, Dresden; 163
KEG	Karsdorfer Eisenbahngesellschaft GmbH, Karsdorf; 114
KML	Kreisbahn Mansfelder Land GmbH, Klostermansfeld; 115
KNE	Kassel-Naumburger Eisenbahn AG, Kassel; 146
KOE	Klützer-Ostsee-Eisenbahn GmbH, Klütz; 24
KVG	Kahlgrund-Verkehrs-GmbH, Schöllkrippen; 180
KVG	Kasseler Verkehrsgesellschaft mbH, Kassel; 22
Lang	Gerhard Lang Recycling GmbH & Co. KG, Gaggenau; 197
LBE	Landes Eisenbahn Braunschweig gGmbH, Braunschweig; 38
LDS	Logistik Dienstleistung und Service GmbH, Eutin; 17
LMBV	Lausitzer- und Mitteldeutsche Bergbau-Verwaltungsgesellschaft
Lokomotion	Lokomotion Gesellschaft für Schienentraktion mbH, München; 182
LS	Locomotion Service GmbH, Kiel; 226
LUT	LUT Logistik GmbH & Co. KG, Karlsruhe; 202
LWB	Lappwaldbahn GmbH, Weferlingen; 117
MEBA	MecklenburgBahn GmbH, Schwerin; 25
MEG	Märkische Eisenbahn-Gesellschaft mbH, Lüdenscheid; 75
MEG	Mitteldeutsche Eisenbahngesellschaft mbH, Schkopau; 118
MetroRail	MetroRail GmbH, Uelzen; 38
MEV	MEV Eisenbahn-Verkehrsgesellschaft mbH, Ludwigshafen; 151

Abkürzung	Bedeutung	Abkürzung	Bedeutung
mkb	Mindener Kreisbahnen GmbH, Minden; 76	OME	Ostmecklenburgische Eisenbahngesellschaft mbH, Neubrandenburg; 25
Molli	Mecklenburgische Bäderbahn Molli GmbH & Co, Bad Doberan	OnRail	On Rail Gesellschaft für Eisenbahnausrüstung und Zubehör mbH; Mettmann; 227
MTEG	Muldental-Eisenbahnverkehrsgesellschaft mbH, Meerane	OSB	Ortenau-S-Bahn GmbH, Offenburg; 203
MThB	Mittelthurgaubahn Deutschland GmbH, Konstanz; 202	Ostertal-bahn	Ostertalbahn / Kreisverkehrs- und Infrastrukturbetrieb St. Wendel; 151
MWB	Mittelweserbahn GmbH, Bruchhausen-Vilsen;38	PBSV	PBSV-Verkehrs GmbH Planen Bauen Sicherungsleistungen Schienenverkehre, Magdeburg; 120
NBE	nordbahn Eisenbahngesellschaft mbH, Kaltenkirchen; 17		
NB	NiedersachsenBahn GmbH, Celle; 39	PEC	PE Cargo GmbH, Putlitz; 56
NE	Neusser Eisenbahn, Neuss; 78	PEG	Prignitzer Eisenbahn-Gesellschaft mbH, Putlitz; 57
NEB	Niederbarnimer Eisenbahn AG, Berlin; 53	PaEG	Passauer Eisenbahn GmbH, Passau; 184
NeCoSS	NeCoSS GmbH, Bremen; 39	Pfalzbahn	Pfalzbahn GmbH, Frankenthal; 152
NEG	Norddeutsche Eisenbahn-Gesellschaft mbH, Uetersen; 18	PRESS	Eisenbahnbau- und Betriebsgesellschaft Pressnitztalbahn mbH, Jöhstadt; 161
NeSA	Neckar-Schwarzwald-Alb Eisenbahnbetriebsgesellschaft mbH, Tübingen; 202	r4c	rail4chem Eisenbahnverkehrsgesellschaft mbH, Essen; 90
NetLog	NetLog Netzwerklogistk GmbH, Bad Honnef; 77	railogic	railogic GmbH, Düren; 87
NIAG	Niederrheinische Verkehrsbetriebe AG, Moers; 79	RAR	RAR Eisenbahn Service AG, Ellwangen; 204
NME	Neukölln – Mittenwalder Eisenbahn – Gesellschaft AG, Berlin; 54	RBB	Regiobahn Bitterfeld GmbH, Bitterfeld; 121
NOB	Nord-Ostsee Bahn GmbH, Kiel; 18	RBE	Rheinisch-Bergische Eisenbahn-GmbH, Mettmann; 93
NVAG	Nordfriesische Verkehrsbetriebe AG, Niebüll; 19	RBG	Regental Bahnbetriebs-GmbH, Viechtach; 185
NWB	Nordwestbahn GmbH, Osnabrück; 40	RBH	RAG Bahn- und Hafenbetriebe GmbH, Gladbeck; 85
NWC	Nordwestcargo GmbH, Osnabrück; 41	RBK	Regionalbahn Kassel GmbH
ODEG	Ostdeutsche Eisenbahn GmbH, Parchim	RCB	Rail Cargo Berlin GmbH, Berlin; 58
OHE	Osthannoversche Eisenbahnen AG, Celle; 41	REGIOBAHN	Regionale Bahngesellschaft Kaarst-Neuss-Düsseldorf-Erkrath-Mettmann-Wuppertal mbH, Mettmann; 91
OHE-Sp	Osthavelländische Eisenbahn Berlin-Spandau AG, Berlin; 55		

Abkürzung	Bedeutung	Abkürzung	Bedeutung
RHB	Rhein-Haardtbahn GmbH, Bad Dürkheim	SRC	Swissrailcargo Köln GmbH, Köln; 100
RHEB	Rheinhessische Eisenbahn, Inh.Wolfgang Kissel, Kriegsfeld; 152	SRE	S-Rail Europe GmbH, Singen; 205
RIS	Regio-Infra-Service Sachsen GmbH, Chemnitz; 163	SRS	SRS RailService GmbH, Krumbach; 205
RK	Rhenus Keolis GmbH & Co. KG, Mainz; 152	STB	Süd – Thüringen Bahn Meiningen GmbH, Erfurt; 134
RLG	Regionalverkehr Ruhr-Lippe GmbH, Soest; 93	STE	Strausberger Eisenbahn GmbH, Strausberg; 59
RME	Röbel/Müritz Eisenbahn GmbH, Röbel; 26	StEK	Städtische Eisenbahn Krefeld, Krefeld; 96
RPE	RP – Eisenbahn GmbH, Wachenheim; 153	StMB	Steinhuder MeerBahn GmbH, Wunstorf
RSE	Rhein-Sieg Eisenbahn-gesellschaft mbH, Bonn; 94	StT	Stahlwerke Thüringen GmbH, Unterwellenborn
RStV	Rinteln-Stadthagener Verkehrs GmbH, Rinteln; 42	SWEG	Südwestdeutsche Verkehrs AG, Lahr; 205
RSVG	Rhein-Sieg Verkehrsgesell-schaft mbH, Troisdorf; 95	SWK	Städtische Werke Krefeld AG – Krefelder Eisenbahn, Krefeld; 100
Rück	EVU René Rück, Darmstadt; 142	SWT	Stahlwerk Thüringen GmbH, Unterwellenborn; 131
RVM	Regionalverkehr Münsterland GmbH, Rheine; 95	TBG	Tegernsee-Bahn Betriebsge-sellschaft mbH, Tegernsee; 187
S&S	Schneider & Schneider GmbH, Winsen-Rottorf; 42	TE	Trossinger Eisenbahn, Trossingen; 207
Saarbahn	Stadtbahn Saar GmbH, Saarbrücken; 153	TEW	Thyssen-Edelstahlwerk, Witten
Schreck-Mieves	Schreck-Mieves GmbH, Frechen; 96	ThE	Thüringer Eisenbahn GmbH, Erfurt; 134
SFZ	DB Regio AG Schienen-fahrzeugzentrum Stendal, Stendal; 224	TLG	Transport und Logistik GmbH für Bahnbaustellen, Dessau; 122
SK	Siegener Kreisbahn GmbH, Siegen; 98	TR	trans regio Deutsche Regio-nalbahn GmbH, Trier; 154
SKB	Schleifkottenbahn GmbH, Halver; 96	TSD	Transport-Schienen-Dienst GmbH, Burbach; 100
SKi	Seehafen Kiel GmbH & Co. KG, Kiel; 20	TWE	Teutoburger Wald-Eisenbahn-AG, Lengerich; 101
SL	ShortLines bv (SL), Rotterdam (Niederlande); 219	UBB	Usedomer Bäderbahn GmbH, Heringsdorf; 29
SLG	Spitzke Logistik GmbH, Berlin; 58	UEF	UEF – Eisenbahn-verkehrsgesellschaft mbH, Ettlingen; 208
SOEG	Sächsisch-Oberlausitzer Eisenbahngesellschaft mbH, Zittau; 163	Unisped	Unisped Spedition und Transportgesellschaft mbH, St. Ingbert; 154

Abkürzung	Bedeutung
VBE	Verkehrsbetriebe Extertal – Extertalbahn GmbH, Extertal; 102
VBG	Vogtlandbahn GmbH, Zwickau; 164
VEB	Vulkan-Eifel-Bahn Betriebsgesellschaft mbH, Gerolstein; 155
VEV	Vorwohle – Emmerthaler Verkehrsbetriebe GmbH, Bodenwerder; 42
VGH	Verkehrsbetriebe Grafschaft Hoya GmbH, Hoya; 43
VHT	Verkehrsverband Hochtaunus, Bad Homburg; 146
VKP	Verkehrsbetriebe Kreis Plön GmbH, Kiel; 20
VKSF	Verkehrsbetriebe des Kreises Schleswig-Flensburg, Schleswig; 21
VLO	Verkehrsgesellschaft Landkreis Osnabrück GmbH, Osnabrück; 44
VPS	Verkehrsbetriebe Peine-Salzgitter GmbH, Salzgitter; 44
VSFT	Vossloh Schienenfahrtechnik GmbH, Kiel; 231
VWE	Verden – Walsroder Eisenbahn GmbH, Verden; 44
WAB	Westfälische Almetalbahn GmbH, Altenbeken; 105
WB	WeserBahn GmbH, Bremen; 46
WEBA	Westerwaldbahn GmbH, Steinebach; 155
WEG	Württembergische Eisenbahn – Gesellschaft mbH, Waiblingen; 208
WerBH	Werne – Bockum-Höveler Eisenbahn, Dortmund; 103
WHE	Wanne-Herner Eisenbahn und Hafen GmbH, Herne; 104
Wiebe	Wiebe Gleisbau GmbH, Achim; 47
WLE	Westfälische Landes-Eisenbahn GmbH, Lippstadt; 106
WVG	Westfälische Verkehrsgesellschaft mbH, Münster; 107

Abkürzung	Bedeutung
ZÖA	Zweckverband ÖPNV im Ammertal, Tübingen; 214
Zugkraft	Zugkraft Eisenbahnverkehrs GmbH & Co. KG, Kottenheim; 155
Zürcher	Zürcher Gleisbau GmbH, Meißenheim; 214
ZVS	Zweckverband Schönbuchbahn, Dettenhausen; 214
ZVVW	Zweckverband Verkehrsverband Wieslauftalbahn, Rudersberg; 215

Die Zahl hinter dem Ortsnamen gibt die Buchseite des Eintrags an.

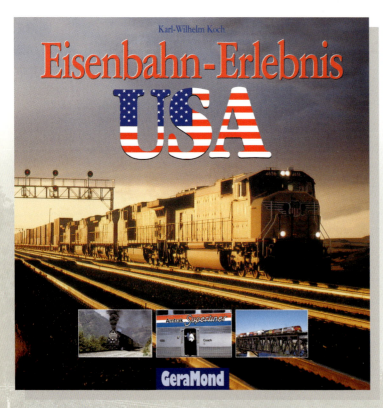

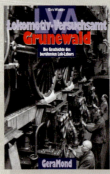